목장유가공

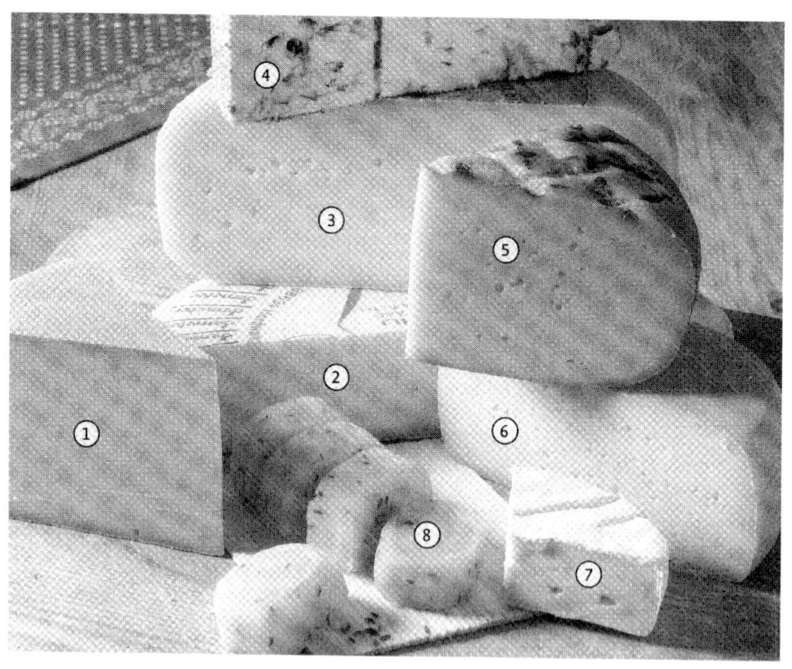

책 표지의 치즈 종류와 제조자들 :

① 안데어러 고메 — Sennerei Andeer, CH-7440 Andeer
www.sennerei-andeer.ch (스위스 안데어러 치즈공방)

② 헤겔바허 쉬브리 — Hofkäserei Heggelbach, 88634 Herdwangen
www.heggelbachhof.de

③ 볼하이머 호프가우다 — Haus Bollheim KG, 53909 Zülpich-Oberelvenich
www.bollheim.de

④ 단뷔쉬의 보석 — Hofkäserei Dannwisch, 25358 Horst
www.dannwisch.de

⑤ 부텐디커 라우흐 — Hof Butendiek, 26937 Seefeld
www.hof-butendiek.de

⑥ 뫼렌라이브헨 — Hofkäserei Dottenfelderhof, 61118 Bad Vilbel
www.dottenfelderhof.de

⑦ 카망베르 — Forschungs-und Lehrmolkerei der Universität Hohenheim, 70599 Stuttgart,
www.uni-hohenheim.de

⑧ 니하이머 치즈 — Milchhof Nieheim GbR, 33039 Nieheim
www.dieschaukaeserei.de

목장유가공

계획·시설·제조·기본 치즈레시피

Marc Albrecht-Seidel / Luc Mertz 지음
정상진 옮김 / 치즈장인 정용삼 감수

유한문화사

Marc Albrecht-Seidel / Luc Mertz

Die Hofkäserei

Planung, Einrichtung, Produktion,
32 Käserezepte

96컷의 흑백사진과 그림
82개의 표(Table)

Wollgrasweg 41, 70599 Stuttgart (Hohenheim)

Printed in Korea
ISBN 978-89-7722-561-9 93570

추 천 사

현재 우리 낙농은 최악의 상황에 직면하고 있습니다. 사료가격과 유류비의 급등, 송아지와 육우가격의 급락 등으로 해서 지금 우리 낙농가들은 유례없는 시련을 받고 있습니다. 세계 경제의 회복 여부도 앞을 내다 볼 수 없을 만큼 불투명해 수출에 의존하는 한국경제는 전 산업부문을 막론하고 심각한 타격을 받고 있습니다. 이러한 여파로 가장 빠르게 영향을 받는 소비재가 우유이며, 우리 낙농산업은 우유의 소비가의 정체·저하 현상을 극복하는 것이 과제입니다.

우리 낙농육우협회는 어려움에 처한 낙농가를 돕기 위해 관계당국과 긴밀한 협조하에 다각도적인 지원프로그램을 강구하는 노력을 전개하고 있습니다. 이와는 별도로 오래 전부터 깨끗한 목장 가꾸기, 체험목장육성 그리고 다양한 우유소비촉진 프로그램을 통해 우리 낙농육우협회는 우유소비를 직접적으로 늘리거나, 또는 우리나라 목장에 대한 소비자의 호감도를 높이고 있습니다.

금번 번역된 「목장유가공」은 목장형 유가공을 준비하시는 농가들에게 많은 도움을 줄 수 있을 것이라 기대합니다. 창업초기 치즈공방을 짓는 것부터 시작해서 사업의 경제성 분석까지 모든 정보를 현장에서 적용할 수 있도록 적합하게 구성되어 있으므로 농가 학습서로서의 가치가 더욱 돋보입니다. 특히 수준 높은 다양한 숙성치즈를 만드는 기술을 보여줌으로써 낙농목장 체험의 질적 수준을 한 차원 더 높일 수 있으리라 봅니다.

경기도 여주에서 영덕목장을 운영하는 정상진 사장은 우리나라에서 오래된 역사의 목장을 모범적으로 관리하고 있는 농가 중 한 분입니다. 목장의 아름다운 조경과 더불어 깨끗이 관리되고 있는 젖소들, 수많은 유아교육 시설들을 초청한 낙농체험행사 유치 경험, 그리고 목장주의 우유에 대한 무한한 애정은 실로 남다릅니다. 실제 영덕목장은 그 흔한 목장 입간판 대신 "우유는 건강입니다"라는 젖소 모형 홍보판을 도로변에 세워 소비자들에 대한 우유소비를 유도하고 있습니다. 그러한 열정의 정상진 사장이 오랜 목장형 유가공 사업의 실무경험을 바탕으로 관련도서를 출간하게 되어 그간 노고에 감사의 뜻을 전합니다.

치즈가 비록 우리 전통식품은 아니지만, 우리는 하루 세 끼 손맛을 필요로 하는 유산균 발효식품(김치)과 곰팡이 식품(된장)을 먹는 대단한 민족입니다. 집집마다 그 맛의 차이가 있어 다양한 손맛을 자랑합니다. 이처럼 치즈도 우리 민족의 뛰어난 손

재주가 합쳐진다면 머지않아 새로운 식문화로 정착되어 세계적으로 인정받는 한국형 치즈를 이 나라, 저 나라로 수출할 수 있는 날이 올 것입니다. 이 책이 소중한 꿈을 지닌 많은 이들의 든든한 동반자 역할을 될 것이라 믿습니다.

2009년 정초, 소의 해

한국낙농육우협회 회장 이승호

저자 서문

유가공의 시작은 밀크를 얻기 위해 가축을 사육하기 시작한 것과 아주 밀접한 관계가 있다. 산(酸) 혹은 렌넷응고를 통해, 그리고 이어 염지・훈제・건조 등의 과정을 거쳐 밀크가 어려운 시기를 대비하기 위한 보존성을 가지게 되었다.

치즈제조의 이야기는 기원전 900년 그리스인들이 전했다. 산 응고를 통한 신선 혹은 신밀크(sour milk) 치즈 초기 생산 이후, 렌넷을 통한 응고가 수백 년 후에 알려지게 되었다. 시간이 지남에 따라 형태 없는 넙적판 모양에서 몰드를 사용하여 제법 큰 덩어리가 만들어지게 되었다. 프랑스인과 이탈리아인들은 각각 새로운 모양에서 치즈를 뜻하는 단어인 'fromage'와 'formaggio'를 만들었다. 이 단어는 라틴어인 coagulum formatum(모양을 빚은 응고체)으로부터 시작되었다.

오늘날 알려진 표준화된 종류들까지는 오랜 세월이 흘러야만 하였다. 로마인들은 기술적인 가능성을 찾아 제조방법을 확장시켰다. 그들에 의해 Käse(독일어), Cheese(영어), Kaas(홀랜드어)란 말들은 모두 라틴어 caseus에서 나왔다. 12세기와 13세기는 오늘날 우리에게 친숙한 체다, 로크포르, 가우다 등과 같은 치즈들이 세상에 나온 시점들이다. 이들 대부분은 지역적 치즈 특산품들이다. 여기에 실험하기 좋아했던 수많은 여자농부들이 만들어낸 치즈가 있다. 카망베르, 틸지터 등이 바로 이러한 예들이다.

지난 20세기에는 유가공목장 출현으로 농촌차원의 유가공이 전혀 예측하지 못한 르네상스를 경험하였다. 점점 더 많은 소비자들이 산업적으로 생산되는 규격화된 표준제품들과는 차이가 있는 명품 치즈를 찾고 있다. 유가공목장은 멸종위기에 처한 수공업적인 기술을 지키고 있으며, 소비자에게 투명한, 그리고 친환경적인 생산방식을 보여주고 있다. 그 결과 수많은 고객의 욕구를 충족시킨다. 좋은 성과는 당연하다. 이 성과를 대부분의 유가공목장들이 힘겹게 달성해 왔다. 참고서적도 별로 없고, 도움을 청할 만한 동료들도 거의 없었다.

소규모 치즈공방을 꾸미는데 있어 치즈를 산업적인 규모로 생산하는 큰 치즈제조 회사를 참조하는 것은 별로 도움이 되지 않았다.

지금 이 책은 수많은 치즈공방(工房)의 경험들을 집약했고, 이론과 실무에서 도움이 되는 지식들을 찾아 실무에 맞게 고쳤다. 우리의 목표는 유가공에 뜻을 둔 농가들에게 도움을 주는 것이다. 그에 맞추어 건물과 기구에 관한 공방계획을 아주 광범위하게 다루었다. 또한 실무경험이 많은 사람들에게도 실험정신을 북돋아 주고자 한다. 레시피는 자신만의 치즈를 개발하는 데 자극제로 쓰이기 바란다. 이 책은 우리가 만났던 수많은 치즈인들의 열렬한 정보 제공 의사에 의해 가능하게 되었다. 자신의 레시피를 기꺼이 공개한 그 자체만으로도 그들은 존경받아야 한다.

이 책이 성공적으로 출판되는 데 모든 경험과 조언을 제공한 수많은 치즈인들에게 진심으로 감사를 드린다. Hohenheim 대학의 유가공실습부장 Giovanni Migliore와 Dr. Hüfner 유가공연구소의 휘프너 박사에게 전문적인 도움을 준 것에 대해 감사하는 바이다. 우리들의 부인들에게도 끊임없는 지원, 긴 인내, 원고의 수없는 교정에 대해 깊은 고마움을 표시하고 싶다.

2006년 봄, 하아크와 슈투트가르트에서

Marc Albrecht-Seidel / Luc Mertz

역자 서문

모든 일에는 때가 있음을 요즘 낙농가들의 높아진 치즈제조 관심도에서 느낀다. "위기는 기회이고 기회는 준비된 사람의 몫이다"라는 말도 또한 피부로 느낀다.

이번 번역하게 된 독일 책 「Die Hofkäserei」(정확히 번역하면 '농가 치즈제조소')는 이런 내용으로 독일어권에서 나와 본 적이 없고, 아마 영미권에서도 전례가 없는 것 같다. 내용은 통상적인 치즈 만들기에 중점을 둔 것이 아니고, 팔 수 있게 제대로 된 제품을 만들려면 어떤 제조환경, 어떤 제조기법, 어떤 위생수단이 뒷받침되어야 하는가에 대한 자세한 안내서이다.

치즈를 만든 지 6년째, 하면 할수록 세부적인 것에 더 충실해야 되겠다는 것을 실감한다. 치즈를 판매할 정도로 제대로 된 제품을 만들려면 많은 시행착오를 거쳐야 하고, 전문가의 도움이 필요하다. 다행히 우리 곁에는 독일 치즈장인 정용삼 씨가 있다. 오래 걸리겠지만 한 걸음 한 걸음 차분히 준비하면 언젠가 원하는 결과를 얻을 수 있을 것이다. 이 번역 책은 이 어려운 행로에 동반자로서 예비 내지 기존 치즈인들의 걸음을 분명 가볍게 해 줄 것이다.

이 책의 내용 중 생소한 단어들을 볼 수 있을 것이다. 목장유가공, 유가공목장, 치즈공방(소규모 치즈제조소), 치즈인(치즈 제조인), 커드받기, 묵 등의 단어들이다. 특히 "묵"은 영어단어 "커드"가 무분별하게 사용되는 것에 대한 거부감으로, 독일어에서 밀크가 굳은 상태와 잘라진 쪼가리를 분명하게 구분하여 사용하는 것처럼 우리도 이제 구분하여 사용을 했으면 한다. 자주 사용하면 자연스럽게 토착화된 전문용어가 될 것이다.

우유 대신 포괄적인 단어 "밀크"를 사용했는데 유럽에서는 염소젖, 양젖치즈도 수없이 많다. 또 우리에게 생소한 무살균 밀크에 대해 상당부분이 할애가 되었는데, AOC제품이나 목장치즈의 대부분이 무살균 밀크로 만들어지고 있다는 사실을 감안하고 이 책을 읽어 주었으면 한다.

번역 과정 중 미숙한 부분을 보완하고, 교정과 타이핑 작업을 사랑스런 두 딸 호연과 호정의 도움을 받았다. 재독 정용삼 치즈장인은 기술적 자문과 용어 번역에, 세종대학교 유가공 박사과정의 안성일 씨는 전문용어와 학술적 내용 교정에 많은 도움을 주었다.

끝으로 한국어 출판을 허가해 준 독일 울머(Ulmer) 출판사, 그리고 한국에서의 출판을 기꺼이 맡아준 유한문화사 천승배 사장님께 감사를 표시하고 싶다. 나의 인생 동반자이자 사랑스런 아내 노문자에게 어려운 시기마다 든든한 뒷받침이 되어 준 것에 무한히 감사한다.

2009년 정초,
여주 영덕목장 / 트라움치즈
정상진

약자 설명

독자의 이해를 돕기 위하여 약자 설명을 덧붙였으며, 각 장별 참고문헌과 인용문헌은 모두 독일어로 표기되어 출판사의 양해를 얻어 생략하였다.

VHM ; Verband fuer handwerkliche Milchverarbeitung im oekologischen Landbau e.V의 약자. 유기농으로 작물을 재배하면서 수공업적으로 밀크를 가공하는 사람들을 회원으로 하는 사단법인. 다양한 치즈 교육과정을 진행하며, 기술자문도 하고 있다.

BL : 유럽의 상당히 많은 치즈들은 전통적으로 붉은 점질박테리아(*Brevibacterium Linens*)로 표면처리를 해오고 있다. 치즈 외피가 주황색에서 붉은 색을 띠고, 치즈 속까지 파고들어 맛과 향에 영향을 준다. 치즈를 껍질째 먹을 수 있다. 우리에겐 다소 거북한 냄새와 맛을 주나, 익숙해지면 그 나름의 독특한 맛을 느낄 수 있다. 이 책에서 BL처리 또는 BL칠이라 한 것은 이 박테리아를 이용한 것을 말한다.

pH : 실제 산도를 표시하는 단위. 물질의 수소이온농도에 따라 수치가 다르다.

SH : 주로 독일에서 쓰는(잠재적인) 산도 측정단위. 1SH-값 = 0.0225 g 순수 유산/100 mℓ. 온도의 20℃처럼 20°SH로 표시한다.

Flora(플로라) : 원유나 숙성중인 치즈 표면에는 다양한 미생물(세균, 효모, 곰팡이 등)들이 상호 복잡한 공생관계를 형성하며 존재한다. 치즈의 맛, 향, 조직에 영향을 미친다.

h : 시간, RH : 상대습도, nm : 나노미터

차 례

제 1 장 도입부 / 21

제 2 장 치즈공방 계획 / 27

제 3 장 치즈공방 / 35

제 5 장 치즈제조 / 105

제 6 장 품질관리 / 151

제 7 장 경제성 / 181

제 8 장 치즈 레시피 / 199

제 9 장 치즈결함/ 261

부록 : 추가적인 유제품 레시피 / 293

제 1 장

도입부

스스로 생산한 밀크를 가공하는 것은 독일에서 기본적으로 허용된다. 그래서 모든 밀크생산자는 치즈공방(工房)을 설립할 수 있다. 그러나 밀크를 가공하기 위해서는 많은 법률적인 사항들을 준수해야 한다. 중요한 법적규정은 제2장에서 다룬다.

치즈공방을 설립하려고 할 때 업소와 회사의 형태를 정확히 어떻게 선택해야 하는가에 대해 수많은 질문들이 있다. 예를 들면 치즈공방을 농업상의 부업으로 아니면 자영업적으로 운영하여야 하는지? 어떤 회사형태(유한책임회사 혹은 민법상 회사)로 할 것인지? 자가생산 밀크의 가공에 상한선이 있는지? 밀크를 사오면 어떻게 되는지? 등의 질문이다.

1. 자영업 혹은 농업

치즈와 다른 유제품의 제조는 이윤추구가 목적이고, 오래 할 생각인 것이 보통이다. 그래서 이 활동은 자영업 법에 의해 “자영업에 상응하는”이라 규정된다. 유제품의 생산은 그 법에서 특히 위생법의 적용을 받는다. 그러나 “자영업에 상응하는” 활동을 자영업적인 활동과 동일시하면 안 된다. 자영업적인 활동만이 영업신고를 필요로 한다.

지금까지 소위 원(原)생산은 자영업적 활동에 속하지 않았다. 원생산은 자연생산물을 생산하는 것 외에 자연생산물의 첫 단계 가공도 포함한다. 따라서 모든 목장유가공은 농업적인 부업으로 운영할 수 있다. 목장유가공의 영업신고는 필요하지 않고, 지방관청에 대한 보고의무도 없다. 매출액이나 가공량에 대한 상한선도 없다. 모든 유가공목장은 팔 수만 있다면 자체 생산한 밀크를 모두 다 가공할 수 있다.

이 점에서 유가공이 육류나 곡물을 가공하는 것과 다르다. 유가공이 일찌감치 수공업 규제에서 제외되었지만, 정육과 제빵 직업은 계속 수공업규정 하에 있다. 여기에는 상한선이 있다. 이를 초과하면 고기와 곡물가공은 자영업으로만 계속 운영할 수 있다.

유가공목장에서는 공방(工房)을 농업상의 부업으로 아니면 자영업으로 운영하느냐를 스스로 결정할 수 있는 편한 위치에 있다. 그러나 자영업적인 것을 초래하는 업소형태가 있다. 이 경우에는 치즈공방을 농업상의 사업체에서 분리하는 것이 좋은데, 이래야만 전체 사업이 자영업적으로 운영되지 않는다.

■ **밀크구매**: 밀크구매는 몇 년이 지나야 고려대상이 된다. 치즈공방이 대부분의 밀크를 자체 생산하여 가공하면 이것은 우선적으로 농업적인 사업으로 인정받아 농업상 부업의 지위를 유지하게 된다. 가공량 50% 이상의 밀크를 사오게 될 때 비로소 공방이 자영업소가 된다(상자 1-1 참조).

■ **위탁가공**: 밀크를 사오는 대신 공방의 시설 가동률 제고를 위해 위탁가공을 고려할 수 있다. 위탁가공은 영업적인 부업으로 세제상의 상한선을 지켜야 한다. 소득세법지침의 135조에 따라 자영업인지 농업인지의 구분이 나누어진다.

그에 따르면 위탁수입이 농업사업장의 전체 소득 1/3을 초과하여서는 안 된다. 동시에 위탁수입이 부가세를 포함하여 절대적인 상한선으로 51,500유로를 초과하여서는 안 된다. 이 상한선의 조건은 위탁 작업이 다른 농민이나 임업인 그리고 그들의 사업체에 대해서만 이루어져야 하는 것이다. 만일 이 위탁 작업이 비농민을 대상으로 한다면, 예로서 자영업적 사업체나 공공기관 등을 대상으로 한다면 그보다 훨씬 낮은 절대상한선 10,300유로(부가세 포함)를 초과해서는 안 된다.

고려해야 할 것은 이 상한선이 모든 위탁 작업 합산이라는 것이다. 그래서 다른 위탁 작업을 또 한다면 모든 위탁수입을 합해야 한다. 이 상한선을 지속적으로 초과한다면 자영업적이 된다. 지속적이란 말은 세금당국의 관점에서 이 상한선을 최소 3년 동안 초과하는 것을 의미한다. 이 3년 기한은 그렇지만 소위 구조조정 상황에서는 적용되지 않는다. 이 상황은 농민이 어떤 조치로, 예를 들어 투자로 이 상한선을 초과할 것이 처음부터 확실시 되는 경우에 해당한다.

■ **자체 치즈공방**: 업소공동체 및 업소합병은 회계상의 이유에서 여러 업소 부분의 분리를 고려한다. 이렇게 하여 치즈공방을 분리하여 단독기업으로 만드는 것도 가능하다. 이렇게 되면 치즈공방이 자체 생산한 밀크가 없는 셈이 된다. 공방과 농민 간 공급계약이 체결된다. 치즈공방은 자영업적 형태로 구분되고, 따라서 해당 관세청에 밀크구입자로 허가를 받아야 한다.

■ **회사형태**: 농업분야에서는 예를 들어 민법상의 회사(GbR)와 같은 인적회사가

상자 1-1. 우유사업체가 조심해야 할 사항들

① 우유를 구입하거나 위탁 가공하는 경우 밀크쿼터 규정의 제 조항들을 지켜야 한다.
② 관할 관세청에 밀크 구매자/취득자로 특히 등록되어 있어야 한다.
③ 위탁 가공자는 치즈공방을 가공기간 동안 밀크생산자에게 임대하는 것으로 해야 한다. 그렇지 않으면 밀크구입자 혹은 취득자로 등록하여야 한다.
④ 그밖에도 공급자는 다른 취득자에 대한 의무사항들을 살펴보아야 한다. 유업체에 대한 대부분의 납유계약에는 밀크생산자가 생산량 전부를 유업체에 납유하는 것으로 되어 있다.
⑤ 유업체와 관세청과의 귀찮고 비용이 많이 드는 법률적인 다툼을 예방하기 위해서 외부 밀크를 가공하기 전에 꼭 자문을 받아야 한다.

보편적이다. 이 회사형태에서는 업소형태 선택(자영업인지 농업상의 부업인지-역주)이 자유롭다. 유한책임회사와 같은 자본회사는 자영업 사업체만 취할 수 있다.

2. 자영업 사업체로 분리할 때의 영향

만일 치즈공방을 자영업으로 운영한다면, 특히 관리비용이 많이 들고 여러 면에서 또한 추가비용도 발생하는 것을 고려해야 한다. 따라서 선택의 여지가 있다면 대부분 농업상의 기업형태를 취한다. 자영업 사업체로 밖에 운영할 수 없다면 다음의 변동사항을 고려해야 한다:

■ **장부 기재의무**: 자영업 사업체는 회계장부를 기재해야 한다. 이것이 꼭 나쁜 것만은 아니다. 수입과 지출에 대해 알 수 있다면 사업의 경제성을 쉽게 판단할 수 있다.

■ **거래세 내지 부가가치세**: 거래세가 자영업과 농업을 구분하는 데 가장 결정적인 영역이다. 농업에서 자영업으로 전환하는 경우 거래세가 조세 면에서 가장 큰 불리한 요소가 된다.

농업에서는 거래세법상 일괄계산 또는 규정납세를 선택할 수 있다. 일괄계산에서는 구입자에게 9%의 부가가치세를 첨부한다. 이 9%의 부가가치세를 세무당국에 납부하지는 않는다. 예를 들면 투자에 대해 지불하여야 하는 선세금은 일괄계산에서는 유보시켜 놓은 부가가치 세액과 상계할 수 없다. 그래서 이것은 영업비용이 된다. 투자액이 크지 않거나 업소가 고단위 가공으로 높은 가치창조를 성취할 수 있을 때에는 일

괄 계산하는 것이 유리하다. 자영업인 경우에는 부가가치세의 일괄계산이 불가능하다. 규정납세만이 적용이 된다.

자영사업체에 기능의 일부분(예로 판매부분)을 전가함을 통해서 업소는 영업사업체의 이윤을 조정할 수 있다. 또한 농업에서 거둔 9%의 부가가치세를 선세금로 인정받고, 자기가 거둔 7%의 부가가치세와 상계할 수 있다. 많은 경우 이로 인해 세무당국이 부가가치세를 환급하게 된다. 농업상의 사업체가 Pfandgut(제조자가 소유권을 가지고 있는 용기, 예로 코카콜라 병, 미국에서도 Bottle Bill에 의해 음료수 용기에 적용-역주)을 구매하는 것은 근본적으로 손해 보는 장사이다. 적용된 16%의 부가가치세를 Pfandgut에 적용된 9%의 부가가치세와 서로 상계할 수 없다. 그래서 Pfandgut에서는 농업상의 사업체가 늘 손해를 본다.

■ **보고의무**: 자영업적인 치즈공방은 보고규정 2조의 주간 및 월간 보고의무에 따라 받은 밀크량(원재료 들어옴), 원재료 사용, 물품재고, 그리고 밀크 지불가격을 보고하여야 한다. 이 보고의무가 높은 관리비용으로 인해 체감할 정도의 노동력 부하를 초래한다.

■ **밀크 구매 / 취득자로 허가**: 우유생산자는 우유를 자영업적인 치즈공방에 파는 경우 이 사업체가 우유구입 자격을 가지고 있는 경우에만 팔 수 있다. 기준량의 관리는 치즈공방에 있다. 농업상의 치즈공방 경우에는 가공한 우유량은 직접 판매 기준량과 상계하나, 자영업적인 경우에는 구입 기준량과 상계될 수밖에 없다. 그래서 상계결과가 좋지 않고 월별보고 때문에 관리비용도 증가한다. 양젖이나 염소젖 가공자는 이 규정의 적용을 받지 않는다.

■ **전문지식 증명**: 자영업적인 사업체는 밀크 전문지식 규정의 적용 대상이다. 이 규정에 따라 하루 가공량에 따라 차별적인 전문지식 증명도 달라진다. 하루 가공량 500 ℓ 까지는 밀크 전문지식 시험(2~5일 간의 교육과정)을 통과하면 된다. 500~3000 ℓ 사이는 유가공 전문사 자격이 필수적이다. 3000 ℓ 가 넘으면 치즈장인이 생산을 책임져야 한다.

■ **사회보험**: 밀크 가공량에 따라 상황에 따라서는 별도의, 농업적인 것이 아닌, 사회보험의 체결이 필요할지도 모른다. 주로 농업분야에 종사하고 있으면 계속해서 농업적인 보험에 가입하는 것이 낫다. 경우에 따라서는 노령연금에 대한 국가 보조금이 줄어들 수 있다.

■ **지원금**: 농업적인 지원금은 자영업적인 치즈공방 건립에는 사용할 수 없다. 그렇

지만 자영업적인 신규 창업에는 다양한 지원프로그램이 있다. 조심해야 할 것은 처음에는 농업적인 지원금으로 치즈공방을 짓고, 뒤이어 자영업적인 사업체가 되는 경우다. 지원금 반납을 예방하기 위해서는 지급조건들을 세심하게 살펴보아야 한다.

제 2 장

치즈공방 계획

유가공목장이 점점 많아진다는 것은 목장 자체 유가공을 수익성 있게 운영할 수 있다는 것을 의미한다. 재료 공급자가 재료 가공자가 되는 것이다. 원하는 성공을 거두기 위해서 추가 소득원이 되는 자체 밀크가공에 대한 결정이 잘 계획되어야 한다. 사업적인 조건들을 면밀하게 검토하여야 하고, 생산과 판매는 잠재적인 고객에 맞추어져야 한다.

값싼 제품을 만드는 것이 목표가 아니다. 목장형 치즈공방은 설득력 있는, 뚜렷이 차이가 나는, 높은 가치의 제품 품질로 자신의 고객들을 끌어들여야 한다. 목장유가공의 계획에서 제품 선택은 중점적으로 관심을 가지고 접근해야 할 사항이다.

그림 2-1에서 품목구성에 대한 사업체 내부의, 사업체 외적인 그리고 인적인 영향요소들을 보여주고 있다. 계획 시작에 흔히 하는 건축비, 맞는 기구들, 공방 크기들에 대한 상세한 질문들은 품목구성이 확정되어야만 대답할 수 있다.

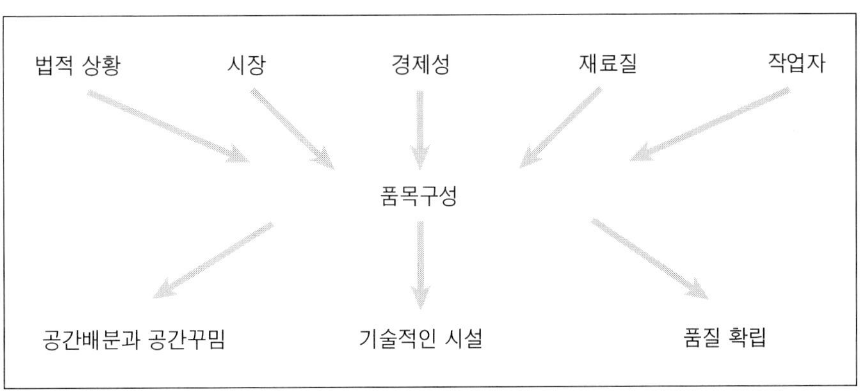

그림 2-1. 자체 유가공을 할 때 영향요소들과 계획진행

1. 법적 상황

원칙적으로 모든 농업 경영체는 자기 사업장에서 나오는 원유를 유제품으로 만들어 팔 수 있다. 계획 시작에 특히 관할 위생 감독기관과 접촉하여 계획에 같이 동참시키는 것이 바람직하다. 그렇게 함으로써 나중의 문제 지적을 피할 수 있고, 동시에 신뢰관계를 구축할 수 있다.

■ **밀크-쿼터-규정**: 우유가공에 있어서 이 규정에 따르면 현존하는 납유 쿼터량을 직접 판매 쿼터량으로 변경해야 한다. 변경은 항상 진행 중인 년도의 3월 31일이다. 염소와 양젖은 쿼터가 없다.

■ **치즈-, 버터-, 유제품 규정**: 이 규정들은 다른 규정들과 함께 유제품의 표시를 규제한다(표 2-1 참조). 그리고 또한 제품을 무살균 아니면 살균밀크로 만들어도 되는지를 결정한다(표 2-2 참조).

표 2-1. 유제품의 표시사항들

표 시	치 즈 덩어리 형태	치 즈 포장형태(1)
1. 유통 표시	×	×
2. 지방함량	×	×
3. 열처리	×	×
4. 가격 표시	×	×
5. 유기농 표시	(×)(2)	(×)(2)
6. 유전자기술 표시	(×)(2)	(×)(2)
7. 유통기한	(×)(2)	×
8. 이름과 주소		×
9. 수량 표시		×
10. 첨가물 표시		(×)(2)
11. 알러지 표시	(×)(2)	(×)(2)
12. 식용가능성 표시		(×)(2)
13. 원산지 표시	(×)	(×)(2)

(1) 제품이 생산된 업체 외부에서 점원이 서비스하는 경우 포장제품은 덩어리 제품과 동일하게 규정이 적용된다(즉 고객이 원하는 양만큼 잘라서 팔 수 있다-역주).

(2) 괄호 안의 표시는 특정한 경우에는 꼭 하여야 한다.

표 2-2. 유제품 판매 가능범위

제 품	판 매 생산업소 내	판 매 생산업소 외부
원 유	●	
내추럴밀크		●
원유로 만든 시골버터		●
원유로 만든 경질 혹은 절단치즈		●
연질치즈		
원유로 만든		●
열처리한 밀크로 만든		●
신선치즈/식탁크박		
원유로 만든		●(1)
열처리한 밀크로 만든		●
신밀크치즈		
원유로 만든		●(1)
열처리한 밀크로 만든		●
기타 유제품들		
원유로 만든		●(1)
열처리한 밀크로 만든		●

(1) 새로운 EU-위생법에는 유제품에 대한 열처리 금지조항이 삭제되었다. 독일의 제품규정은 새로운 법률상황에 맞게 조정되어 유제품 판매는 생산업소 외부에서도 가능하게 될 것이다.

■ **밀크-전문자격-규정**: 이 규정은 자영업적인 기업에 전문인증서를 요구한다. 농업사업체는 현재 이 규정의 적용을 받지 않는다.

■ **EU-식품위생-규정들**: 2006년 1월 1일부터 유럽연합의 식품위생규정(VO 178/2002, VO 852/2004 and 853/2004)이 지금까지 적용된 개별 국가들의 밀크-규정을 대체하였다. 유럽연합은 새로운 위생법으로 패러다임 변경을 가져왔다. 가공 공간의 건축 상의 형태와 시설, 밀크수송, 보관, 냉각, 제품의 포장에 대한 세세한 요구사항들은 최소화하였다. 중요한 것은 사업장이 제조공정을 마스터하고 있는가에 대한 믿을 수 있는 설명이다. HACCP-컨셉의 도입이나 미생물적인 기준의 준수 등으로 이 사실을 기록하여야 한다(제6장 참조).

유가공을 하는 것은 관할 관청에 신고하여야 한다. 목장유가공은 판매경로에 따라 필요하면 허가를 받아야 한다. 세부적인 건축 혹은 시설규정들이 없음으로 해서 전보다는 쉽게 목장유가공에 맞는 해결방안을 찾을 수 있게 되었다.

소비자 안전을 확보하기 위해 유제품은 특정 미생물적인 기준들에 대해(*Escherichia coli, Staphylococcus aureus, Listeria Monocytogenes*, Salmonella) 검사를 받아야 한다. 그밖에도 치즈공방은 구매자 혹은 납품업체 리스트를 작성해야 하는데, 문제가 생기면 해당 제품을 시장에서 빨리 회수하고 오염된 재료를 추적할 수 있게 된다.

자료도움: 유럽연합의 인터넷사이트에 모든 규정이 실려 있다.
http://europa.eu.int/eur-lex/lex/de/index.htm

2. 시 장

목장치즈같이 비싼 제품들은 가격경쟁이 아닌 고품질로 고객을 만족시킨다. 예나 지금이나 유가공목장은 직접 판매를 선호한다. 왜냐하면 고객은 직접 눈으로 확인하여 가장 확실히 제품의 품질을 확신할 수 있기 때문이다. 제 3자를 통한 판매는 주로 치즈전문점, 전문치즈 숙성업자(Affineur), 최상급 식당 그리고 지역적 소매상들에 의해서 이루어진다. 특정 고객을 향한 타켓팅은 품목구성에 당연히 영향을 미치게 된다. 이것은 다음과 같이 구분된다:

■ **수공업적 생산**: 수공업으로 만드는 제품들은 제조공정의 자동화와 수많은 보조 혹은 첨가재료들을 거부한다. 이러한 생산방식은 상업적인 food-design보다 수공업을 선호하는 고객을 끈다. 그래서 손으로 뜨는 신선치즈나 껍질숙성 치즈생산에서 산업적인 제품에 비해 목장유가공이 유리하다. 반면에 신선요구르트에서는 목장유가공이 상당히 어렵다. 이는 대형공장이 각종 기술과 보조 혹은 첨가재료를 사용하여 표준을 만들었는데, 이를 목장유가공이 달성하기는 매우 어렵기 때문이다. 수공업에 의한 제품 생산은 고객이 분유첨가가 되지 않은 요구르트와 같이 차별화된 생산방식을 통한 제품에 대해 충분히 인지하고, 이와 함께 지역적인 출처에 의해 특정제품을 선호하는 경우에만 의미가 있다.

■ **지역적인 생산**: 지역적으로 생산된 제품은 익명의 일반 상업적 상품에 비해 뚜렷하게 차별화되며, 고객에게 근거리상 신뢰를 줄 수 있다. 이 구매기준을 직접 판매방식에 특히 유리하며, 고객밀도가 적은 지역에서는 효과가 상대적으로 적을 수 있다.

■ **특화품-생산**: 최고급 식당과 수준 높은 고객은 대량생산된 제품보다는 차별화되

며, 더 많이 손이 간 제품을 더 쳐준다. 시중에 흔히 판매되고 있는 가우다나 카망베르와 같은 치즈 종류들로서는 이런 고객을 거의 만족시키지 못한다. 대신 독특한 신선치즈, 염소 혹은 양의 젖으로 만든 제품들, 곰팡이치즈, 우수한 품질의 소프트치즈 등등의 눈에 띄는 치즈 크리에이션들로 고객의 관심을 끌어야만 한다.

■ **서비스**: 고객의 집으로의 배달은 소비자에 대한 서비스의 핵심이다. 이런 유통경로가 음용유, 식탁크박, 요구르트들에 대해 더 많은 판매시장을 가져온다. 각각의 고객층에 맞춘 치즈 정기예약 판매도 또한 치즈판매를 촉진한다.

3. 경제성

목장 운영과 함께 추가적인 유가공으로의 결정은 높은 투자비와 노동부하에 의해 뚜렷한 소득 개선이 있을 때만 장기적으로 타당성이 있다. 유가공을 하는 많은 사업체에 있어 유가공이 가장 중요한 사업부분인 경우가 대부분이며, 따라서 유가공에서 나오는 수입이 전체 사업체의 수익성을 결정한다고 할 수 있다.

다음과 같은 요소들이 경제성에 영향을 미친다.

① 품목구성과 유통경로에 따른 매출액(시장성)
② 원유 비용
③ 투자 규모와 고정비 부담
④ 가공량, 1회 생산량(롯트 크기), 작업비용

1 kg 제품을 생산하기 위해 제품에 따라 필요한 밀크량도 다르다. 현재 가격에서는 요구르트나 신선치즈 또는 소프트치즈 같은 신선제품에서 ℓ 당 밀크의 높은 매출을 올릴 수 있다. 식탁크박, 절단 및 하드치즈는 상대적으로 매출 면에서 불리하다. 이러한 치즈는 앞의 소프트치즈에 비해 필요한 밀크량은 많아도 가격은 낮기 때문이다. 따라서 필요한 밀크량 당 매출액이 낮아진다.

그러나 잊지 말아야 할 것은 이 수익이 기술 장비나 더 높은 인건비로 인해 빠르게 잠식될 수 있다는 사실이다. 예를 들면 신선치즈를 제조하기 위해서는 일반적으로 살균과 충진을 위한 추가적인 시설투자가 필요할 수 있다.

4. 재료품질

가공용 밀크의 품질은 최종제품의 품질에 결정적으로 영향을 미친다(제5장 참조).

입법자들은 법 규정에(Nr. 853/2004) 가공용 밀크에 미생물상의 기준을(세균수, 체세포수) 명시하였다. 산업적인 가공과는 달리 목장유가공에서는 일련의 표준화조치를 취하지 않는다. Clostridium 포자를 제거하기 위한 장치인 Baktofuge나 지방을 미세 조정하기 위한 균질기는 아주 비싼 기계이므로 적은 생산량의 경우에는 경제적이지 못하다. 대부분의 목장유가공에서는 밀크를 살균하지 않는데, 무살균 밀크의 여러 관능적 장점을 놓치고 싶지 않기 때문이다.

이러한 이유에서 유가공목장은 결함원인들을 예방차원에서 제거해야 하며, 가공용 밀크의 품질에 대해서는 높은 기준을 적용시켜야 한다.

■ **미생물상의 품질**: 무살균으로 가공하는 경우 병원균을 소멸시키기 위한 정정과 정인 살균이 생략된다. 따라서 무살균 가공자는 가축의 건강과 최상의 착유위생 유지에 상당히 신경을 써야 한다.

전체 밀크의 체세포수는 mℓ당 15만 개를 초과해서는 안 된다. 이외에도 오직 신선한 밀크만을(최대 2 착유시기 것) 가공하여야 한다. 집유업체에 납유하는 경우와는 달리 절대 세균수는 중요한 사항이 아니다. mℓ당 10만 개 이상의 세균수는 신선한 집유 밀크에서 아주 드물다. 보다 중요한 것은 *Staphylococcus aureus*(황색포도상구균) 같은 잠재적 유방염의 징후 균을 규칙적으로 검사해야 한다는 것이다.

■ **사료급여**: 절단 및 하드치즈제조에서 젖소사료에 사일레지를 넣는 것은 문제가 있다. 비교적 오래 숙성해야 하는 치즈를 사료에 들어있는 Clostridium 포자가 제조 후 4~6주에 팽창하게 할 수 있다(후기 팽화). 예방방법은 건초나 질이 아주 좋은 사일레지로 사료를 전환하는 것이다.

■ **밀크보관**: 여러 착유시기들의 밀크를 모아 사용하는 것은 작업 능률면에서 효율

상자 2-1. 높은 원재료 품질을 위한 근본적인 참고사항

① 무사일레지 밀크를 선택한다.
② 지방 4,2% 이상의 밀크로 오래 숙성하는 치즈를 만들 때는 가공밀크에서 크림 분리한다.
③ 착유시설을 규칙적으로 점검한다.
④ 2 착유시기 것만 가공하는 것이 가장 바람직하다.
⑤ 저녁밀크를 저장할 때 가능한 한 8℃ 이하 혹은 10℃ 이상으로 하지 말 것.
⑥ 전체 밀크의 체세포수를 15만 개 이하로 유지할 것.
⑦ 밀크의 기계적인 부하를 최소화한다(즉 펌프 사용을 가급적 피함).

표 2-3. 유기농 밀크의 kg당 수익은 제품에 따라 상당히 차이가 있다(뎀볼프 2002).

제 품	제품 1 kg에 드는 밀크량	평균 제품가 (유로/kg)	수 익 (유로/kg 밀크)
식탁크박	3.5	4.25	1.21
연질치즈	8.0	13.85	1.73
절단치즈	10.0	12.74	1.27
경질치즈	11.5	12.63	1.10

적이다. 반면 원재료 품질은 빠르게 나빠진다. 낮은 저장온도는 지방 파괴와 칼슘의 침전을 초래한다. 이 외에도 내냉성 균들이 일방적으로 증식한다. 이 균들의 포자가 지방과 단백질의 제어되지 않는 분해를 촉진한다. 맛 결함이 그 결과일 수 있다. 뒤섞인 오래된 밀크(2 착유시기 이상)를 사용하여 높은 품질의 유제품을 만드는 것은 불가능하다.

5. 작업자

제품 선택은 당연히 활용가능한 사람의 능력과 성향에 상당부분 달려 있다. 보통 생산업소 주변의 사람들이 특별한 유가공 경험 없이 작업을 떠맡는다. 가공하는 밀크량이 늘면 업소 자체의 노동력으로는 도저히 감당할 수 없다. 전문가가 필요하다. 그러나 전문가를 섭외하는 것은 굉장히 어렵기 때문에 유가공목장은 종업원의 기초교육과 추가교육에 각별히 주의를 기울여야 한다.

■ **직업교육**: 유가공의 길로 들어선 신참자들에게 추천할 만한 가장 좋은 방법은 유가공전문사 교육을 받는 것이다. 치즈공방과 같은 실제 교육장소와 작업학교와 같은 이론 교육장소와 같이 교육은 여러 곳에서 이루어진다. 생산업소에서 제공되지 않는 교육내용은 범기업적인 교육에서 획득할 수 있다. 유가공 공장에서의 다양한 요구사항과 생산제품들로 인해 교육은 다각도로 제공될 수밖에 없다. 그러나 상당히 많은 교육내용이 실제 목장유가공에서는 적절하지가 않다. 왜냐하면 일반적 유가공교육은 산업적인 유가공 공장을 염두에 두고 있기 때문이다. 현실적으로 농가의 밀크 가공자는 자신의 일터인 치즈공방을 스스로 계획하고 설치할 수 있어야 한다. 제조과정에서 시작하여 판매문제까지의 결정이 자기 책임이다.

유가공 전문교육의 이중적 구조는 그러나 교육생들로 하여금 유가공목장이나 마을

상자 2-2. 목장유가공 기술에 쉽게 접하는 방법

① 유가공목장이나 마을 공동 치즈공방에서 치즈전문사로의 직업교육
② 국가인증의 농업상의 밀크가공사로의 심화교육
(알고이 지방의 방겐에 위치한 "유가공 교육 및 연구원"과 협력하여 단체 VHM에서 유가공 종사자들에게 심화교육)
③ 유가공목장에서의 실습
④ 초보자 및 경험자를 대상을 하는 치즈강좌
⑤ 치즈공방 견학

공동 치즈공방에서 일자리를 찾을 수 있게 하고, 그곳에서의 작업 진행과정을 또한 알 수 있게 한다.

■ **심화 혹은 추가교육**: 초보 치즈인을 위한 다양한 심화 혹은 추가교육들이 그 사이에 많이 등장했다. 기초 코스는 유가공의 실제적이고 이론적인 기초지식을 제공한다. 기초 코스에서 시작하여 특정 치즈 종류에 관한 상급 코스에 참가할 수 있다. 유가공목장에서 실습하는 것도 수공업적인 유가공을 엿볼 수 있는 좋은 기회이다.

1995년부터 관심 있는 사람들은 "국가가 인정한 농업적인 밀크 가공자"로 추가교육을 받을 수 있다. 독일에서 유일한 이 코스는 VHM이 알고이 방겐에 위치한 「유가공 교육 및 연구원」과 협력 하에 제공된다.

※ 역주: 우리나라에서의 치즈교육의 개선방향

① 실제 치즈공방과 같은 위생조건 하에 실습이 이루어져 위생에 관련된 여러 사항 등이 몸에 배게 해야 한다.

② 심화교육을 위해서 소그룹을 형성, 실제 공방에서 실습할 수 있게 해야 한다(필요한 경우 외국 전문가 초청).

③ 곰팡이치즈, BL-처리 치즈 등을 위해서는 별도의 숙성실을 갖추어야 한다.

제 3 장

치즈공방

1. 공간배치

목장에서 유가공을 하겠다는 것은 농업 경영체에 충분한 공간이 있음을 전제로 한다. 치즈공방을 위한 공간은 낡은 축사와 같이 이미 존재하는 건물을 사용한다든지 여의치 않은 경우 신축이나 증축으로 마련할 수 있다.

경험에 미루어 볼 때, 일반적으로 전체 기업에서의 공간배치나 공간분할에 관하여 계획단계에서 별로 신경 쓰지 않는다. 아마 대부분 장소 선정에 선택 여지가 별로 없는 낡은 건물을 사용하기 때문일지도 모른다. 그러나 입지 선정과 공간배치는 작업효율이나 위생관점에서 과소평가 되어서는 안 될 영향을 미쳐서 기존의 구건물을 개조하거나 또는 신축할 때에 철저히 기획되어야 한다.

입지 선정이나 공간배치, 실제적인 건축과정에서 위생 감독기관을 처음부터 관련시키는 것이 좋다. 이는 계획단계에서는 감독기관의 요구사항을 대부분 수용할 수 있기 때문이다. 반면 이미 만들어진 치즈공방의 추가 개선이나 개조는 많은 비용이 소요된다.

위생당국과 목장 치즈공방 간의 분쟁이 있을 시에는 전문 상담인이나 협회가 조정자 역할을 할 수 있다.

1.1 입지 선정

입지 선정에서는 다양한 측면들을 고려해야 한다. 입지 선정은

① 생산에서의 위생적인 리스크들을 배재해야 하고,

② 신축하는 데 혹시 필요할지도 모르는 내부 공조(空調) 비용을 최소화하여야 하고,

③ 품질에 손상 없는 밀크운송을 가능하게 하고,

④ 추후 생산시설 확장을 문제없이 가능하게 하고,
⑤ 작업장 내의 순조로운 생산흐름을 뒷받침해 주어야 한다.

뜻밖의 사태를 예방하기 위해 신축 시 초기에 토질 기초조사를 해야 한다. 지하수층이 높거나 홍수 위험지역에서는 비용상의 이유로 지하실을 포기해야만 한다. 이는 방수하는 데 드는 비용이 상당히 높기 때문이다.

건축부지는 건물뿐 아니라 주차장, 진입 및 진출로 등을 위해 면적과 모양에서 충분한 여유가 있어야 한다. 왜냐하면 언덕이나 개울과 같은 자연적인 방해요소들을 계획단계에서부터 고려해야 하기 때문이다. 출입문과 출입로 같은 외부와의 연결부위를 꾸밀 때는 내부 공정흐름과 최적상태로 조화가 이룰 수 있도록 해야만 한다.

치즈공방의 서로 다른 공간들에 대한 공간온도나 대기습도 등의 기후적인 요구조건은 생산되는 치즈 종류에 따라 다른데, 이는 전문화된 치즈공방에서나 각각의 치즈 종류에 이상적으로 맞추어질 수 있다. 다른 치즈공방에서는 절충점을 찾을 수밖에 없다.

일반적으로 작업 공간을, 특히 숙성공간을 햇볕이 강하게 비치는 곳에 만드는 것은 피해야 한다. 왜냐하면 치즈 생산 시 이미 생산에 의해 높은 공간온도와 공간습도가 형성되기 때문이다. 따라서 숙성 공간, 냉장실, 밀크 저장실 등의 출입문을 북쪽으로 설치하는 것이 권장된다. 양지쪽으로 뚫린 창문의 경우, 햇볕이 들어오는 것을 차단할 외부지붕이 있어야 한다. 안쪽의 차단장치는 그에 따른 청소문제로 인해 만들지 않는 것이 좋다.

원활한 통풍을 위해 작업공간들이 다른 건물에 의해 방해받지 않도록 해야 한다. 바람이 부는 방향으로 주창문을 설치하는 것이 좋다. 그러나 너무 강한 바람은 먼지 유입을 조장할 위험이 있다. 녹지대의 설치는 직접적인 먼지발생을 줄이고, 나무를 심는 것은 방풍역할을 한다. 즉 도로, 주차장, 분뇨저장시설 등과 같은 감염원들이 작업공간 바로 근처에 있어서는 안 된다.

1.2 공간 나누기

밀크는 생산 공정에서 많은 작업단계를 거친다(그림 3-1). 계획 시, 각각의 작업단계는 독자적인 작업영역을 필요로 한다. 여기에서 작업영역을 가능하면 시간적인 순서에 따라 배열하고, 청결과 오염영역으로 나눈다(제6장 3.3 참조).

표 3-1은 최소 공간수요를 요약해 놓았다. 일반적으로 많은 작업단계들이 같은 공간 내에서 이루어진다. 예를 들어, 작은 치즈공방에서는 공방기구들의 세척 혹은 검사를 위해 작업공간에 그저 별도의 자리를 마련하는 것으로 해결한다(그림 3-2 참

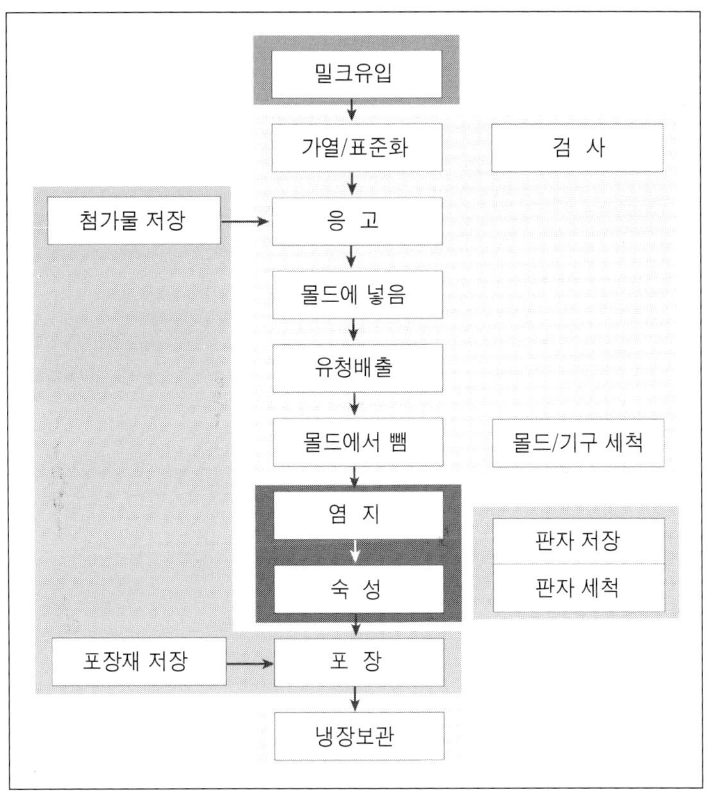

그림 3-1. 밀크는 생산과정에서 많은 작업단계를 거친다. 같은 색칠 안의 작업단계들은 동일한 공간에서 이루어진다.

표 3-1. 목장형 치즈공방에서의 최소 공간수요

공 간	기 능
위생통로	옷 갈아입음
작업공간	가공, 기구세척, 검사
숙성공간	치즈염지 및 숙성
판자보관	판자의 세척 및 보관
보관 및 포장공간	발송, 판매단계의 제품포장
냉장실	신선제품과 판매상태의 제품보관

조). 큰 치즈공방에서는 일반적으로 공간의 숫자가 늘어난다. 따라서 검사, 포장재 저장, 첨가물 저장 등의 작업영역들은 별도의 공간에서 이루어진다(그림 3-3 참조).

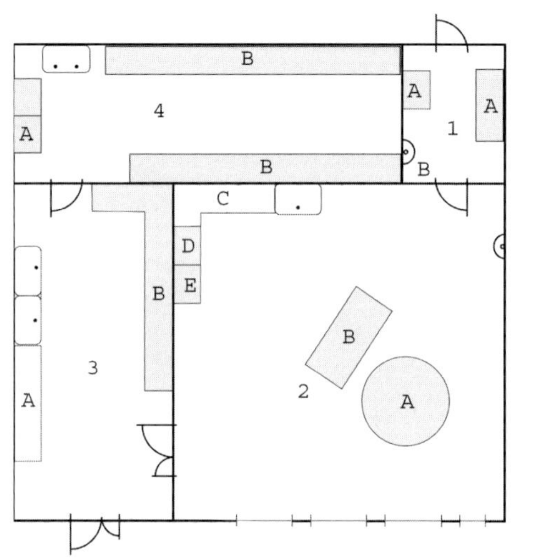

1 위생통로(3.2 m²)
A 옷걸이
B 세수대

2 작업공간/세척공간(26 m²)
A 치즈벳트
B 작업대
C 세척지대
D 알칼리통
E 산성통

3 포장공간/저장공간(12.5 m²)
A 세척지대
B 작업대/선반

4 숙성공간(12.2 m²)
A 염지통
B 숙성선반

사무실은 집에 마련

그림 3-2. 50톤/년 가공하는 작은 치즈공방의 평면도

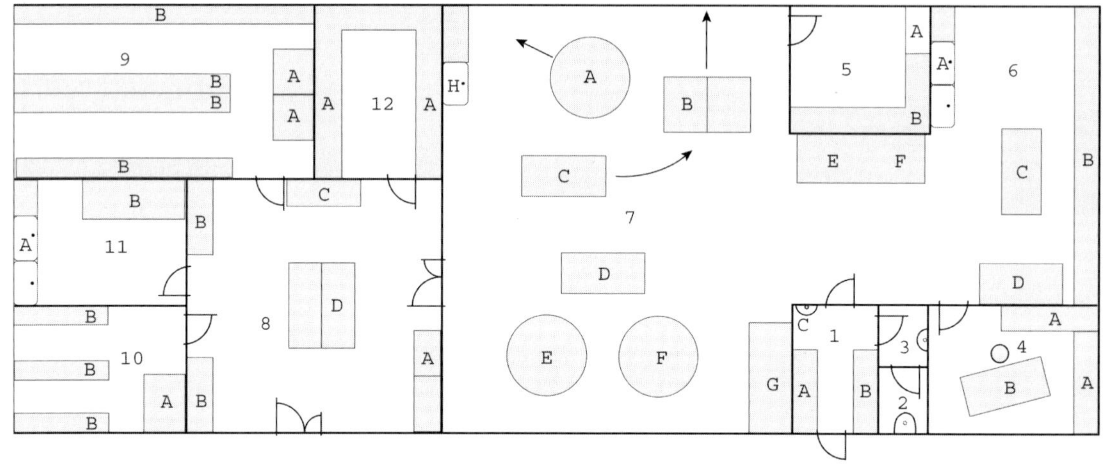

1 위생통로(5 m²)
A 옷걸이
B 옷걸이
C 세수대

2 화장실(1.9 m²)
A 화장실

3 화장실전실(1.7 m²)
A 세수대

4 사무실(12 m²)
A 선반
B 책상

5 검사실(9.6 m²)
A 세척공간
B 검사대

6 세척공간(28 m²)
A 세척지대
B 선반/받침대
C 이동작업대
D 소독조
E 산성통
F 알칼리통

7 작업공간
A 배치형살균기
B 소프트치즈벳트
C 작업대
D 예비압착통
E 치즈벳트 1
F 치즈벳트 2
G 압착기
H 세척지대

8 포장공간(36 m²)
A 세척지대
B 선반
C 보관
D 탁자

9 숙성실 1(28 m²)
A 염지통
B 숙성선반

10 숙성실 2(12 m²)
A 염지통
B 숙성선반대

11 판자보관(12 m²)
A 세척
B 건조대

12 냉장실(12 m²)
A 선반

그림 3-3. 300톤/년 가공하는 큰 치즈공방의 평면도

2. 작업실의 건축상 꾸밈

작업실의 모든 건축부분은 극단적인 실내 환경 하에서 시간이 지남에 따라 피로현상을 겪게 된다. 바닥은 끊임없는 밟힘, 무거운 장비들의 통행, 산(酸)의 영향 등으로 엄청난 부하를 받는다. 벽, 천정, 창문, 문들은 높은 습도에 견뎌야 한다.

실제 공방을 보면 언제나 건축단계에서 같은 실수가 반복됨을 볼 수 있다(앞에서 언급한 표 3-2 참조). 계획을 잘 하면 건축부분의 수명을 연장시킬 수 있다. 작업실의 법적 요구사항들은 무엇보다 소비자 보호를 위한 것이다. 원유와 생치즈의 재감염 등의 유제품의 부정적 결과는 위생적인 건축형태로 막아야 한다(제6장 3.3 참조).

실제 흔히 작업공간이 너무 협소한 경우를 종종 볼 수 있다. 여기에서 치즈공방을 짓는 비용은 과대평가 되고, 상승된 인건비로 인해 매일 발생하는 추가비용은 과소평가 되고 있다. 작업공간이 작으면 ① 결함 있는 작업실, ② 시간 낭비적 작업흐름, ③ 힘이 들고, 시간소요가 많은 청소 등의 문제점을 초래한다.

너무 협소한 작업장은 생산량의 증가나 생산품목의 변경을 어렵게 하는 원인이 될 수 있다. 계획단계에서부터 작업장을 자유롭게 확장할 수 있는 공간을 고려해야 한다. 표 3-3에 작업공간에서의 중요한 요구사항을 제시하였다.

2.1 바닥

작업장의 바닥은 끊임없는 왕래, 무거운 유청 받침대, 유청의 산성적 특성 등으로 인해 부하가 많이 걸린다. 밀크나 물 등 미끄럼을 유발하는 물질로 해서 넘어질 위험

표 3-2. 목장형 치즈공방에서 흔히 나타나는 건축 결함들

건축결함	원 인
벽과 천장의 곰팡이 발생	나쁜 통풍, 불충분한 단열처리
비틀어진 창과 문	부적절한 재료사용
더럽고 녹스는 난방장치	부적절한 난방몸체
바닥타일 틈이 산에 부식	틈 메우는 재료가 결함
물 빠짐이 나쁨	바닥경사가 불충분함, 경사를 잘못 두어 웅덩이가 생김
바닥세척이 나쁨	요철이 너무 강한 타일 선택
바닥의 미끌어짐이 심함	요철이 너무 적은 타일 선택
산업용 바닥에서 기포형성	작업결함, 지층이 습함, 피복한 곳에 구멍

표 3-3. 치즈공방 공간 꾸밈에 대한 요구사항들

공간크기	공간수요에 대한 영향요소 - 생산량 - 제품구성 - 작업자 숫자 최소 공간수요에 대한 계산 공간수요는 다음과 같이 산정 - 작업기구들이 차지하는 면적 - 통행면적 최소 공간수요는 어림잡아 다음과 같이 산정할 수 있다. 작업기구들의 면적 합계에 4를 곱한다(면적 합이 5제곱미터이면 20 m^2)
공간높이	2.50미터, 바닥에 붙은 치즈벳트이면 3미터, 바닥에 붙은 치즈벳트에 커드를 천으로 몽땅 들어올리는 경우는 3.50~4미터, 높게 설치한 치즈벳트. 커드는 낙차로 몰드에 쏟음.
공간모양	사각형의 공간이 이상적이며, 굽어진 공간이나 통로는 불필요한 이동거리를 야기하기에 좋지 않다.

그림 3-4. 유약을 입힌 바닥타일은 청소를 어렵게 하는 요철을 갖출 때만 충분한 미끄럼방지를 유지한다. 그래서 치즈공방에는 부적절하다.

도 고려해야 한다. 특히 중요한 사항은 바닥의 청소가 용이해야 하는 점이다(상자 3-1 참조).

고려할 수 있는 바닥 재료는 타일과 합성수지 도포재료이다. 요철이 있는 신발구조도 걸어 다니는데 안전을 유지하는 좋은 수단이다.

1) 타일

타일바닥은 치즈공장이나 공방에 오래 전부터 이용되어 왔다. 산업용 바닥에 비해 단단한 것이 이점이다. 싸구려 바닥타일의 단점은 이음부분에 있는데, 청소하기가 어렵고 또 잘못된 몰탈 선택이면 내구성이 없다는 것이다.

산에 강한 타일이면 모두 고려대상이 된다. 유약을 칠하지 않는 자연세라믹이 좋다(그림 3-5, 그림 3-7 참조). 자연세라믹을 통해서는 유약칠이 없어도 수분이 침투하지 않는다. 저렴한 타일은 유약이 방수 역할을 할 수 있으나, 타일 모서리가 깨지는 경우 보호 칠이 없어지고, 이를 통해 타일로 수분이 침투할 수 있다. 침입한 수분은 타일을 들어나게 하여 바닥을 망가뜨린다.

자연세라믹은 유약 칠이 없기 때문에 미끄럼의 위험도 없다. 곱게 가공한 도기나 유약을 칠한 타일의 경우 요철을 두어 미끄럼 방지효과를 유지한다.

자영업적인 직업조합의 중앙연합이 바닥재에 대해 평가기준을 확정했다. 여기에서는 미끄럼의 위험 정도에 관해 업종별로 구분하였다. 유가공 사업체는 4항으로 나누어진 평가형식에서 평가그룹 R11에 속한다. 타일바닥의 내구성은 타일선택과 시공질에 달려 있다. 타일을 본드로 붙이는 것보다 몰탈 위에다 놓는 것이 더 오래 간다.

상자 3-1. 바닥의 문제 분야

① 바닥과 벽이 닿는 곳 : 벽과 바닥의 장력 차이로 연결부위에 쉽게 금이 간다. 따라서 이 부분에는 휘어진 모양의 타일을 붙이는 것이 좋다. 이음매(타일 사이에 넣는 몰탈)는 산에 강한 실리콘과 같이 지속적으로 유연한 재료를 사용하는 것이 좋다.

② 바닥경사 : 경사는 물이 빨리 빠지게 조정해야 한다. 물고임은 반드시 방지해야 하고, 위생적으로도 문제가 된다. 물 빼는 면적이 넓을수록 경사가 커야 한다. 경사각도가 최소한 2%는 되어야 한다. 요철이 있는 타일은 경사가 더 있어야 한다. 그러나 물이 너무 빨리 빠져 오염물질이 남아 있을 수 있으므로 경사도 5% 이상이 되어서는 안 된다. 전문업체라 할지라도 위의 경사를 지키지 않고 시공할 때가 있으므로 주의해야 한다.

③ 배수관으로 연결 : 일반적으로 타일이 이 연결부분에서 떨어지는 것을 종종 관찰할 수 있다. 따라서 지속 탄력적이고 산에 강한 타일 이음재료를 사용하는 것이 바람직하다(그림 3-5 참조).

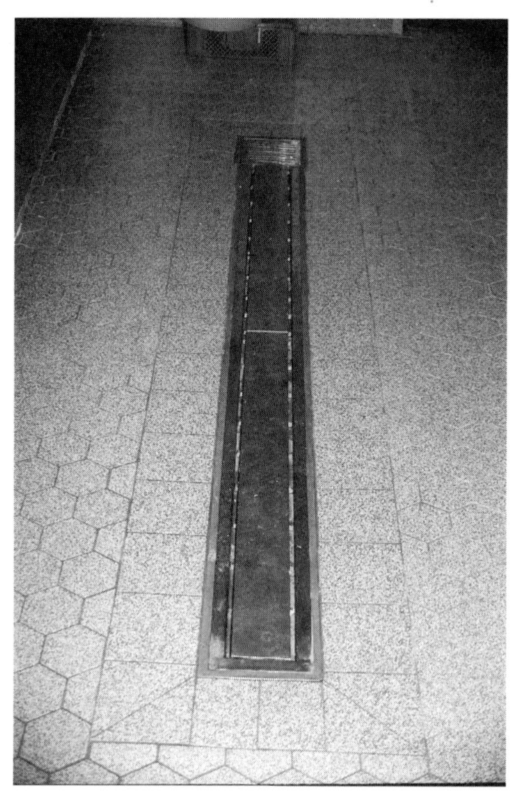

그림 3-5. 고온 소성의 벽돌판재는 진동방식으로 깔 수 있는데, 그들만의 독특한 기하학적인 형상으로 인해 깔끔한 연결모양을 보여준다. 배수홈통은 넓은 면적의 배수에 적합하므로 큰 작업공간에 좋다.

타일로 문제가 생기면 위생 감독기관으로부터 지적을 받아 다시 붙이는 데 많은 시간이 소요되어 생산이 일시적으로 중단될 수도 있다.

과거에는 이음새가 문제를 많이 일으키는 요인 중 하나였으나 타일 시공방법의 개선과 산에 강한 이음재료의 개발로 이 문제가 더 이상 일어나지 않는다. 건축 재료상의 '전통적인' 몰탈은 산에 강하다고 표시되어 있어도 적절하지 않은 경우가 많다. 이는 몰탈이 유청에 오래 노출되면 부식될 수 있기 때문이다.

산에 강한 반응수지(에폭시나 아크릴수지)의 이음재료가 좋음이 입증되었다. 그러나 합성수지에 대해서 건강상의 문제가 늘 제기된다. 다행히도 최근 산에 강한 광물-유기체의 실리카트 몰탈이 등장하여 이런 문제는 더 이상 발생하지 않는다.

2) 합성수지 입히기

합성수지 바닥포장이 타일과 점차 경쟁하고 있다. 미끈하게 마감되어 기름이 묻지 않은 건조한 바닥에 합성수지를 바른다. 보통 아크릴이나 에폭시를 기본으로 하여 두 콤포낸트를 반응시켜 처리한다. 이 층의 두께는 4～8 mm이다. 여기에 석영모래를 뿌려 미끄럼방지 규격 R11을 충족시킬 수 있다.

이 바닥의 좋은 점은 이음매가 없다는 것이다(그림 3-6 참조). 그 밖에도 바닥에서 벽위로 몇 센티미터 위로 연장하여 칠할 수 있다. 이렇게 하여 절대적으로 틈이 없고 청소가 용이한 바닥-벽-접촉부위가 만들어진다. 그러나 바닥에 습기가 많으면 이 칠은 할 수 없다.

합성수지의 단점은 부하가 좋지 않은 것이다. 뾰쪽하고 무거운 물체가 떨어지면 파손이 일어나기 때문에 습기가 스며들지 않게 즉시 보수해야 한다. 몇몇 제조회사가 그 사이에 대응하여 요즘에는 두꺼운 도포가 가능한 에폭시 몰탈재료를 공급한다.

아크릴수지 바닥은 에폭시수지 바닥에 비해 다음과 같은 이점들이 있다.

① 보수나 덧칠을 할 경우, 오래된 층과 새 층 사이의 접합에 아무런 문제가 없다.

② 단단함과 탄력성의 요구에 맞추기 때문에 아주 지속 탄력적이다. 따라서 표면에 금이 가는 경우 유연한 membrane을 씌움으로 해서 바닥을 보수할 때까지 수분이 침투하는 것을 막을 수 있다.

그림 3-6. 합성수지로 한 표면층 입히기는 이음매 없고, 쉽게 청소할 수 있는 바닥을 이루게 한다. 바닥배수구는 분리할 수 있는 격자구조의 뚜껑과 청소할 때는 들어낼 수 있는 쇠통으로 구성되어야 한다.

그림 3-7. 안으로 휘어진 타일과 지속탄력적인 이음매로
해서 바닥과 벽의 연결이 문제없다.

③ 배수관으로의 연결에서 틈새가 전혀 없고 지속탄력성 있게 마감될 수 있다.
④ 벽과의 접촉부위도 깨끗하고 지속탄력성 있게 마감될 수 있다.

2.2 바닥배수

밀크가공에 사용되는 공간에는 최소한 한 개 정도 배수장치가 있어야 한다. 포장하고 저장하는 공간에도 처음부터 배수관을 설치하면 이후에 이를 작업실로 개조할 때 추가비용을 절감할 수 있다.

물이 잘 배수되려면 공간 가운데 배수구를 설치하는 것이 좋다. 그러나 협소한 공간에서는 배수장치가 가운데에 설치되어 있으면 불편한 경우가 많아 가장자리에 설치하기도 한다. 중요한 것은 고정된 시설 밑에는 설치하지 않아야 청소하기가 좋다는 것이다.

막히는 것을 방지하기 위해 배수관에 경사를 둔다는 것과 관의 직경이 최소 12 cm는 되어야 하는 것을 유의해야 한다.

1) 바닥배수구

배수구은 물이 잘 배수되는 것을 도와야 할 뿐만 아니라 청소 또한 용이해야 한다. 최소 20×20 cm 크기이고, 스테인리스로 되어 있어야 하며, 꺼낼 수 있는 걸름망을 가져야 한다. 사각모양이 타일과 맞으며, 뚜껑은 미끄럼을 방지하는 구조여야 한다.

가정용의 배수통은 10×10 cm 크기라 너무 작아 권할 수 없다. 청소하기 위해 뚜껑의 나사를 풀어야 하고, 속의 망은 저급의 철이라 쉽게 녹이 쓴다. 플라스틱이나 주물로 된 것은 쉽게 망가지고 녹슬기 때문에 적절하지 않다. 플라스틱은 시간이 지나면 거칠어지고 부풀고 부서진다. 주물은 에나멜의 보호 층이 상하면 녹슬기 시작한다.

2) 배수홈통

물을 많이 쓰는 경우에는 배수 홈통이 물 모으는 것으로 아주 적당하다. 작은 배수구에서 보다 배수가 더 빠르고 좋게 이루어진다.

소재 선택에 있어서 바닥배수구와 마찬가지로 스테인리스 재질이 좋다. 개방된 또는 상자구조의 홈통이 있다. 개방된 홈통에서는 덮개가 없다. 따라서 구멍 난 판 위를 밟고 다닐 필요가 없다. 청소한 결과를 컨트롤하기 위해 전부 다 들여다 볼 수 있는 홈통(위생홈통)만 써야 한다. 보통 바닥배수구와 함께 설치한다(그림 3-6 참조).

뚜껑을 제거하면 접근이 용이하기 때문에 청소하기 좋은 것은 상자구조의 홈통이다. 높이가 낮은 구조로 인해 바닥 층이 얕은 경우에도 시공할 수 있다.

2.3 벽 상태

닦기 좋은 칠로 벽을 마감하면 위생당국의 규정에 어긋나지 않다. 그러나 일반적으로 타일이 청소도 용이하고 단단하므로 칠은 보통 하지 않는다. 최소한 180 cm의 높이로 타일을 입혀야 벽에 물이 튀는 것을 방지할 수 있다. 곰팡이 문제로 인해 더 높이 타일을 입히는 것은 이유가 안 된다. 곰팡이를 단지 이음매나 천장으로 쫓아 내는 것이 된다. 효과적인 곰팡이 방지는 그 발생원인의 제거에 의해서만 가능하다(상자 3-2 참조). 타일 위 벽부분은 광물질의 미장이면 충분하다. 또 이 부분은 추후에도 덧칠이 가능하다.

벽 타일이나 이음새에는 별도의 요구사항이 없다. 유약을 바른 밝은 색상의 타일이 무난하다. 크기가 큰 타일이 전체 이음새가 적기 때문에 권장된다. 문 쪽의 모서리는 깨지기 쉽기 때문에(예를 들면 스테인리스로 된) 테두리를 두르는 것이 바람직하다(그림 3-8 참조). 물이나 스팀이 통과하는 주요 관이 매립 형이 아니라면 벽에서 10cm 정도 떨어져야 청소가 용이하다.

헌 건물을 개조하거나 큰 공간을 분할하는 데 합성수지 재료의 벽체를 이용하면 좋다. 이들은 현재 적용되는 식품법 및 건축법에도 맞다. 공간수요에 맞게 쉽게 분해

그림 3-8. 문이 있는 곳은 벽모서리에 스테인리스 판을 부착하여 부딪힘으로부터 타일을 보호한다.

상자 3-2. 벽과 천장의 곰팡이 증식을 방지하는 방법

치즈공방의 가장 큰 문제는 벽이나 천장에 곰팡이가 끊임없이 반복해서 증식하는 것이다. 과습(過濕)의 원인을 제거하지 않는 한 청소나 소독이 항구적인 해결책이 될 수 없다.

① 흡기와 배기가 아주 나쁜 경우: 생산과정에서 나오는 습기는 작업실의 충분한 환기를 통해 제거해야 한다. 또한 환기에 있어 사각지대가 없어야 한다(2.7항 참조).

② 불충분한 또는 잘못된 단열: 단열에 결함이 있어 습기에 의해 벽이나 천장에 결로현상이 일어난다. 이 경우 충분한 환기로도 곰팡이가 없어지지 않는다. 낡은 건물을 개조할 때 지붕을 단열처리를 해야 하고, 벽도 필요하면 추가적으로 단열처리가 되어야 한다. 창의 옆벽은 외벽과 가까이 있기 때문에 온도가 낮아 대부분의 경우 공기 중 습기가 응결된다. 특수 단열재를 창문틀 옆벽에 사용함으로써 이 문제를 해결하는 수밖에 없다.

하여 다른 곳에 다시 설치할 수 있다. 천장에 매단 몰딩과 안으로 휘어진 바닥용 몰딩으로 판넬벽과 바닥 내지 천장과의 연결부위를 말끔하고 청소하기 쉬운 상태로 만든다. 비닐로 된 커튼을 이용하여 공간을 또한 분리할 수도 있다. (프랑스에서는 신축 공방에는 판넬로 된 벽과 천장이 의무라고 한다 - 역주)

2.4 천장 상태

낡은 축사를 개조하는 경우 나무나 쇠로 된 트러스트(속칭 가시오-역주)가 흔히 사용된다. 쇠구조물은 냉기를 전달하는 아주 좋은 매체이기 때문에 아무리 잘 덧씌운다 하여도 이 부분의 결로현상을 방지하는 것은 어렵다. 완성된 후 빠른 시일 내에 이 부분에는 띠 모양으로 곰팡이가 생긴다(그림 3-9 참조). 나무로 된 트러스트 구조물도 습기에 민감하기 때문에 치즈공방에는 부적절하다. 천장에 과습(過濕) 공간에 쓰는 판, 헤라클리트판, 또는 폴리스티렌 구조의 판을 매단 후, 필요한 경우 환기를 시키는 것도 좋은 해결책이 된다.

신축한 경우에는 콘크리트(슬래브) 구조가 좋다. 단열을 잘 하여 냉기전달 매체가 없으면, 간단하고 매끈한 마감미장이면 충분하며, 가끔 칠을 하면 된다. 천장의 타일은 결로현상으로 해서 치명적일 수 있기 때문에 절대 피해야 한다.

창문 쪽으로 가로질러 트러스트나 지지대 등을 설치하는 것은 공기 정체를 가져와 결로현상을 조장하기 때문에 환기 기술적인 면에서 반드시 피해야 한다. 공간 높이에 여유가 있다면 이런 경우에도 이중천장이 해결책이 될 수 있다.

2.5 문

나무문이 보통 많이 쓰이는데, 대부분의 경우 오래 가지 못한다. 마르지 않는 곳에서 어디서나 썩기 시작한다. 전통적으로 문제가 되는 곳은 물에 젖어 있는 문틀과 문의 아랫부분이다. 이는 얼마 안가 벌써 썩기 시작한다.

합성수지 문은 가격이 저렴하나 환경문제를 발생하는 PVC(Polyvinylchlorid)로 만들어진다. 아연으로 도금처리 된 철문도 녹이 잘 슬기 때문에 부적절하다. 환경 면에서 또 가격-성능 대비 면에서 가장 좋은 대안은 도장된 알루미늄 문이나 분말 표면처리된 철문이다. 스테인리스 문이 가장 좋으나 비싸다.

모든 문에서 고려해야 할 점은 경첩이나 손잡이 등이 녹이 생기지 않는 물질로 되어야 하는 것이다. 또한 대부분의 매립형 문에서 보는 것 같은 문턱이나 아연 도금된 철로 된 레일 등이 있으면 운반도구를 이동하는 데 지장이 있어 피하는 것이 좋다.

큰 기계를 반입하는 경우를 고려하면 문 두 짝의 최소 폭이 150 cm 정도가 되는 문을 설치하는 것이 좋다. 출입문에는 자동으로 닫히는 장치가 권장된다. 내부에서는 왕래가 잦음으로 해서 잠근 장치가 오히려 거추장스러울 수 있다.

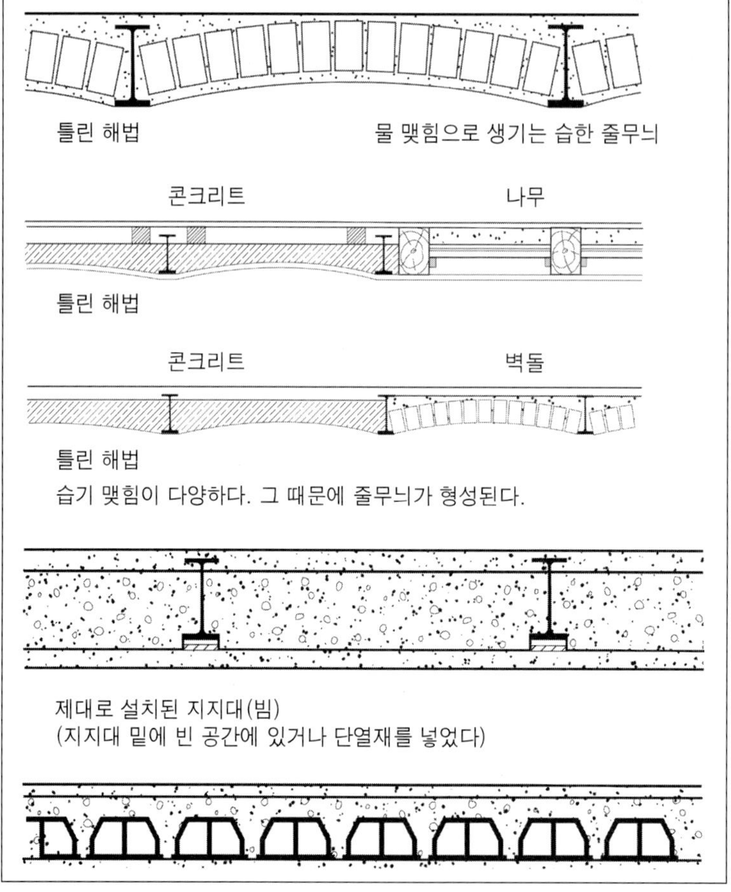

그림 3-9. 강철 지지대가 있는 천장에서 강철 지지대는 물의 응결을 도저히 막을 수 없는 냉기전달 매체가 된다. 그 위치는 띠 모양으로 자리잡는 곰팡이들로 표시가 된다.

2.6 창문

창문은 채광, 외부접촉, 흡기/배기 등의 목적을 지닌다. 전망이 좋고, 많은 창문과 사방에 타일을 입힌 작업장은 작업자의 작업능률에 좋은 영향을 미친다. 아무리 환기장치를 보강하거나 전등을 설치한다 해도 창문이 가장 효과적이다. 작업장 규정에 의해 자영업적 치즈공방에는 의무적으로 외부로의 시각적인 접촉이 보장되어야 한다.

나무는 높은 습기 때문에 창문소재로는 권장되지 않는다. 도료를 입힌 알루미늄, 분말코팅의 철창문이나 플라스틱 창문이 좋다. 구조적으로 창문 내부의 부품이 침입하는 습기로 피해를 입지 않도록 되어야 한다.

흡기/배기와 밝기를 충분하게 하기 위해 가급적이면 창을 많이 설치하는 것이 좋으며, 창문은 천장까지 닿게 하는 것이 좋다. 조명도 위와 구석에서 비치는 것이 정면에서 비치는 것보다 낫다. 창의 경우 아랫부분은 개폐식 구조로, 위는 젖히는 구조로 하면 공방의 증기를 쉽게 뺄 수 있다.

여름철에는 방충망이 필요하며, 두 겹으로 치면 오래 사용할 수 있다. 문 양측 면

그림 3-10. 플라스틱 재질의 높은 창문이 치즈공방에서는 바람직하다. 창문 상부 지지대는 배기를 좋게 하기 위해 천장과 닿아야 한다. 비스듬한 창문턱은 창에 맺히는 물을 잘 흐르게 한다.

은 천장과 마찬가지로 곰팡이가 쉽게 증식하므로 흔히 타일을 입힌다. 창문틀 지지대 아래쪽은 바로 떨어지는 물 때문에 타일을 입히지 않는 것이 좋다(그림 3-10을 보면 양측 면은 물론 지지대 아래쪽도 타일을 입혔다-역주).

페어그라스가 유리창의 결로 방지에 효과적이다. 물방울이 생기는 것을 막는다는 것은 거의 불가능하기 때문에 창문턱이 오염장소가 된다. 그 때문에 창문턱을 근본적으로 경사지게 한다(그림 3-10 참조). 이렇게 하여 물 빠짐을 좋게 하고, 그 위에 물건 두는 것을 막을 수 있다. 채광도 이렇게 함으로써 좋아진다.

2.7 흡기/배기

배기의 필요성은 무엇보다 치즈 제조 시 발생하는 높은 공기 중의 습도와 관련이 있다. 흡기/배기는 더운 공기의 물리적 성질을 이용한 자연적인 중력식 배기와 환풍기를 이용한 강제배기 방식을 이용한다.

가장 널리 사용하는 방법은 창문을 여는 것이다. 적절한 창문 숫자, 크기 그리고 정확한 배치이면 치즈공방의 배기에 문제가 없다. 문으로 배기하는 것은 열려진 문으로 동물이나 타인이 출입할 수 있으므로 피해야 한다. 헌 건물을 이용하는 경우 옆의 축사나 분뇨장, 젖소 운동장 방향으로 환기하는 것은 오염의 위험가능성 때문에 피해야 한다. 적절한 시설로 이를 대체할 수 있다.

용이한 환기를 위해서 다음 사항을 준수해야 한다(그림 3-11 참조).

① 천장 지지대가 환기 방향으로 가로질러 있는 것은 공기순환을 막으므로 피해야 한다.

② 공간을 가로지르는 환기를 위해서 창과 환풍기를 여러 방향의 벽에 설치한다. 흡기와 배기구가 너무 가까이 있으면 유입된 공기가 바로 빠져 나가므로(공기 정체) 공간의 환기가 제대로 안 된다(그림 3-11, 예 1 참조).

③ 충분히 큰 흡기/배기구 크기가 압력 손실과 흐름소음을 적절한 범위 내에 머물게 한다.

④ 공간은 각각 개별 환기시스템을 가져야 한다. 다른 공간을 통해 환기하는 경우 환기가 제대로 안 된다.

⑤ 환기시설은 작업대(유청 배출대) 위에서 이루어지지 않도록 한다. 찬 바람이 생치즈에 닿으면 치즈가 식어 산성화 과정이 방해받는다. 이 때문에 별도의 유청 배출실을 마련하는 것이 좋다. 생치즈는 바퀴 달린 유청배출 작업대를 이용해 바로 이곳으로 이동한다. 그런 다음 작업장을 위험 부담 없이 환기시킬 수 있다.

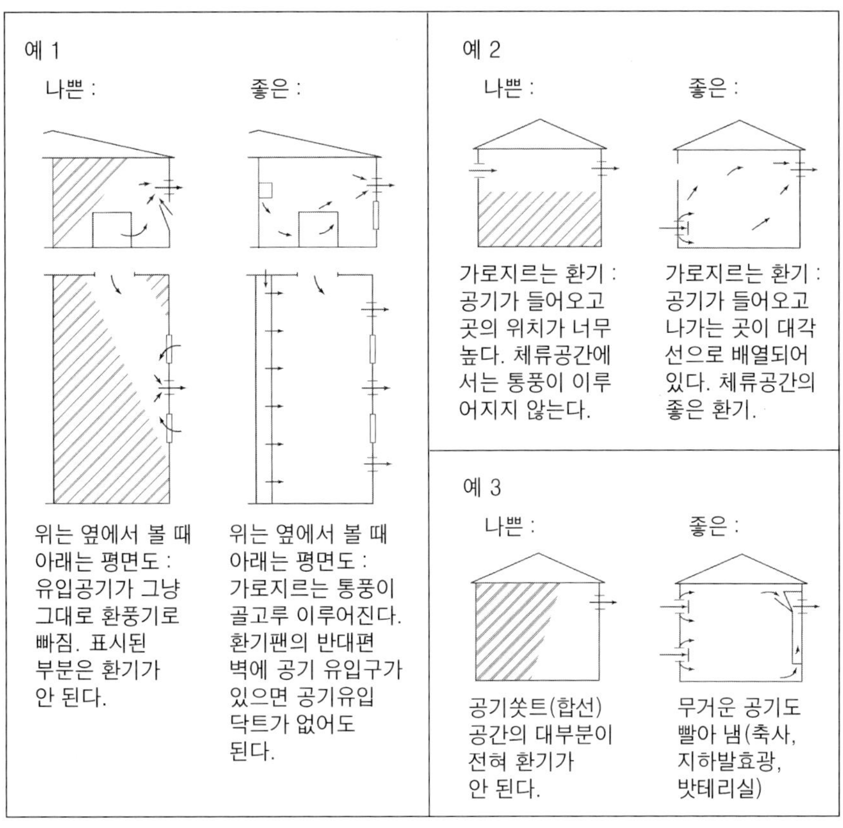

그림 3-11. 치즈공방에 있어 흡기 내지 배기에서의 좋고 나쁜 공기흐름의 사례들

1) 창문 환기

창문 환기가 가장 저렴한 환기형태이다. 창문이 채광 역할을 하므로 추가 비용 없이 다른 기능까지 수행하게 되는 것이다.

몰드에 넣은 후 작업공간을 충분히, 빠르게 환기시키기 위해서는 창문 숫자가 중요하다. 이보다 더 중요한 것은 창문의 배치이다. 환기 사각지대가 일어나지 않도록 창문을 잘 배치해야 한다. 천장 바로 밑의 습한 공기를 빼는 것이 가장 이상적인 환기 목표이다. 창틀이 바로 천장과 닿아야 환풍 사각지대 없이 이런 이상적인 결과를 가져온다(그림 3-10).

천장 바로 밑으로 빠지는 공기가 이동한다. 공간을 가로지르는 환기는 하단부의 창문을 열면 가능하다. 천장 상부까지 배기구가 닿지 않으면 환풍기로 해결할 수 있다. 벽 모퉁이도 환기가 이루어져야 하는데, 따라서 창문을 가능하면 모퉁이 가까이 설치해야 한다.

2) 강제 환기

주로 환기팬을 이용한 흡입장치에 주로 쓰여진다. 전기도 소모하고, 소음도 발생하므로 창문 환기를 보충하는 역할만 해야지 그것을 대체해서는 안 된다. 환기팬 설치와 관련하여 주의사항들은 다음과 같다.

① 환기구는 오염 원천이므로 작업대나 다른 장비 위에 있어서는 안 된다.

② 공간을 환기시키기 위해서 흡입장치는 공기가 들어올 수 있는 개구부(예로 창문)가 있어야 cross ventilation(횡적환기 내지 맞바람-역주)이 가능하다. 따라서 창문 위에 부착한 흡입장치는 공기정체가 생기고, 나머지 공간을 환기시킬 수 없어 의미가 없다.

③ 적절한 환풍은 천장 바로 밑의 공기를 배출시키는 것이다(그림 3-11). 유입되는 공기는 가급적 아래쪽의 열린 창이나 환기구멍을 통해서 들어와야 한다.

④ 배기팬의 성능을 많이 감소시킬 수 있는 배출구의 직경 축소나 휘어짐은 피해야 한다.

⑤ 배기팬에는 밖에 자동개폐 장치(외부 공기가 안쪽으로 유입되는 것 방지-역주)가 있어야 하고, 내부 관 청소를 자주 해주어야 하므로 분해가 쉬워야 한다.

2.8 난방

대류식과 방열식 난방이 있다. 어떤 방식을 선택하는 문제는 비용에 달려 있다. 방열식 난방은 당연히 청소가 용이하나 설치비용이 많이 든다. 어떤 방식이든 공간마다 별도의 난방 조절장치가 있어야 하는데, 이는 공간마다 온도 요구사항이 다르기 때문이다.

벽 또는 바닥 난방을 제외하고 라디에이터는 도료를 입힌 철로 되어 있다. 녹을 피하기 위해 칠이 꼼꼼히 되었는지 살펴야 한다. 녹이 슬지 않는 스테인리스로 된 방열관이면 문제가 없다.

1) 대류식 난방

라디에이터가 더워지면 더운 공기는 위로 가고, 찬 공기는 라디에이터 쪽으로 와서 데워진다. 따라서 공간에서 공기대류가 늘 일어난다. 그러나 먼지와 오염입자도 따라와 라디에이터에 달라붙는다.

열 교환 부위가 클수록 라디에이터의 청결 유지문제는 심각하다. 따라서 그릴모양의 라디에이터에 양면 가림판을 붙여놓은 방열기는 부적절하다. 가림판 뒤에서 공기

그림 3-12. 청소하기 어려운 감추어진 그릴 형태의
방열판은 치즈공방에 부적절하다.

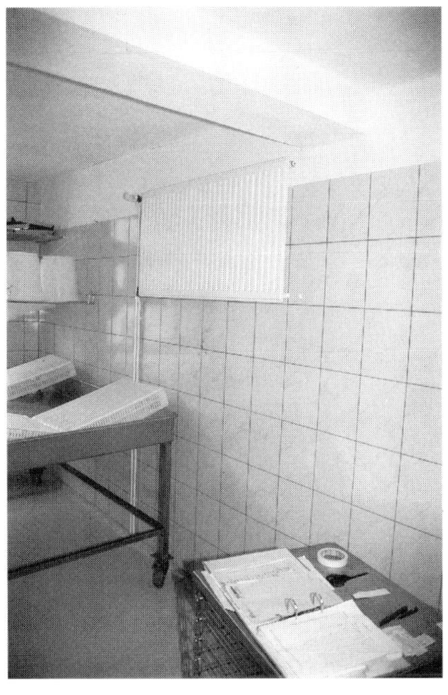

그림 3-13. 평평한 방열판을 물이 튀는 영역 밖에,
벽의 위에서 1/3에 설치한다.

가 오래 머물 수 있는 반면, 그릴의 청소는 거의 불가능하고, 부식부위 제거도 어렵기 때문이다(그림 3-12 참조).

청소의 용이성과 에너지 효율문제가 절충된 형태가 그릴형태의 옛날 방열판이다. 몸체가 납작하거나 굵은 스테인리스 관으로 된 방열장치이면 청소가 용이하다. 뒷면의 청소를 용이하기 위해서 모든 방열장치는 벽에서 어느 정도 거리를 두어야 한다. 벽 틈에 방열장치를 삽입하는 것은 이런 이유로 피해야 한다. 창문 아래에 방열판을 설치하는 것은 열효율 면에서 좋기 때문에 가정집에서 많이 한다. 치즈공방에서는 물이 튀는 영역에 있으므로 피해야 한다. 그래서 벽 위의 상부 1/3지점에 부착하는 것이 좋다(그림 3-13 참조).

2) 방열식 난방

표면의 온기방출로 인해 공기가 데워지는 방식이다. 대류식에서는 열 교환이 좁은 공간에서 이루어지지만, 방열식에서는 열 교환 면적이 벽이나 바닥 등에서 광범위하게 이루어진다. 위생적인 면에서 방열식이 두 말할 나위 없이 선호되는데, 그 이유는

그림 3-14. 치즈공방에는 천장에서 내려 쏘는 난방이 최적이다. 빈 공간 없이 부착하면 방열판 뒤의 공기순환을 방해한다.

열 교환면의 매끈한 표면 때문에 청소가 용이하기 때문이다.

벽이나 바닥 난방의 경우 타일 밑으로 열전달 파이프가 숨겨진다. 그러나 이것은 높은 시설비로 인해 신축이나 전체 개조 시에 고려할 만하다. 다른 대안으로 납작한 방열판을 천장에 붙이는 것이다(그림 3-14 참조). 천장에 빈 공간 없이 부착하기 때문에 방열판 안쪽에서 공기대류가 없어 방열식 난방에 속한다.

* 역주: 한국의 현실에서 난방의 중요성은 이 책에서 언급하는 것보다 더 크다. 작업실 실내 온도는 최소 20℃ 이상(25℃가 이상적)을 유지해 주어야 제대로 된 치즈를 만들 수 있다. 예로 커드형성 때까지 치즈뱃트의 온도는 가열 없이도 유지되어야 한다. 10월부터 4월까지 난방은 필수적이고, 숙성실도 겨울철에는 난방이 필요하다. 이 책에서 추천하는 납작한 방열판은 구하기 어렵기 때문에 바닥 난방이 우리에게는 할 수 있는 최적의 대안이다. 작업공간이 넓고 높으면 난방효율이 떨어지고, 에너지 비용도 많이 들므로 계획단계에서 좀더 많은 관심을 가지고 이 난방 문제에 접근해야 한다. 별도의 유청배출실도 대안으로 좋다.

2.9 조명

햇볕이 어떤 인조광원보다 좋다. 그렇지만 현장에서 수없이 많은 아주 어두운 치즈공방을 보게 되는데, 이는 낡은 건물에다 공방을 설치하는 것에 기인한다. 이런 경우에도 개축 시 가능한 한 창문을 많이 만들도록 계획해야 한다(2.6항 참조).

인위적인 조명장치로 집중등과 형광등을 선택할 수 있다. 설치할 때 공기순환에 장애가 없도록 해야 한다. 매단 천장이면 형광등 상자를 깔끔하게 매립할 수 있다.

2.10 기술적인 배관

전기배관을 제외하고는 치즈공방에서 기술적인 배관들을 매립하지 않는다. 배관들을 공동으로 나열하기 위해서 쉽게 접근할 수 있는 수직구조의 공급홈통을 마련하는 것이 좋다.

치즈공방에서는 뚜껑을 씌운 공급홈통이나 전기선은 피해야 한다. 이 곳이 곰팡이들이 서식하기 아주 좋은 장소가 되기 때문이다. 배관들은 벽에 부착하는 것이 가장 좋으며, 벽에서 최소한 10 cm 정도 간격을 두고 부착한다. 전기선같이 유연한 관들은 쉽게 청소할 수 있는 오픈된 격자판에 고정시킨다.

냉수, 온수, 열탕수, 증기 등의 공급 관들을 설치하는 경우 표시를 잘 하고, 쉽게 조작할 수 있고, 한눈에 띄는 개폐장치가 바람직하다. 냉수관 뿐만 아니라 특히 온수관(45℃)과 열탕관(85℃)이 있으면 좋다.

밀크 운송을 위해서는 스테인리스 관 또는 식품전용의 호스가 사용된다. 위생적인 세척을 위해 순환 세척시설이 요구된다. 수도관으로는 매립용은 구리, 노출용은 스테인리스 관이 쓰여진다. 유청을 위한 관은 고정시키는 경우가 드문데, 이는 보통 펌프와 같이 사용되기 때문이다. 다목적인 사용 때문에 식품 전용호스가 사용된다. 전기선은 매립되어야 하며, 스위치나 소켓은 튀는 물을 막을 수 있는 구조를 갖추어야 한다. 작업장에는 습기에 견디는 전선을 사용해야 한다.

3. 작업실의 기술적 장치들

생산되는 치즈에 따라 기술적인 시설들도 다르다. 같은 치즈에도 제조방법이 다름을 종종 볼 수 있다. 그래서 그림 3-15와 그림 3-16의 작업 흐름도는 치즈제조의 기본 과정에 관해서 대충 살펴보는 것 밖에 안 된다. 작업량에 따라 각 작업공정을 더욱더 기계화한다.

모든 장치들은 근본적으로 다음과 같은 요구조건을 충족시켜야 한다.

① 모든 장치들은 효율적으로 작동해야 하고, 작동 면에서 정확해야 한다.

② 생산 요구에 따라 형태도 맞아야 한다(예로서, 소프트치즈에는 치즈벳트보다는 치즈통이 좋다)(치즈벳트는 가열장치가 있고, 치즈통은 없음-역주).

③ 조작장치들은 사용목적에 맞아야 하고, 한눈에 알 수 있게 배치되어야 한다.

④ 시설 소재는 식품 적합성을 가져야 한다. 즉 부식이 되지 않고, 가공식품에 중립적으로 작용해야 한다. 식품에 해를 가져올 수 있는 화학적·물리적 변형을 초래해서는 안 된다(표 3-4 참조).

⑤ 표면을 완전하게 세척할 수 있어야 한다. 표면조직이 좋은 경우에만 세척이 문제없다. 이 점에서 합성수지가 금속소재에 비해 떨어진다.

⑥ 장치의 전체 구조가 철저하고, 빠른 세척이 가능하게 되어 있어야 한다.

장치가 육안으로 세척의 상태를 점검할 수 있는 구조로 되어 있으면 항상 좋다. 구조상의 취약점들, 즉 거친 표면, 볼트 연결, 접합부위, 플랜지 부위, 조잡한 용접부위, 꺾인 부위는 청소하기 나쁘기 때문에 피해야 한다.

사용하는 소재에 대한 엄격한 요구조건으로 인해 치즈공방에서는 스테인리스가 주로 쓰인다. V2A 표시 스테인리스이면 치즈공방에서 충분하다. 염지통과 숙성실 선반대는 부식위험이 높으므로 V4A급의 스테인리스가 사용된다. 절단 및 하드치즈에서는 예나 지금이나 구리로 만든 치즈벳트가 권장된다.

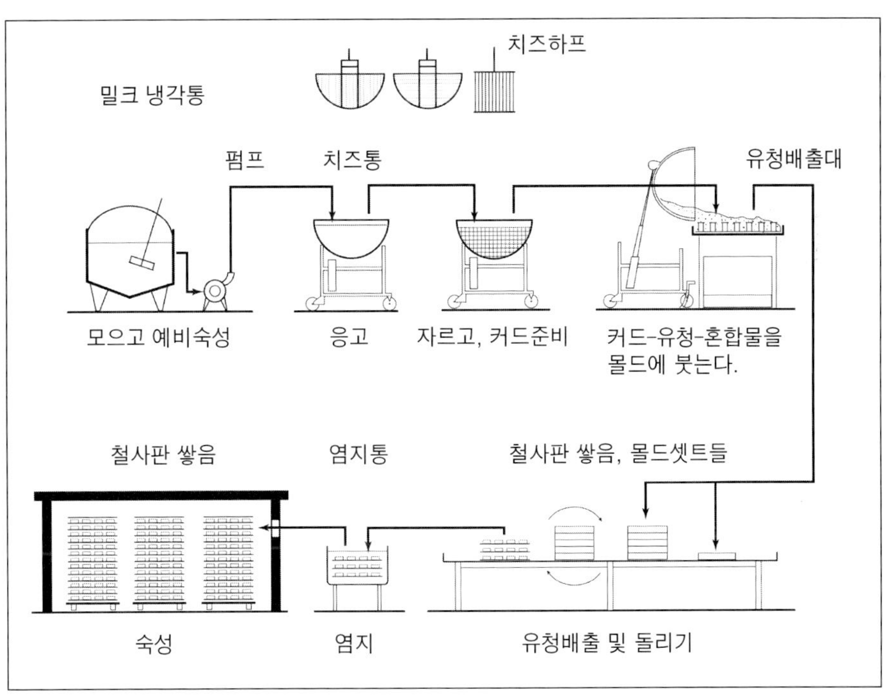

그림 3-15. 연질치즈 제조공정. 가공용 밀크를 펌프를 이용하여 치즈통으로 이송한다.

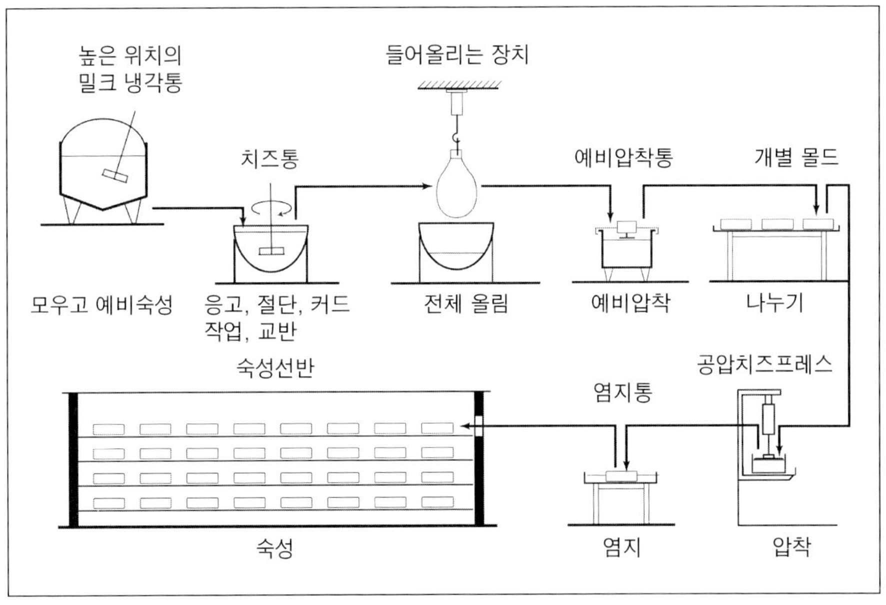

그림 3-16. 절단 내지 경질치즈 제조공정. 높은 위치의 밀크 냉각통에서
가공용 밀크가 자체 경사로 인해 치즈벳트로 흘러 들어간다.

표 3-4. 치즈공방에서의 소재와 사용분야

자 재		사용분야
크롬니켈스틸(V2A)	18% 크롬, 8% 니켈, 0.2% 탄소함유의 스틸합금	밀크탱크, 치즈벳트, 작업대, 모든 공방기구들
크롬니켈스틸(V4A)	18% 크롬, 8% 니켈, 2% 몰리브덴, 0,2% 탄소 함유의 스틸합금	염지통, 숙성 선반대
나 무	가문비나무, 너도밤나무, 티크목이 보편적이다	숙성판자, 전통적 몰드(베르크치즈, 가우다), 홀랜드치즈벳트 외피, 프레스
Anticorodal	0.5～5%의 규소, 0.7%까지의 마그네슘 함유의 알루미늄 합금	밀크통, 밀크도구, 타공판, 작업대, 연질치즈통
플라스틱	PE나 PP로 만든 물품들	밀크통, 크박통, 호스, 세척통, 숙성판 염지통, 포장재

알루미늄-마그네슘-실리지움 합금인 Anticorodal로 된 소프트치즈통, 작업대, 반전판, 밀크통을 요즘도 가끔 볼 수 있지만 추천할 만하지 않다.

나무의 이용은 종종 부당한 오해를 받는다. 연구 결과로 나무가 합성수지보다 박테리아 위험성 면에서 전혀 못하지 않음이 밝혀졌다. 나무는 숙성실의 판자에서 쓰임새가 당연히 있다. 그리고 전통적인 치즈몰드가 나무로 되어 있다는 것을 잊어서는 안된다. 나무가 플라스틱이나 스테인리스로 점점 대체되고 있는 이유는 실용성 때문이다. 나무기구가 결함이 없고, 위생적인 상태에 있기 위해서는 관리에 신경을 더 많이 써야 한다.

플라스틱은 치즈공방에서 다양한 모습으로 등장한다. 비용이나 위생 면에서 스테인리스에 견줄 만한 대체품이면 사용해도 좋다. 세척통이나 염지통을 플라스틱으로 하는 것은 권장할 만하다. 그러나 밀크통이나 크박제조통을 플라스틱으로 하는 것은 부적절하다.

* 역주: 한국에서 식품용 스테인리스는 3xx, 27종, 24종이 있다. 스테인리스 3xx가 좋지만 고가이고, 대신 스테인리스 27종을 많이 사용한다. 포철제품은 니켈함량이 많아 믿을 수 있다. 싼 것을 찾다가는 조악한 수입품으로 된 것을 얻는다.

3.1 밀크이송의 장치들(제5장 1.2 참조)

착유과정에서는 필연적으로 펌프를 사용해야 한다. 그 이후에는 목장유가공에서 더

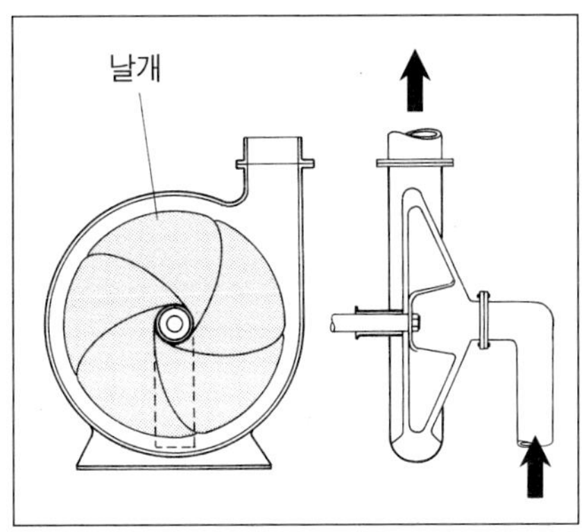

그림 3-17. 원심식 펌프의 작동원리. 밀크나 유청은 축 방향에 위치한 흡입관을 통해 펌프 안으로 들어가 회전판에 안착하여 돌고, 높아진 압으로 펌프 몸체를 떠나 압출관으로 나간다.

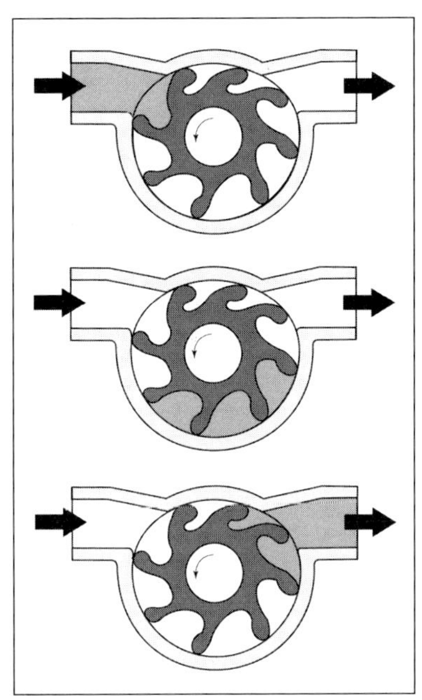

그림 3-18. 임펠라 펌프의 작동원리. 판에 붙은 날개들이 편심형태의 펌프 몸체로 인해 휘어진다. 흡입 쪽에서야 날개가 펴져 빈공간이 커진다. 따라서 약한 저압상태가 된다.

이상 펌프 사용을 하지 않아도 된다.

착유실과 치즈작업실이 근처에 있다면 착유펌프를 이용하거나 높이 위치한 냉각통

표 3-5. 목적에 맞는 옳은 펌프선택

제 품	펌프타입
자체 경사로 펌프로 흐를 수 있는 액상의 물품(밀크, 유청, 물)	원심식 펌프, 임펠러 펌프
흡입해야만 하는 액상의 물품(밀크, 유청, 물)	임펠러 펌프
절단 내지 하드치즈커드	임펠러 펌프
죽 같은 물품	편심 스크루 펌프

에서 자연낙차를 이용하여 치즈벳트과 같은 가공설비로 밀크를 보내 냉각시킬 수 있다. 구리통은 밀크 보관용으로는 부적절한데, 이는 구리가 산화하여 치즈 맛이나 색깔에 영향을 주기 때문이다.

축사와 냉각실, 가공실이 서로 떨어져 있는 경우 문제가 생긴다. 원활한 밀크운송을 위해서 시간이 많이 소요되거나(밀크를 양동이로 운반) 아니면 비용이 많이 들거나 한다(트럭터에 밀크통을 매다는 장치, 지게차 등). 문제가 있지만 이런 이유로 현장에서는 펌프를 사용한다(상자 5.1 참조).

사용목적에 따라 여러 가지 펌프가 쓰여 진다(표 3-5 참조). 펌프의 주요 구성 부품은 흡입 및 압력관이 붙어있는 몸체, 펌프장치 그리고 구동장치이다.

모든 펌프는 다음 조건들을 충족시켜야 한다.

① 펌프는 운송하는 액체의 특성 및 생김새에 크게 영향을 받지 않아야 한다.

② 주파수 변형장치로 펌프성능을 무단계적으로 펌핑해야 하는 매체에 맞출 수 있게 되어야 한다. 이렇게 해야만 펌프회전판이 과속해서 운송되는 매체가 손상입는 것을 방지할 수 있다.

③ 운송매체가 손상 입는 것을 방지하기 위해 배관의 잦은 휘어짐, 밸브 등등으로 인해 특히 흡입관의 직경이 좁아져서는 안 된다.

④ 펌프의 구성 재료는 운송되는 액체의 화학적인 영향에 민감하지 않아야 한다. 플라스틱과 스테인리스가 적절하다.

⑤ 펌프판의 손상을 방지하기 위해(특히 임펠러 펌프에서) 펌프 세척을 할 때에는 액상 세척제를 사용하여야만 한다.

⑥ 임펠러와 편심 스크루 펌프 내벽 같은 플라스틱 부품들은 규칙적으로 점검하여 교환해야 한다.

⑦ 펌프 몸체는 세척 후 물을 뺄 수 있어야 한다. 물 빼기를 위해 몸체에 밸브가

있으면 좋다.

1) 원심식 펌프

원심식 펌프는 간단하고, 위생적이고 상대적으로 운송매체에 손상을 주지 않는 구조 때문에 치즈나 밀크공장에서 많이 쓰여진다. 펌프 몸체에 회전하는 판이 있는데, 이것이 운송매체를 가속화한다. 밀크나 유청이 축 방향에 있는 흡입구를 통해 펌프 내부로 들어가서 회전판에 자리 잡고 회전하여 보다 높아진 압력으로 압출관으로 나간다. 구조 원리상 액체가 펌프보다 높아야 한다. 즉 액체통이 펌프보다 높은 곳에 위치하여 액체가 스스로 펌프 안으로 흘러간다.

임펠라 펌프와 대조적으로 원심식 펌프는 그밖에 운송매체의 공기 함유량에 더 민감한데, 회전판에 공기가 차면 운송 중지를 가져올 수 있다.

2) 임펠러 펌프

임펠러 펌프는 스스로 빨아들여 밀어내는 펌프이다. 원심식 펌프와 달리 임펠러 펌프는 탄력적인 날개판과 편심적인 펌프 몸체를 가지고 있다. 회전판의 날개들이 편심적인 몸통형태로 인해 휘어진다. 흡입 쪽에서 비로소 이 날개가 바로 서는데, 이 때 공간이 더 커져 약한 저압상태가 된다. 이 때문에 임펠러 펌프는 액체를 빨아들일 수 있다. 탄력적인 임펠러는 점도 정도가 다른 액체를 운송할 수 있고, 이물질에 대해서도 상대적으로 덜 민감하다.

3) 편심 스크루 펌프(모노 펌프라고 하기도 함-역주)

편심 스크루 펌프(Mohno 펌프)는 회전하는 밀어내기 펌프 그룹에 속한다. 합성수지로 만든 내벽(stator)과 그 안에서 회전하는 금속으로 된 회전체(rotor)의 형상과 배열이 이 펌프의 뚜렷한 특징이다.

회전체는 나사모양의 휘어진 하나로 된 몸통의 편심 스크루인데, 돌며 회전할 때 파장처럼 움직인다. 고정된 두 번째 이송부문인 내벽은 동일한 기하학적인 치수의 소용돌이 곡선(inner spiral)으로 되어 있다. 회전체와 내벽의 잘 짜여진 구조 때문에 회전체가 돌 때마다 끊임없이 번갈아 열고 닫히는 빈 공간이 생긴다.

이 결과, 이송매체가 흡입 쪽에서 압출 쪽으로 지속적으로 운반된다. 기하학적인 모양과 두 이송부분의 항구적인 접촉으로 인해 회전체의 모든 위치에서 흡입과 압력 쪽 사이에 절대적인 밀폐를 형성한다. 정지상태에서도 그렇다. 이렇게 하여 펌프는 높은 흡입력을 가지며, 회전수와는 거의 상관없이 높은 압력형성을 가능하게 한다.

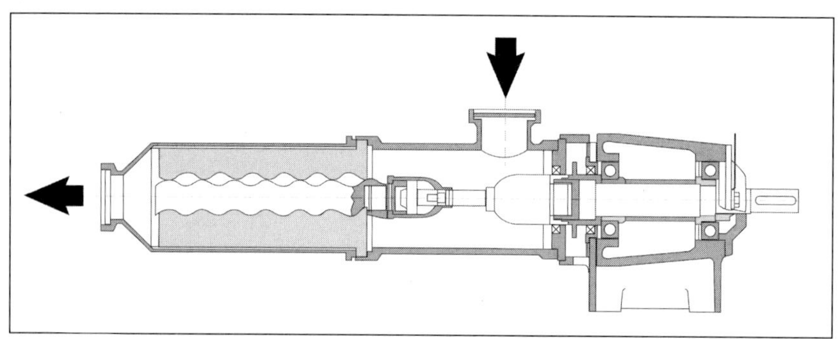

그림 3-19. 편심 스크루 펌프의 작동원리. 서로 짜 맞춘 구조의 회전체와 내벽이 빈 공간을 만드는데, 회전체가 돌 때마다 끊임없이 열리고 닫히고 한다. 이 결과로 이송물이 밀려난다.

3.2 밀크 냉각장치들(제5장 1.2 참조)

밀크가 열을 냉각매체에 빼앗김으로 밀크의 **냉각**이 이루어진다. 옛날에는 흔히 지하수로 밀크를 식혔지만 요즘은 아이스워터나 냉매체를 이용한다.

유업체에 납유하고 법에 정한 냉각온도를 지켜야 하는 목장에서는 치즈용 우유(Kessimilk)를 별도의 냉각기에 보관해야 우유가 낮은 온도로 해서 해(害)를 입지 않는다(치즈우유는 8℃에 보관-역주).

1) 목장 밀크통용 잠수냉각기

적은 양의 밀크를 냉각시킬 때 많이 사용하는 장치이다(밀크통에 냉각원통을 넣음). 과거에는 관증발기(시린더형 증발기)를 이용했는데, 급격한 밀크의 교반으로 인해 밀크의 지방이 파괴되어 추천할 만하지 않다. 대신 열 교환면적이 큰 링 증발기가 오히려 낫다.

2) 냉각통

100 ℓ 이상이 되면 냉각통에서 한다. 스테인리스로 된 치즈벳트를 밀크냉각으로 쓸 수도 있다. 냉각프로세스에 따라 직접냉각식과 간접냉각식이 있다.

■ **직접냉각식**: 압축된 냉매를 바로 통벽과 접촉시킨다. 시중의 냉각기가 대부분 이런 구조로 되어 있다. 통 옆에 증발기가 바로 붙어있다. 전기소켓에 연결하면 즉시 사용할 수 있어 비싼 설치비용을 절감할 수 있다. 아주 적은 밀크량(50 L)에도 적당

한 냉각통이 시중에 있다. 밀크를 빨리 식히기 위해서는 성능이 좋고, 에너지 소모가 많은 컴프레서가 있어야 한다.

■ **간접냉각식**: 밀크를 직접 냉각하는 것이 아니라 아이스워터 저장통을 통해 간접적으로 이루어진다. 냉기는 두 번째의 순환고리를 거쳐 냉매체(예로 아이스워터)에 전달되고, 이것이 관을 거쳐 냉기 사용 장소로 이동한다. 치즈공방에서는 숙성실, 저온창고, 냉각통 등의 여러 공간에서 냉매체가 소요되어 간접냉각이 낫고, 에너지 관리 면에서도 효율적이다.

아이스워터 시스템은 밀크냉각에 필요한 얼음을 착유시간 전에 준비한다. 그래서 에너지 집약적인 성능 꼭짓점을 피할 수 있다. 컴프레서 이용시간이 연장되므로 작은 용량의 콤프레셔도 냉기 생산에 충분하다.

3.3 밀크 정제시설(제5장 1.2 참조)

밀크의 정제는 착유 중에 또는 후에 밀크에 삽입되는 밀크와 무관한 털, 먼지, 파리 등의 이물질을 제거하는 데 있다.

1) 밀크 필터

착유방법에 따라 정제를 밀크 필터판을(양동이 착유시설인 경우), 또는 밀크 필터 호수나 스테인리스로 된 관통 필터(파이프라인 착유시설인 경우)를 사용한다.

짧은 운반거리 때문에 밀크가 다시 오염되는 것은 목장유가공에서는 거의 없다. 착유한 밀크가 목장을 벗어나는 일도 없고, 타목장의 밀크와 섞이는 일도 없다. 목장 내부에서는 육안을 통한 검사나 밀폐된 용기를 이용하는 등의 예방수단을 통해 밀크의 오염이 차단된다.

외부 밀크를 가공할 때에는 단순한 밀크 필터판를 이용한다. 펌프를 쓸 때에는 밀크 필터 호스나 스테인리스 걸름 필터를 사용한다.

2) 원심분리기(3.4항 참조)

원심분리기는 지방을 분리하는 목적으로 쓴다. 같은 작업과정으로 밀크정제도 할 수 있음은 환영할 만한 부수적 효능이다. 다른 필터 시스템에 비해 시간당 정제량도 월등히 많다. 목장유가공에서 정제 목적으로 분리기의 사용하는 것은 최소 하루에 1,000 ℓ 가공하는 경우에 고려해 볼만하다.

3.4 지방 분리하는 장치들(제5장 1.2 참조)

지방함량을 줄이거나 높여서 치즈를 만들려고 한다면 크림분리가 필요하다.

1) 자연적 크림분리

밀크에서 소량의 지방만 제거한다고 하면 밀크의 자연적인 크림화를 이용해도 된다. 정지상태의 밀크에서는 몇 분도 안 되어 크림이 생기기 시작한다. 크림화 속도는 저지방 밀크와 밀크지방의 각기 다른 농도와 지방구의 크기에 달려 있다. 지방구의 방울형성이 보다 큰 덩어리를 가져오고 크림화를 촉진시킨다.

자연적인 크림화를 위해서 냉각시킨 밀크(약 10~12℃)를 납작한 용기에 담아 차고 통풍이 잘 되는 곳에 두거나, 아니면 직접 치즈벳트에 그대로 둔다. 다음 날 아침에 크림을 위에서 구멍 난 국자로 조심스럽게 뜬다. 만일 밀크가 밤 사이에 온도가 올라갈 가능성이 있으면 냉각시킬 수 있는 용기를 써야 한다.

염소나 양젖에서는 크림화되는 것이 적다. 우유에 비해 지방구가 작고, 지방구 맴브란에 우유와는 대조적으로 Agglutinin이 없어 지방방울을 형성하지 못한다.

2) 기계적 크림분리

대부분의 경우, 크림분리는 원심분리기(밀크 분리기)로 한다. 이 기계는 밀크를 두 가지의 액체상태(저지방 밀크와 크림) 그리고 고체의 물질(분리기 찌꺼기)로 분리하기 위해서 원심력을 이용한다.

원유는 기계에 넣기 전에 45~55℃로 데워 원심분리기에 넣는다. 이 온도에서 밀크의 점성이 가장 낮고, 분리기의 성능이 최고조로 발휘된다. 4% 지방의 원유에서 90%는 지방함량 0.05~0.1%의 저지방 밀크이고, 10%는 지방함량 40%인 크림이 된다.

0.01~0.1%의 찌꺼기가 나오는데, 그 성분은 수분이 70~80%이고, 15~25%가 단백질, 지방, 유당이며, 3%가 오염물질(먼지, 유선세포, 피 조직, 박테리아 등등)이다.

원심분리기는 회전체가 분당 4,000~7,000회 정도로 돌 수 있게 하는 전기모터를 가지고 있다. 회전체에는 겹겹이 쌓인 접시 모양의 판이 있는데, 여기서 저지방 밀크와 크림분리가 이루어진다. 밀크가 이 판에 닿게 되면 원심적인 회전에 의하여 위로 올라가게 된다. 맨 위에 있는 판(구멍이 없음)이 저지방 밀크와 크림을 분리시킨다. 분리기의 구조에 따라 밀크와 저지방 밀크, 크림이 나오는 위치가 다를 수 있다.

■ **개방형 원심분리기**: 밀크 유입은 부표에 의해서 이루어지는데, 저지방 밀크와 크림은 압력 없이 흘러내리게 된다. 개방형 원심분리기는 갓 짠 밀크를 써도 된다. 시

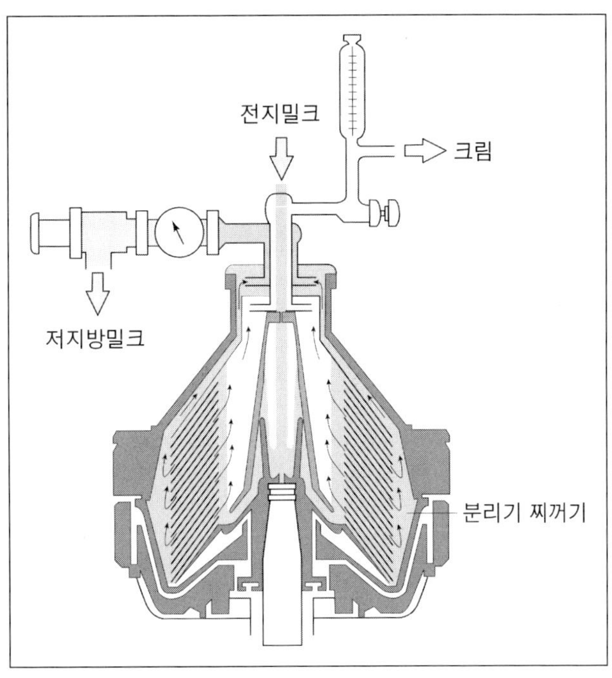

그림 3-20. 원심분리기의 작동원리

간당 100~500ℓ의 성능을 가지고 있어 유가공목장에는 충분하다.

■ **반밀폐형 원심분리기**: 밀크 유입은 개방형 원심분리기와 마찬가지로 일반적인 대기압력 하에서 이루어진다. 저지방 밀크와 크림이 나오는 곳은 얇은 판으로 갖추어져 있다. 이 판은 펌프와 함께 작동하여 저지방 밀크와 크림을 보다 높은 압력으로 배관으로 이동시킨다. 분리기의 찌꺼기를 제거하기 위해서는 일단 분리기를 정지시키고, 각각의 부품들을 직접 세척해야 한다.

■ **밀폐형 원심분리기**: 여기서는 밀크 유입이 외부 모터에 의해 이루어진다. 대부분의 밀폐형 원심분리기는 자력으로 세척하는 회전체를 갖추고 있는데, 살균라인과 같이 세척이 가능하다. 따라서 사용시간이 길어지고, 힘든 손세척이 필요 없게 된다. 이러한 분리기의 성능은 목장유가공에는 너무 과하다(5,000~75,000ℓ/시간당). 유가공목장에 적당한 1,000ℓ/시간당 정도의 성능을 가진 이 밀폐형 원심분리기를 제공하는 회사는 드물다.

다음과 같은 점들을 주의해야 한다.

① 밀크를 50~60℃ 사이에서 원심분리기에 넣고, 살균기로 다시 가져오기 위해서

는 살균기의 예열장치에 유입관과 배출관을 설치해야 한다.

② 밀크 이송펌프는 원심분리기의 성능과 조화를 이루어야 한다(주파수 조정을 통하는 것이 아주 좋다). 원심분리기의 작업 전과 후의 압력관계는 전문가에 의해서 크림 부분과 저지방밀크 부분에서 조정되어야 한다. 유청 또한 분리기를 이용하여 크림을 추출할 수 있는데, 이 때는 기계를 다시 조정해야 한다.

③ 자력 세척하는 분리기의 선택은 비용문제이다. 분리기를 분해하고, 세척하고 다시 조립하는 데는 1～2시간 정도가 소요된다.

3.5 밀크 가온장치들(제5장 1.2 참조)

하루에 밀크 가공량이 500 ℓ 가 넘지 않는 보통의 치즈공방에서는 지속 가온장치(배치식)가 경제적이다. 이 장치를 살균기와 신선치즈 만드는 탱크와 치즈벳트로 사용할 수 있어 유용하다.

보다 더 많은 밀크 가공량을 살균하기 위해서는 단기 가온장치(열 교환기식)가 필요하다. 단기 가온장치는 배치식 가온장치와 비교했을 때 시간당 가공량이 많을 뿐더러 폐열회수가 가능하기 때문에 에너지 관리에서도 유리하다(표 5-6 참조).

1) 지속 가온장치(통살균 내지 배치식 살균)

연속적인 살균이 아니라 배치식으로 한다. 여기에서는 빨리 온도를 올리고(45～90분), 62～65℃ 사이를 밑돌거나 초과하지 않으면서 고온 유지시간(30～32분)을 지키고, 희망 온도로 빨리 냉각시키는(45～90분) 것 등이 요구된다. 문제는 충분히 준비되지 않는 가열 및 냉각기술에서 일어난다.

지속 가온장치는 다음 요소로 구성되어 있다.

① 가열 및 냉각 목적의, 젖힐 수 있는 뚜껑과 이중벽을 갖춘, 온도조절되고 단열처리의 통

② 온도를 균일하게 유지시키는 교반장치

③ 가온온도와 시간 기록장치(선택사항)

밀크 가온은 통을 둘러싼 이중벽 안에 장치된 전기히터나 외부에서 만들어진 온수 혹은 증기에 의해서 이루어진다. 생산 품질을 좌우하는 것은 장치가 과도한 온도 차이 없이 작동하는가에 달려 있다. 그렇지 않으면 치즈벳트의 밀크가 과열된다.

식힐 때는 더운 물을 빼고 찬물을 넣는다. 가공용 밀크에는 냉각하기 위해 찬 우물물을 사용해도 무방하나, 음용밀크를 냉각하기 위해서는 아이스워터 장치가 반드시

필요하다.

2) 단기 가온장치(열 교환장치 이용)

단시간(15～30초)에 72～75℃로 흘러 지나가는 방식으로(연속적으로) 가온한다. 그 다음 가능한 빠른 시간에 희망온도로 식힌다. 지속 가온장치에 비해 시간당 가공량이 당연히 많다.

시설을 운영할 때 온도변동을 예방하기 위해 단기 가온에서는 외부에서 만들어진 온수와 증기가 충분히 공급되어야 한다. 단시간 가온하는 동안 위의 온도를 넘어서도 미달해서도 안 된다. 식히기 위해서는 아이스워터가 충분히 있어야 한다.

단기 가온장치는 다음의 요소로 구성되어 있다.

① 밀크정제(필터나 분리기)
② 원유 유입펌프
③ 원유를 데우기 위한 판형 열교환기(폐열 회수)
④ 밀크를 가온하기 위한 판형 열교환기
⑤ 밀크를 냉각하기 위한 판형 열교환기
⑥ 가온온도와 시간 기록장치
⑦ CIP
⑧ 충분하지 않게 가온된 밀크를 다시 유입탱크로 돌아가게 하는 전기 혹은 공기 압력에 의해 가동되는 차단밸브

단기 가온장치의 이점은 시간당 가공량이 월등히 많고, 밀크가온 및 밀크 냉각장치의 세척을 자동화할 수 있는 것이다. 폐열 회수가 가능하므로 에너지 비용 면에서도 유리하다.

3.6 치즈통과 치즈벳트(전자는 가온할 수 없고, 후자는 가온이 가능-역주)

유가공목장에 쓰이는 기술적 장비들은 모든 작업과정이 주로 손으로 이루어지는 단순하고 전통적인 설비에서부터 커드작업과 커드 채우기 등이 부분적으로 기계화하는 방식에 이르는 것까지 다양하다. 핵심기구는 치즈통 내지 치즈벳트이다. 여기에 작업대, 프레스 등이 추가적으로 필요하다(그림 3-15, 그림 3-16 참조).

원칙적으로 치즈벳트는 만들려는 치즈 종류에 맞추어야 한다. 처음부터 특정 치즈를 전문으로 하고 싶지 않으면 다목적 치즈벳트를 선택하는 것이 바람직하다. 반면에 특정 치즈를 만들려고 한다면 그 목적에 가장 적합한 벳트를 선택하여야 한다. 신선치즈를 전문으로 하려면 프레스 장치를 가진 긴 통을 사용하는 것이 좋다(그림 3-23

그림 3-21. 스테인리스로 만든 치즈벳트가 장기 가열장치로 적합하다.

그림 3-22. 단기 가열장치는 한 번에 500 ℓ 이상의 밀크를 가공할 때만 유용하다.
(오른쪽이 자력세척크림분리기, 위가 요구르트제조용 고온유지장치-역주)

그림 3-23. 프레스 장치를 갖춘 슐렌부르크 제조기(크박제조기)

그림 3-24. 연질치즈 제조. 치즈통이 균일하고 손상이 없는
커드작업을 용이하게 한다.

참조). 모든 배치식 살균벳트도 무방하다.

소프트 치즈통이나 다른 스테인리스 통도 신선치즈 응고용으로 쓸 수 있다. 오랜 응고시간과 강한 산의 작용으로 구리나 알루미늄 기구는 부적합하다. 가온할 수 없는 기구의 경우, 응고 시에 밀크가 너무 빨리 식지 않도록 하기 위해 단열처리를 하거나 아니면 실제 작업실 온도를 높이는 등 주의를 기울여야 한다.

소프트 치즈는 치즈통에서 하는 것이 바람직하다(그림 3-24 참조). 너무 높이 올리거나 너무 깊지 않은 통이 작업과정을 용이하게 한다. 일정한 그리고 온전한 커드 다루기를 위해서는 통의 모양이 중요하다. 유압으로 젖힐 수 있는 통이면 커드 채우는 과정을 기계화시키는 것이 가능하다.

생산량이 적으면 특수 통을 구입하는 것은 바람직하지 않다. 절충안으로 절단치즈를 만드는 스테인리스 벳트를 사용하는 것이다. 구리벳트는 치즈의 높은 구리함량 위험과 커드색의 변질 가능성으로 인해 피해야 한다.

다양한 절단 내지 하드치즈 종류는 지역마다 아주 다른 치즈벳트의 형태를 초래하였다. 그 예로 전통적인 치즈벳트들, 즉 베르크치즈를 만들 때 쓰는 젖힐 수 있는 구리벳트나 홀랜드 농가의 가우다 제조용 Kaastobbe는 대형 치즈공방에서는 긴 타원형의 치즈벳트로 오래 전에 대체되었지만, 유가공목장에서는 르네상스를 맞이하고 있다.

절단 내지 베르크치즈 타입의 하드치즈를 만드는데 과거의 기구에서 약간 변형된 형태, 즉 단열 이중벽을 만들거나 장작을 때는 대신 가스를 사용하는 등의 방법이 사

그림 3-25. 목제 외벽을 갖춘 홀랜드식 치즈벳트

그림 3-26. 베르크치즈를 만들기 위한 구리로 된 치즈벳트

용된다. 커드를 쉽게(치즈천으로 싸서) 들어올릴 수 있기 때문에 반구형태가 배가 부른 형태나 평평한 바닥보다는 선호된다.

절단치즈에는 홀랜드식 치즈벳트가 널리 사용된다. 이중벽 구조인데 밖은 나무, 안은 스테인리스 벽으로 되어 있다(그림 3-25). 그 안에서 온수나 냉수가 순환하여 밀크온도를 조절한다. 구리벳트와는 달리 거의 원통형으로 바닥은 편편하지만 약간 배가 부르다. 베르크치즈에서 흔히 보는 전체 커드 들어올리기는 이 벳트에서는 어렵다.

위의 두 가지 전통적인 형태를 벗어나 요즘은 모양이 다른 갖가지 스테인리스 벳트들이 시중에서 판매되고 있다. 보통 내・외벽을 스테인리스로 하고 있다. 가격, 크기, 가열방법, 가공품질에서 특히 차이가 나는데, 1,500 ℓ 용량까지는 모양이 대부분 원형이다. 1,500 ℓ 이상이 되면 수작업이 불가능하므로 고른 커드작업을 위해서는 자동 절단장치가 필요하며, 형태는 타원형(사각에 양끝은 반구형태)으로 많이 한다.

요즘에는 사각 치즈제조기도 있는데 다목적용으로 쓰인다. 이 치즈벳트를 높이 설치하면 바로 밑에 둔 예비압착통이나(소프트치즈 경우) 채움판을 통해 몰드에 바로 커드를 부어넣을 수 있다. 이렇게 하면 기중기를 이용한 전체 들어올림, 커드펌프, 커드뜨기 등이 생략되어 비용도 절감되고 작업도 쉬워진다.

1) 열원(熱原)

모양이나 크기, 재료 외에도 특히 가온하는 방식에 따라 치즈벳트가 구분된다. 다음과 같은 조건들을 고려해야 한다.

① 가공하는 밀크의 모든 구성입자들이 고르게 가온되어야 한다.
② 열 주입의 기간이 조절되어야 한다.
③ 열 주입은 제때에 필요하면 전체가 중지되어져야 한다.

나중에 화덕 불때기와 바퀴장착 화덕 내지 회전화덕으로 교체되었지만, 회전하는 기둥에 매단 치즈벳트를 나무로 open fire식으로 불을 때는 것은 알프스 고원지대에서 요즘도 볼 수 있는 광경이다. 위생적인 이유로 가스버너로 바꾸어야 한다. 온도를 조절하기 위해서 치즈벳트를 선회할 수 있는 기둥에 매달거나 가스버너에 바퀴를 달아 옮길 수 있도록 해야 한다. 그렇게 해도 넘치는 유청으로 인해 심하게 녹슨 가스버너를 흔히 볼 수 있다.

치즈벳트는 보통 바닥만 데워지기 때문에 보다 나은 에너지 이용을 위해서 바닥이 둥근 형태를 띤다. 에너지 이용의 효율을 높이기 위해서는 치즈벳트를 피복시키는 것이 좋다. 작은 치즈공방에서는 이런 형태로 불을 때는 것이 가장 비용이 적게 치즈제조를 시작하는 것이다.

보다 큰 규모의 치즈공방에서는 치즈벳트를 온도조절 외피 and/or 단열 외피로 보충한다. 온도조절 외피는 밀크와 커드의 가온과 냉각에 이용된다. 외피(자켓)에는 보통 다음 3가지 형태가 있다.

① 밀폐된 이중벽. 여기서는 중간 공간이 난방매체로 가득 채워져 있다.
② 용접된 관을 통해서 난방매체가 치즈벳트 벽과 접촉한다.
③ 난방매체가 벽을 타고 고르게 적셔 주는 방법으로 벳트벽이 데워진다.

이중구조 치즈벳트에서 열이 치즈벳트 상부까지 전달되어야 한다. 그렇지 않으면 균일하고 빠른 가온이 어렵다. 추가적인 단열 외피를 위해서는 단열재(암면, 폴리스티렌)를 사용하면 과도한 열 손실 또는 냉각 손실을 방지할 수 있다.

온수생산을 위해서는 다음과 같은 방법이 있다.

① 충분한 용량의 중앙난방
② 별도의 온수기
③ 치즈벳트의 이중벽에 설치한 전기히터

중앙난방에 연결된 폐쇄식 시스템에서는 온수가 보다 높은 압력으로 치즈벳트 안으로 들어가게 된다. 치즈벳트 선택에 있어서 가온방법에 따라서 압력에 견뎌낼 수 있는 구조로 되어 있는지가 중요하다.

수증기도 치즈벳트 가온에 사용된다. 증기는 보다 높은 온도 때문에 가온시간을 줄이고, 이는 특히 살균할 때 유리하다. 적당한 저압증기 치즈벳트는 가격이 상당히 비싼 편이다. 그래서 이런 가온방법은 큰 업체에서나 사용된다.

근본적으로 열원은 치즈벳트 크기에 맞아야 한다. 그렇지 않으면 계획된 시간 내에 온도 도달이 불가능하다. 용량이 너무 크면 증기장치는 불필요하게 에너지를 많이 소모하므로 문제가 있다. 전기가열 벳트의 경우 빠른 온도 도달을 위해 용량이 충분해야 한다. 500 ℓ 용량의 경우 전기용량 27KW가 준비되어야 한다.

밀크를 먼저 살균한다면 신선, 소프트, 그리고 절단치즈에서도 반드시 가온 치즈벳트가 요구되는 것은 아니다. 왜냐하면 살균장치에서 원하는 온도로 가공용기로 이동되기 때문이다. 또한 절단치즈의 열처리는 온수 주입으로도 가능하다.

어떤 열원을 선택하는가는 사업장의 사정에 따라 다르다(표 3-6 참조). 기존의 열

표 3-6. 서로 다른 치즈벳트 가온시스템의 장・단점

열 원	장 점	단 점
가 스	- 구입비용이 저렴 - 헌 치즈공방 시설 이용	- 높은 에너지 소모 - 온수 공급장치가 추가로 필요 - 버너의 녹슬음이 심함
히터 이용 온수 공급	- 소켓에 꼽기만 하면 됨	- 용량이 커야 함 - 에너지 이용률이 낮음 - 배수된 경우 히터가 탈 가능성 - 온수 공급장치가 추가로 필요
온수/중앙 난방	- 중앙난방은 보통 다 설치되어 있음	- 공방이 중앙난방 근처에 있어야 한다.
온수/열탕 공급기	- 중앙난방과 공간적으로 독립 - 중앙난방의 용량이 불충분할 때 의미가 있음	- 시설을 치즈공방에만 사용
저압스팀 장치	- 스팀은 조절이 쉽다. - 용량이 크면 빠른 가온이 가능 - 살균수단으로 스팀이용 - 에너지 이용이 좋음	- 비싼 시설 - 치즈공방에만 대부분 사용
고압스팀 장치	- 스팀조절 용이 - 용량이 크면 가온이 빠름 - 살균수단으로 좋음	- 아주 비싼 시설 - 공방에만 이 시설 이용 - 안전 요구가 아주 큼

원을 고려해서 결정해야 하고, 전체 사업장의 에너지 계획에도 맞아야 한다. 전문가의 자문을 받는 것이 바람직하다. 흔히 불충분한 열원, 그리고 물 주입과 치즈벳트의 압력 차이로 인하여 문제가 많이 발생한다.

2) 교반 및 절단장치(제5장 4.1 참조)

커드작업에는 전통적으로 치즈하프(여러 줄로 된 것-역주)와 분쇄기(Quirl, 긴 잔가지가 많은 가문비나무를 적당히 잘라 잔가지를 휘어 몸통에 구멍을 뚫어 고정, 또는 얇고 좁은 폭의 스테인리스 띠로 된 또는 스테인리스 철사를 둥글게 휘어 자루에 붙임-역주)가 쓰여진다. 요즘에는 많은 치즈벳트에 자동교반 내지 절단장치도 같이 있다. 쓰이는 곳은 주로 절단 내지 하드치즈 생산이다. 신선치즈 내지 소프트치즈에서는 예나 지금이나 수작업으로 이루어진다.

교반장치는 밀크를 응고제 첨가 온도까지 가온하는데, 전치즈 작업, 열처리하는 데 마무리교반작업에 사용된다(교반과정을 구분하여 절단 후의 교반을 전치즈 내지 예비 치즈작업, 가온 후의 교반을 마무리교반 내지 최종 치즈작업으로 구분한다-역주). 교반기의 목적은 교반 대상물의 일정한 분산 정도를 유지하는 데 있다(그림 3-27 참조). 밀크를 데울 때 밀크입자가 고르게 열원(벳트벽) 쪽으로 접촉하게 되어야 한다. 묵을 자른 다음 교반은 유청 배출을 돕고, 커드입자가 가라앉는 것을 방지한다. 교반 대상물의 예민성을 교반기의 적절한 구조와 교반속도가 고려하여야 한다. 교반속도의 변경은 무단계로 이루어져야 한다.

널리 사용되는 것은 교반날개가 수직 또는 비스듬히 기울어져 있는 구조의 날개교반장치이다. 교반에서 원심력 작용으로 커드-유청-혼합물의 분리현상이 발생한다. 와류 발생장치(치즈벳트 벽에 붙여 소용돌이를 일으키며, 그림 3-27에 부착되어 있음-역주)나 교반기의 비스듬한 편심의 또는 측면 부착 등으로 이 분리현상을 방지한다. 민감한 소프트치즈 커드에서는 교반장치가 부적절하다. 이 치즈에서는 대신 댕기는 사각판으로 치즈통 안에서 커드를 조심스럽게 뒤집어 주어야 한다(그림 3-28 참조).

교반장치의 부착은 다양한 방법으로 이루어진다. 홀랜드식 치즈벳트에서는 대부분 벳트에 버팀대를 이용하여 부착한다. 조심해야 할 것은 고정 장치가 자체 선회로 풀어지지 않도록 하고, 교반기의 높이를 조절할 수 있거나 가급적 옆으로 젖힐 수 있도록 한다는 것이다.

고정시켜 놓은 치즈벳트에서는 날개부위를 높이 젖히거나 옆으로 밀쳐놓을 수 있어야 커드작업에서 방해가 되지 않는다(그림 3-26 참조). 좋지 못한 형태는 치즈벳트 위에 다리형태로 가로질러 부착되어 있는 경우다. 이렇게 되면 커드작업에 지장을 받고 또 전기선이나 조작부위들이 제대로 덮어 있지 않아 청결유지가 어렵다.

그림 3-27. 절단 및 하드치즈 제조를 위한 교반장치

(벽에 부착된 것이 와류 생성판-역주)

그림 3-28. 연질 치즈커드를 조심스럽게 젓기 위한 판

(커드받기로도 대신함-역주)

어떤 벳트에는 절단장치가 붙여져 시중에 판매되지만, 실제로 많이 팔리지는 않는다. 목장유가공에서의 표준화가 미비한 조건들에서 모범답안 같은 커드작업은 거의

그림 3-29. 치즈커드를 손으로 자르기 위한 줄로 된 하프

그림 3-30. 줄 대신 쇠띠의 하프로 구성된 자동 커드절단기

불가능하다. 수작업으로 서로 다른 커드상태에 보다 잘 대응할 수 있다. 그리고 시간 절약도 별로 없다.

그래서 커드작업에서 지금도 신선치즈에는 치즈사벨(커드 절단용 칼-역주), 소프트, 절단, 하드치즈에는 치즈하프(여러 줄로 된 것)를 사용한다(그림 3-29 참조). 소프트치즈에는 치즈통 형태에 맞춘 모양의 수직과 수평으로 줄을 고정시킨 치즈하프를 사용한다(그림 3-15 참조). 두 번 동작으로 누운 기둥형태를 자르고, 그 다음은 전통적 모양의 치즈하프로 작업한다. 줄을 갖춘 하프 외에도 매끈한 절단을 위해 쇠띠로 된 하프도 쓰여진다(그림 3-30 참조). 이를 절단 및 하드치즈에서 수작업에 이용하는 것은 무게 때문에 불가능하다.

3.7 담는 방식과 치즈몰드(제5장 4.5 참조)

작업이 완료된 커드는 비치해 놓은 가급적 따뜻하게 한 몰드에 떠 넣거나 담는다. 담는 방식과 몰드 모양은 치즈 종류의 특별한 요구조건에 맞아야 한다. 커드가 연할수록 담는 작업이 더욱더 조심스러워야 한다. 커드-유청-혼합물을 직접 몰드에 나눌 때는 골고루 몰드에 채워 넣어야 한다.

대부분의 치즈에서는 유청 속에서 채우는 것을 요구한다. 틸지터 같이 커드구멍이

그림 3-31. 신선한 치즈커드를 보자기나 자루에 담아 유청배출을 위해 매달아 놓는다.

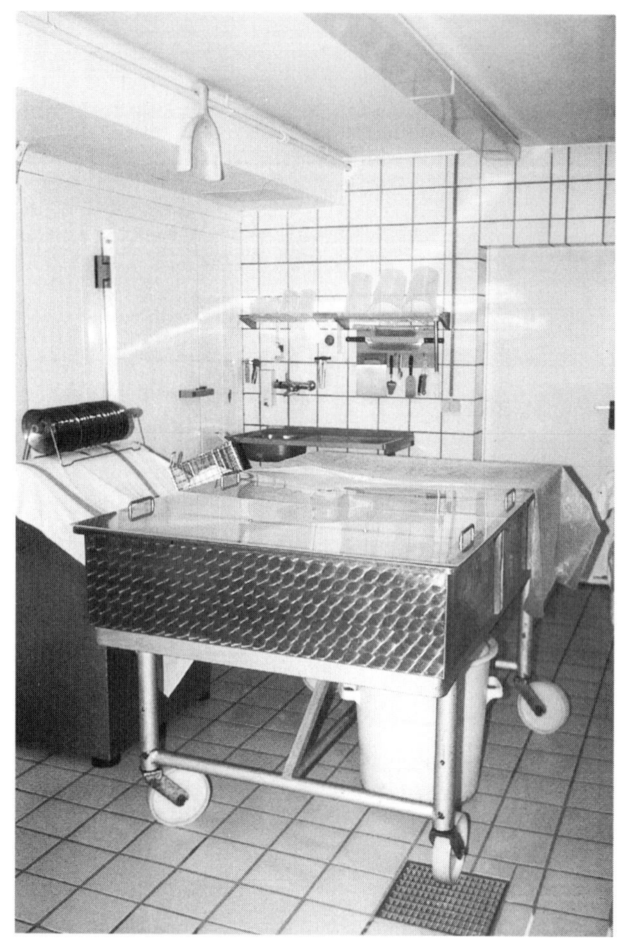

그림 3-32. 타공된 중간 바닥과 플라스틱 뚜껑을 가진 크박을 위한 유청 배출통

그림 3-33. 개별 몰드에 연질 치즈커드 떠 넣기

특징인 치즈는 가급적 공기 영향 하에서 담는다. 과거에는 각각의 치즈 종류마다 전통적으로 특수한 몰드가 있었다. 몰드의 다양성은 그 사이 많이 감소했다. 중요한 것은 몰드 선택이 만들려는 치즈마다 다른 유청배출 특성에 맞추어야 한다는 것이다.

1) 신선치즈

신선치즈와 크박은 거의 대부분 국자로 커드를 뜬다. 구멍 난 국자나 몰드도 사용될 수 있다.

크박은 본래 보자기나 자루에 떠서 넣고 매달아서 유청을 배출했다. 작업을 쉽게 하기 위해 커드를 작업대 위에 펼쳐 놓은 보자기나 배출 망에다 할 수도 있다. 큰 식당의 채소찜통도 이 목적으로 쓸 수 있다. 밀크 가공량이 많으면 특수한 작업대 위에서 뜨거나 프레스 장치를 가진 Schulenburg 제조기에서 하기도 한다(그림 3-23 참조).

신선치즈는 크박에서 만들거나 몰드에 담아 만들 수 있다. 몰드에서 할 때에는 구멍이 너무 크지 않아야 한다. 왜냐하면 유청이 너무 빨리 배출되거나, 유청 먼지도 빠져 나가거나, 건조하고 덩어리진 조직을 치즈가 가지게 된다. 구멍이 따로 있는 컵이나 층층치즈 몰드가 좋음이 증명되었다(층층치즈란 지방함량이 다른 밀크로 묵을 만들어 이를 몰드에 순차적으로 넣어 나중에 몰드에서 빼면 신선치즈에 층이 켜켜이 쌓인 것으로 보여진다-역주).

2) 소프트치즈

소프트치즈도 흔히 손으로 커드를 뜬다. 유압으로 기울일 수 있는 치즈통이 작업을

그림 3-34. 채움판을 이용하여 양동이로 커드 붓기

기계화하는 시도이다. 여기서는 유청-커드-혼합물을 분배장치와 채움판을 이용 각각의 또는 블록몰드에 담는다. 보다 우아한 것은 높이 위치한 치즈통에서 커드를 방출하는 것이다. 통 바닥의 밸브와 호스를 이용하여 커드를 준비한 몰드 위에 바로 흘러보낸다. 이 방식에도 배분판을 이용하는 것이 좋다.

소프트치즈에서는 유청의 큰 유실 없이 가능한 한 온전히 채워져야 한다. 따라서 몰드는 빠른 유청배출이 이루어지는 구조로 되어야 한다. 바구니 형태는 적은 양에는 적당하다. 그러나 배분판의 도움으로 채울 수 없고, 각 치즈는 시간 소비가 많이 들게 따로따로 뒤집어야 한다.

반전판에 가지런히 늘어놓은 바닥없는 원통형 몰드에다 채움 및 반전동작을 하면 작업이 빠르다(그림 3-34). 위에 놓은 채움판으로 몰드에 빠르고 균일하게 담을 수 있다. 치즈를 반전할 때 높이가 큰 몰드의 경우 치즈가 걸려 있지 않도록 조심한다.

포갤 수 있는 블록몰드를 쓰면 채움과 반전이 더욱더 용이하다. 채움판을 이용하면 빠르고 고른 채우기가 마무리 채우기 없이도 가능하다. 채우기가 끝나면 이 판을 치우고 블록몰드를 위아래로 포개고 반전한다. 몰드의 위아래를 아귀가 맞는 구조로 만들면 포갠 블록몰드 전체의 반전이 가능하게 한다. 수동의 반전기를 이용하면 반전작업이 힘이 안 들고 빠르게 이루어진다(그림 3-36 참조).

3) 절단 및 하드치즈

절단 및 하드치즈에서는 두 가지 다른 채우는 방식이 있다. 베르크치즈나 가우다에서는 공기영향을 없애기 위해 유청 속에서의 채우기가 행해진다. 그 반면 틸지터치즈에서는 특징적인 찢어진 구멍들을 위해 공기영향이 추구된다. 따라서 채우는 방법이 다르다.

■ **유청 속에서 채우기**: 전통적으로 치즈포와 쇠띠를 이용하여 하나씩 치즈를 떠낸다(그림 3-37 참조). 그런 다음 나무나 플라스틱의 테두리(Jaerb) 안에 덩이를 천과 함께 넣는다. 이 몰드들이 직경만 조절가능하기 때문에 높이는 주어진다(몰드의 구조가 정해진 폭의 띠모양으로 해서 둥글게 말려진 상태이다. 치즈가 압착됨에 따라 몰드 직경은 부착된 끈으로 조여진다-역주). 이 방식은 시간이 많이 소모되는데, 왜냐하면 치즈를 자주 돌려줘야 하기 때문이다. 밀크량이 많으면 차례로 떠내야 하기 때문에 몰드에 담는 시점들에서 차이가 아주 많이 난다(뒤로 갈수록 마무리교반이 많이 진행되어 적정 타이밍을 놓치게 된다-역주). 몽땅 다 들어내면 이 문제가 해결된다. 기중기를 이용하여 전체 유청-커드-혼합물을 한꺼번에 들어낸다. 그 다음 예비압착통에서 압착한다(그림 3-40, 그림 3-41 참조).

그림 3-35. 높은 위치의 치즈벳트에서 커드가 호스를 통해 몰드에 분배된다.

그림 3-36. 포개어 쌓아 돌리는 장치가 치즈 반전을 용이하게 한다.

그림 3-37. 베르크치즈에서 치즈포를 이용하여 커드를 떠낸다.

(앞에서 설명한 Quirl을 이용 커드-유청-혼합물을 원을 그리듯이 세게 저은 다음 이 Quirl을 소용돌이 가운데 두면 커드가 중간으로 모인다. 그런 다음 치즈포 한 면의 두 쪽 끝을 입에 물고 치즈포의 다른 면은 쇠띠로 감아 양손으로 잡고 양 팔을 뻗으면서 아래로 내려 커드를 담고 앞으로 끌어당기면 이 모양이 된다-역주)

그림 3-38. 타공판을 이용하여 가우다 치즈에서 커드를 예비압착한다.

몽땅 들어내는 것 없이도 예비압착을 먼저 할 수 있다. 평평한 바닥의 치즈벳트이면 커드를 타공된 얇은 쇠판을 이용하여 한쪽으로 몰아서 하면 된다. 유청을 펌프를

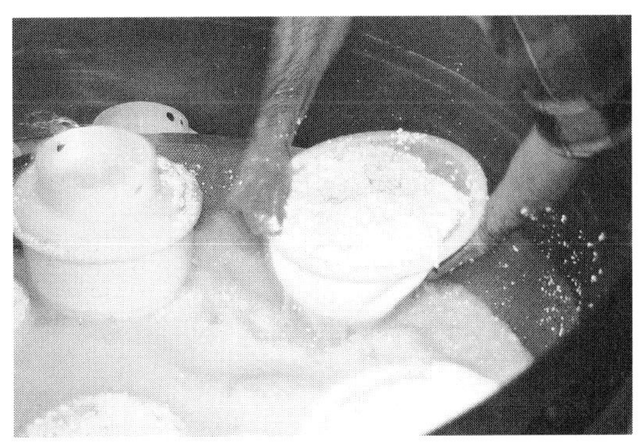

그림 3-39. 가우다에서 커드를 카도바 몰드에 채우기

그림 3-40. 커드를 모두 들어올린다.

이용하여 빨아내거나 배출시킨다. 또는 치즈벳트 밑의 배출밸브를 이용하여 자연낙차로 유청-커드-혼합물을 유청이나 더운 물로 채운 밑의 예비압착통으로 내려 보낸다.

예비압착 후(약 15분) 치즈몰드에 맞게 커드케익을 잘라 담는다. 좋은 방법은 둥글고 바닥이 없는 몰드를 사용하며, 여기서는 치즈를 두 개 위아래로 담는데, 사이에 배출매트와 압착뚜껑을 넣어 누른다. 그물망 있는 것(카도바몰드 등) 또는 미세구멍

그림 3-41. 예비압착 후 커드 덩어리를 나누어 몰드에 넣는다.

의 몰드도 사용할 수 있다.

가우다 타입의 치즈에서는 몰드 담기 전에 대부분의 유청을 제거한다. 홀랜드 치즈벳트는 그래서 이 목적으로 배출밸브가 있다. 커드덩이는 타공된 스테인리스 판으로 막아 둔다. 밸브가 없는 경우에는 펌프를 사용하여 배출한다. 커드를 타공판을 사용하여 한쪽으로 몰아 두면 자체 무게로 어느 정도 예비압착된다. 손이나 기구를 이용하여 덩어리를 몰드에 넣는다.

널리 쓰는 것이 뚜껑까지도 망을 씌운 카도바 몰드이다(그림 3-39 참조). 허브 첨가 시 망에 허브 부스러기가 달라붙을 위험성이 있다. 이를 피하려면 처음에는 망 없이 담아 뒤집을 때 망에 넣는 방법이 있다. 카도바 몰드에는 여러 가지 모양이 있는데, 사각 또는 흔히 쓰는 원형모양이 있으며, 고객의 선호에 따라 크기 선택이 달려 있다. 망 대신 미세구멍의 몰드(라우다 몰드-역주)도 시중에 판매되고 있다. 세척은 용이하지만 유청배출은 망만 못하다.

■ **공기영향에서 담기**: 구멍 난 주걱으로 커드를 건져 내는 것이 가장 단순한 방식이다. 유청배출도 쉽고 공기영향도 좋다. 높게 세운 치즈벳트에서 구멍 난 판(채판)으로 배출하면 담기 전에 이미 유청배출이 충분히 이루어진다. 그런 다음 커드를 준비한 몰드에 나눈다. 전통적인 틸지터 몰드는 사각으로 타공된 스테인리스 통이다. 위에서 언급한 몰드 등도 당연히 이용할 수 있다.

3.8 유청 배출대 내지 작업대(제5장 4.6 참조)

작업대는 공방에서 치즈벳트와 함께 제2의 큰 기구이다. 나오는 양과 치즈 크기가 신선치즈에서 하드치즈까지 크게 다르기 때문에 작업대 상판 크기도 크게 차이가 난다. 적절한 몰드 선택으로 상판 면적을 크게 줄일 수 있다. 쌓을 수 있는 몰드 형태나 한 통에 두 개를 넣을 수 있는 원형 몰드이면 면적 축소가 가능하다. 쌓을 수 있는 몰드의 경우에는 반전 작업에서 효율을 높일 수 있다. 상판 면적은 매일 가공하는 최대 밀크량에 맞추어야 한다. 이는 특히 작업효율을 위해 밀크를 모아서 이틀에 한 번씩 하는 경우 고려해야 한다.

작업대는 부식이 없는 재료로 만들어야 한다. 나무나 알루미늄은 위생당국이 특별한 경우에만 예외적으로 인정한다. 수분과 공격적인 유청으로 인해 표면이 거칠어지는데, 세척하기가 무척 어렵다. 그래서 요즘은 거의 스테인리스로 한다. 작업대는 2%의 경사를 가져야 배출된 유청이 잘 빠진다.

작업대의 구조는 세척 용이성과 이동성에 영향을 미친다. 바퀴가 부착된 또는 바퀴가 없는 다리 네 개의 구조나 벽 부착형이 흔한 형태이다. 이상적인 것은 치즈벳트에 가까이 붙일 수 있는 바퀴가 있는 형태이다. 벽과 바닥의 청소가 이로써 아주 용이하다. 이리저리 움직일 수 없는 작은 치즈공방에서는 벽에다 부착하는 수밖에 없다. 그래야 밑바닥을 청결하게 할 수 있다.

중요한 것은 반전시 신체를 크게 굽히지 않고 할 수 있어야 하는 것이다. 벽부착의 경우 깊이가 1미터를 넘지 않아야 한다. 이동 작업대에서는 1.2~1.5 m 정도면 된다. 길이는 공간 크기에 맞춘다. 2.5 m가 넘으면 대부분의 공방에서 이동이 힘들다. 턱을 10 cm로 하면 유청이 바닥으로 흐르는 것을 막을 수 있다. 너무 높으면 작업을 방해해서 좋지 않다. 유청은 아래에 둔 통에서 다른 통으로 펌프로 이송한다.

정육점 또는 큰 식당의 작업대를 흔히 이용하는데, 턱이 대부분 없으므로 유청을 받아내는 것이 불가능하다. 턱을 추가로 만드는 것이 가능하지만 용접작업에 결함이 없어야 한다. 용접이 매끄럽지 못하면 그 틈새가 위생적으로 문제가 되어 치즈 외부 감염의 원인이 된다.

3.9 프레스(제5장 4.6 참조)

압착으로 치즈의 유청배출이 촉진되고, 치즈덩이가 단단해진다. 소프트치즈나 많은 절단 치즈들이 자체 무게로 눌러진다(자체 압착). 하드와 몇 가지 절단 치즈는 압착장치를 써야만 할 정도로 높은 압착이 필요하다.

압착과정은 처음에는 꼭 낮은 압에서 점진적으로 높이는 방식을 택해야 한다. 처음에 너무 세게 누르면 외피에서만 유청이 빠진다. 따라서 속의 유청은 아무리 세게 눌러도 빠지지 않는다. 그러므로 치즈압착기는 무단계적으로 압력조절이 가능하게 만들어져야 한다.

1) 무게를 이용한 압착

무게를 이용하는 것이 가장 간단한 방법이다. 쉽게 세척할 수 있는 스테인리스나 플라스틱으로 포장한 무게를 치즈 위에 둔다. 이 방식은 하드치즈에서는 누르는 압력이 부족하여 좋지 않다.

2) 지렛대 프레스

이 형태는 홀랜드의 치즈공방에서 많이 쓰인다. 이 방식은 지렛대에 무게를 달아 압력을 치즈에 전달한다. 전통적인 홀랜드 프레스는 티크나무를 사용한다(그림 3-42 참조). 얽히고설킨 구조 때문에 깨끗이 세척하기가 상대적으로 어렵기 때문에 스테인리스형이 많이 사용되고 있다.

일반적으로 프레스 압의 간단한 조율과 능숙한 조작에 주의를 기우려야 한다. 프레스 조절이 쉽지 않는 경우가 흔하다. 수직으로 세운 누름판에 문제가 많이 생겨 흔히 치즈들이 위아래로 삐딱하게 눌러지기도 하므로 작업대와 지렛대 프레스 사이의 공간이 너무 크지 않도록 한다. 그러나 치즈를 쉽게 뒤집어 줄 수는 있어야 한다.

그림 3-42. 절단 혹은 하드치즈를 위한 전통적인
홀랜드식 지렛대 압착기

3) 공압 프레스

지렛대 프레스 외에도 공압 프레스가 많이 쓰여진다. 컴프레서가 필요한 압축공기를 실린더에 공급한다. 프레스를 벽에 부착하는 경우 프레스 작업대와 프레스 장치 사이에 생기는 누르는 힘을 받아낼 수 있어야 한다. 그래서 작업대와 프레스 장치를 따로따로 벽에 부착하지 않고 콘솔을 이용 같이 결합한다. 이렇게 하여 벽 부착은 전체 프레스의 자체 무게만 감당한다. 자리를 적게 차지하는 것이 이동식 치즈프레스이다(그림 3-43 참조). 가이드가 있어 치즈가 삐딱하게 눌러지는 것을 방지한다. 프레스 장치가 움직일 수 있는 통 뚜껑에 부착되어 있는 프레스 전용 통은 높은 비용 때문에 가공량이 많은 하드치즈 전문 공방에서나 타당성이 있다.

그림 3-43. 절단 혹은 하드치즈를 위한 이동 가능한 공압 치즈프레스

※ 역주 : 절단치즈 및 경질치즈 몰드작업에서의 주의사항

① 몰드에 담는 커드는 가운데가 가장자리보다 높아야 압착했을 때 제대로 눌러진

다.

② 따뜻한 유청만 있으면 눌러진 커드를 잘라 다른 곳에 문제없이 붙일 수 있다.

③ 몰드 밖으로 커드가 빠져 나온 경우 소독한 칼이나 가위로 나중에 잘라 버린다.

④ 카도바 망에서 치즈가 잘 빠져 나오지 않을 때 떼게 되면 겉모양이 나쁘다. 망을 부드러운 스폰지로 조심스럽게 문지르면 떼어지게 되는데, 이때 망의 줄에 손상이 오면 망이 쉽게 망가진다. 올이 느슨해지면 순간접착제로 올을 십자로 고정한다. 위의 경우는 프레스 압이 너무 높아서 발생한다.

⑤ 오후 늦게면 프레스 작업이 끝나는데, 산성화를 촉진시키기 위해 먼저 몰드 뚜껑을 제거하고 뒤집어 넣고 비닐로 덮어 아침까지 둔다. 아침에 보면 생치즈의 위아래 모양이 다른데 다시 뒤집어 20～30분 두면 모양이 반듯해진다.

제 4 장

숙성실

1. 숙성실의 건축 상의 구조

모양이 갖추어지고 유청이 빠지면 생치즈는 염지하고, 먹을 수 있게 숙성시키기 위해 숙성실에 두어 보살펴져야 한다. 숙성과정에서는 수많은 생물화학적 변환과정이 이루어진다. 스타터와 표면 컬쳐에서 기인한 박테리아, 효모, 곰팡이들이 그들에게 호의적인 환경에서 지방, 단백질, 유산들을 분해한다. 그렇게 해서 거의 아무 맛없는 생치즈에서 치즈 종류에 따라 특징적인 맛의 형성과 조직 성질들을 가지게 된다. 따라서 치즈숙성의 성공은 숙성 컬쳐에 적합한 최상의 대기조건들을 갖추는 데 있다(제5장 7항 참조).

숙성공간을 계획함에 있어 치즈숙성에 필요한 습도, 온도, 공기 가스구성에 있어 바람직한 상태를 지속적으로 유지하기 위해 공조(空調)의 건축적 · 기술적 수단을 고려해야 한다. 과거에는 주어진 대기조건에 맞게 치즈 종류가 개발되었다. 그래서 예로 지하수 수위가 높은 지역에서는 지하광이나 동굴을 이용한 습기 있는 보관이 불가능하였기 때문에 건조한 껍질을 가진 치즈(가우다)가 개발되었다. 오늘날에서는 이미 존재하는 치즈 종류에 맞추고 나서 그 다음 필요한 대기조건을 인공적으로 만들려고 노력한다. 어떤 특정 치즈를 꼭 복사하겠다는 것이 아니라면 주어진 대기조건에 맞추어 자신만의 치즈 종류를 창조하면 된다.

인위적 공간 대기창출이 불가능했던 시절에는 숙성공간을 자하광이나 암석동굴을 이용했다. 그 곳에서는 연중 생기는 대기변화에 어느 정도 덜 영향을 받는다. 일정한 습도와 온도유지가 상대적으로 쉽게 달성된다. 치즈숙성으로 사용하려는 지하광을 보면 까다로운 대기조건들에 맞지 않는 경우가 많다. 어떤 때는 너무 건조하고, 또 축축하기도 하거니와 겨울에는 너무 차고, 여름에는 너무 따뜻하다. 이런 공간에서는 인위적으로 대기를 조절해야 한다.

지하광이 없는 경우 비용 때문에 지상에 숙성실을 두는 수밖에 없다. 이 경우 인위적인 대기 조절이 필수적인데, 단열을 잘 하고 숙성실을 북쪽으로 둔다면 공간의 대기조절에 드는 에너지 소모를 많이 줄일 수 있다.

공간크기가 또한 공간대기에 많은 영향을 미친다. 염지통과 충분한 보관면적 외에는 통로만 갖추면 된다. 공간높이 2 m이면 충분하다. 너무 큰 숙성공간은 피해야 하는데, 빈 공간이 지엽적인 상대습도의 붕괴를 초래할 수 있기 때문이다. 그래서 처음부터 너무 큰 숙성실을 지양하고, 생산량의 증가에 맞추어 제2의 숙성실을 추가함이 좋다.

1.1 바닥층

바닥은 벽과 함께 숙성실의 대기를 조절하는 중요한 기능을 가지고 있다. 바닥을 덮지 않으면 밑바닥과 습기교환이 이루어진다. 바닥에 벽돌을 깔고 석회석 몰탈을 하는 것이 좋다. 자연석을 까는 것도 같은 목적을 가진다. 그러나 자연석은 청소하기가 어렵다. 이 같은 '개방된' 바닥시설은 특히 BL처리의 치즈에 아주 좋다. 그렇지만 위의 사항은 위생당국이 청소하기 어려운 점을 들어 자주 문제 삼기 때문에 실현하기가 어렵다.

전통적인 숙성동굴을 언급하는 것이 실제 위생당국을 설득하는 데 도움이 될 수 있다. 소비자에게 안전한 식품을 그런 조건하에서도 만들 수 있음을 이 동굴들이 보여준다. 치즈공방이 숙성에서 다른 길을 택하는 것은 그 이유가 보통 작업문제 때문이다. 빠른 청소와 표면칠 로봇의 투입을 위해서는 충분히 단단한 바닥이 요구된다.

다른 곰팡이의 침입을 걱정해야 하는 흰곰팡이치즈를 숙성하는 공간에서는 그 반대로 타일바닥을 추천한다. BL처리의 치즈와는 달리 이 치즈는 치즈표면을 바른다 하여 다른 곰팡이의 침입을 막을 수 없으며, 침입한 경우 전체 공간을 청소하고 소독하여야 한다. 이는 매끈하고 청소하기 좋은 벽과 바닥 면에서만 가능하다.

유청-소금-혼합물의 영향으로 타일바닥에 부하가 많이 걸리므로 작업실 경우와 마찬가지로 튼튼하게 시공해야 한다(제3장 2.1 참조). 작업의 용이함을 위해 2%의 경사가 있는 바닥이 좋다.

1.2 배수

배수는 타일처리 된 바닥에서만 필요하다. 요구조건은 작업실과 동일하다. 고려해야 할 점은 유청-소금-혼합물이 유청 단독보다 더 공격적이란 것이다. 그래서 배수장치는 V4A급의 스테인리스로 해야 한다.

1.3 벽 상태

바닥 외에도 벽이 대기조절에 영향을 미친다. 옛날 숙성실에서는 대기조절을 위해 지하광의 습기 차단을 의도적으로 하지 않았다. 땅의 습도에서 도움을 얻기 위해서였다. 그러나 신축에서는 벽으로 올라오는 습기를 막으려고 한다. 그 대신 습도를 조절하는 건축재를 택하고 있는데 좋은 것이 벽돌과 자연석(예로 사암)이다. 벽 표면이 매끄럽고 잘 연결되어야 하기 때문에 파쇄석은 추가적인 피막처리를 해야 쓸 수 있다. 시멘트 구조물이나 합성수지 판넬은 좋지 않다. 석회칠을 하면 전체 공간을 보다 밝게 하고, 친근하고 깔끔한 모습을 보여준다.

흰곰팡이치즈숙성에서 다른 곰팡이가 출현하는 경우 두터운 마감처리나 칠이 도움이 되고, 경우에 따라서는 고무재료의 곰팡이 억제 칠이 도움이 된다. 그러나 습도를 조절하는 벽의 기능이 줄어들지만, 단단하고 매끄러운 표면이 곰팡이가 성장하기에 어려움을 준다.

위에 언급한 습도조절 목적의 공간 꾸미기는 점차 설득력을 잃고 있다. 요즘에는 습도와 온도를 요구조건에 맞게 근대적인 기술로 잘 해결할 수 있다. 그래서 위생당국은 습도를 조절하는 건축 재료가 더 이상 필요 없다고 보고, 구운 벽돌 대신 청소와 소독하기가 용이한 패널이나 타일 벽을 권장하고 있다.

1.4 천장 상태

천장은 숙성실의 습도조절에 기여하는 바 없다. 높은 습도로 인해 곰팡이 서식처가 될 위험성이 크다. 이를 예방하기 위해서 천장이 가장 따뜻한 곳이 되어야 한다. 숙성실 위가 난방이 되는 공간이 아니라면 추가적인 단열처리가 필요하다.

나무나 철로 된 숙성실의 트러스트는 늘 높은 습도 때문에 적절하지 않다. 오래 된 지하광에서 흔히 볼 수 있는 휘어진 천장이 이상적이다. 신축이나 개축에서는 일을 간단히 하기 위해 콘크리트 슬래브를 친다. 미장을 하면 이런 천장도 충분하다.

1.5 문

작업실에서의 요구조건과 동일하다(제3장 2.5 참조). 나무문은 절대 피해야 하는데 문의 건조가 불가능하기 때문이다. 숙성실에 파리가 들어가지 못하게 잘 닫히는 문이 좋으며, 치즈를 들고 들어가면 손이 자유롭지 못하므로 밀기만 하면 되도록 안쪽으로 열리는 것이 좋다. 자동 잠금 시설이면 문이 열려 있는 시간이 짧아진다.

통풍을 위해 문을 열어 놓아야 한다면 천으로 싼 제2의 문이 필요하다. 문에 장치한 공기 흡기구에도 파리 유입을 막기 위해 천으로 덮는다.

1.6 창문

대부분의 숙성실에는 창문이 없다. 지상의 숙성실에도 창문을 두지 않는다. 창문이 있으면 외부 대기의 숙성실에 대한 영향이 너무 크다. 따라서 정한 온도를 꾸준히 유지하기 위해 비용이 많이 든다. 흡기·배기를 위해서 잘 밀폐시킬 수 있는 통풍구를 마련한다. 조명은 방습처리 된 형광등으로 하는 것이 좋다.

2. 숙성실의 기술적 시설들

2.1 숙성실로의 치즈운반

작업실에서 형태부여와 유청 배출이 이루어지지만, 염지를 위해서는 숙성실로 가야 한다. 멀리 떨어진 숙성실로의 운반은 가능하고 허용된다. 운송 도중 적절한 운송용기를 이용하여 오염이나 부정적인 영향으로부터 보호되기만 하면 된다. 작업실에 바로 붙은 숙성실이면 운송이 아주 간단하다. 지하 숙성실은 위의 작업실과 계단이나 화물엘리베이터로 연결된다.

2.2 치즈의 염지

숙성이 실제 시작되기 전에 먼저 염지를 한다. 이렇게 하여 유청 배출이 촉진되고, 산성화 정도가 조절되며, 표피와 껍질형성이 활성화되고, 치즈 Flora가 선별된다. 염지가 치즈의 숙성과 보존에 막대한 영향을 미친다. 목장유가공에서는 건염지와 소금물 염지가 고려대상이 된다. 밀봉시킨 비닐주머니나 호일염지, NaCl용액 주입, 치즈커드에 소금압착물 혼입 같은 산업적인 염지방법은 목장유가공에서는 적절하지 않다.

건염지를 목장유가공에서는 손으로 하는데, 치즈를 너무 짜지 않게 하기 위해서는 솜씨와 경험이 필요하다. 필요한 것은 오직 탁자. 그 위에서 치즈를 소금에서 뒤집는다. 불필요한 소금은 털어낸다. 특히 외부 감염위험이 큰 흰곰팡이치즈에서 이 방식이 널리 쓰여지는데, 염지통에서와 같은 오염물질로 인한 감염을 여기서는 막을 수 있기 때문이다.

흰곰팡이치즈는 그래서 다른 치즈와는 별도로 염지해야 한다. 작업 편리상 가공량이 많은 경우 건염지는 염지통 방식으로 거의 대체되었다. 부수효과로 소금 사용량도 1 kg 치즈인 경우 70 g에서 35 g으로 절반으로 줄었다.

소금흡수를 위해 정해진 시간 동안 소금물에 담군다. 소금흡수는 근본적으로 높은 온도, 담구는 시간, 높은 소금농도, 작은 치즈 크기, 치즈의 높은 수분함량 등에 의

그림 4-1. 염지액에 유동상태로 있는 치즈

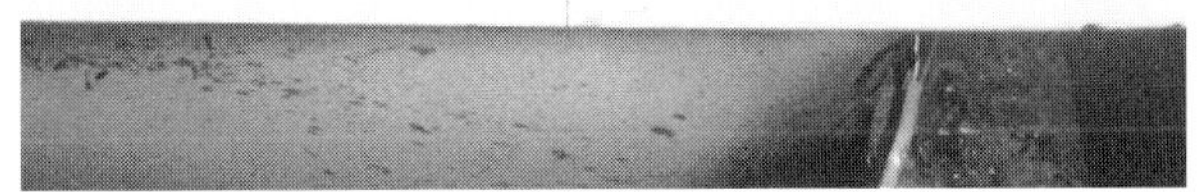

그림 4-2. 염지통에 뒤죽박죽 포개놓은 치즈들

해 촉진된다. 치즈품질을 일정하게 하기 위해 위의 요소들을 유지하도록 노력해야 한다. 온도가 심하게 변동하는 것을 막기 위해서는 숙성실이 염지통 두기에 아주 좋은 곳이다.

여러 종류의 치즈를 만들 때는 요구조건이 다르기 때문에 여러 염지통을 마련한다. 염지통에 치즈를 넣으면 소금용액이 생치즈에 침투한다. 그러므로 치즈는 염지통에서 자유로이 떠다녀야 한다(그림 4-1 참조). 염지통에 있는 시간이 경과함에 따라 치즈 주위에 소금 부족이 생긴다. 작은 치즈에서도 짧은 체류시간 동안 고른 소금흡수를 위해 교반기, 교반펌프, 또는 공기주입으로 용액이 움직이도록 해주기도 한다.

큰 치즈에서도 치즈가 자유롭게 떠 있지 않고 빼곡히 채워져 있으면 소금흡수가 제대로 이루어지지 않는다(그림 4-2 참조). 따라서 염지통의 크기는 최대 롯트 크기에 맞추어야 한다. 염지통이 차지하는 면적을 줄이기 위해 특히 소프트 치즈에서는 철사판을 포개어 염지하는 방법이 도입되었다. 하드나 절단치즈에서도 염지용 철사판을 포개어 통째로 염지통에 깊이 담그는 방법으로 염지를 한다.

돈육가공에 쓰는 플라스틱 통으로 싸게 염지통을 만들 수 있다. 폴리에스터나 V4A

그림 4-3. 정육점의 고기를 절이는 통이 비용 면에서 아주 좋은 해답이 될 수 있다.

그림 4-4. 치즈를 건조시키기 위해 선반을 갖춘 V4A 스테인리스로 된 염지통

그림 4-5. 폴리에스테르로 만든 염지통이 홀랜드의 가우다 치즈공방에 널리 퍼져 있다.

스테인리스도 염지통으로 적당하다(그림 4-3～4-5 참조). 항산처리가 되고 또는 합성수지를 입힌 콘크리트구조 또는 타일구조의 염지통도 볼 수 있다. 그러나 이런 구조는 공간이용 변경이나 가공이 넘치는 경우 쉽게 확장하거나 바꿀 수 없어 유연성이 없다.

소금을 추가하거나 산성농도를 조절하는 등의 노력으로 염지통을 아주 오래 이용할 수 있다. 가끔 바닥 찌꺼기를 제거해야 한다. 펌프로 용액을 뽑아 멸균을 위해 다른 통에서 가열한다. 찌꺼기는 통의 가장 낮은 곳에 설치한 배수밸브를 이용하여 배출한다.

2.3 치즈보관

염지통에서 나온 후 표면의 물기를 빼고 숙성실로 옮긴다. 치즈보관을 위해서 철사판과 판을 가진 선반이 쓰인다. 모양이 뒤틀리는 것을 방지하기 위하고 고른 구멍을 위해, 또 외피 형성을 촉진하기 위해 먹을 수 있을 때까지 치즈를 규칙적으로 돌려준다.

철사판(채반, cheese rack, 스테인리스 철사 판인데, 다리가 네 개가 있어 포갤 수도 있고, Horde에 놓인 카망베르 경우에는 그 위에 판을 놓아 담긴 판을 뒤집는다. 카망베르를 일일이 손으로 뒤집을 필요가 없다. 맨 아래 것에는 바퀴도 부착한다-역주)

철사판은 주로 소프트치즈의 숙성을 위해서 쓰인다. BL처리 소프트치즈에서는 나

그림 4-6. 흰곰팡이치즈는 곰팡이 성장을 위해서 충분한 공기유입이 필요한데, 이를 위해 철사판 위에서 숙성한다.

무판 위에 두는 것이 가능하나 흰곰팡이치즈에서는 판자에서는 빈틈없는 곰팡이 퍼짐이 불가능하기 때문에 철사판 숙성만이 고려된다. 신선치즈의 숙성을 위해서도 배출매트를 깔면 철사판이 좋다(그림 4-6 참조-역주).

염지가 끝난 치즈는 염지통 철사판에서 숙성용 철사판으로 옮겨진다. 스테인리스로 만든 판이어야만 한다. 염지통 판은 반드시 V4A 스테인리스를 써야 녹이 슬지 않는다. 작업효율 면에서 염지용 철사판과 숙성실용 철사판이 크기가 똑같아야 한다. 혼자서 작업한다면 작은 판(50×60 cm)이 좋다. 그밖에도 큰 판(100×70 cm)을 쓸 수 있다. 숙성정도가 같은 치즈는 면적을 적게 차지하게 하기 위하여 철사판를 포개는 것이 좋다. 포갠 판들을 모두 운송할 때에는 수레나 바퀴달린 핸드 파렛트(pallet truck, 유압장치가 있어 파렛트를 들어 올릴 수 가 있다-역주)가 좋다.

1) 선반

선반을 직접 만들 수 있기 때문에 치즈공방에서 보는 선반 형태도 아주 다양하다(그림 4-7~4-11 참조). 뼈대를 만들고, 그 위에 나무나 플라스틱판을 놓는다. 세척을 위해 판을 쉽게 빼내기 위해 몸체에 그저 올려놓는 구조여야 한다.

공간 차지를 최소화하는 방법으로 판자를 앞에서 보아 가로지르는 것이 아니고 길

그림 4-7. 세로방향으로 세워놓아 공간을 절약하는 시스템

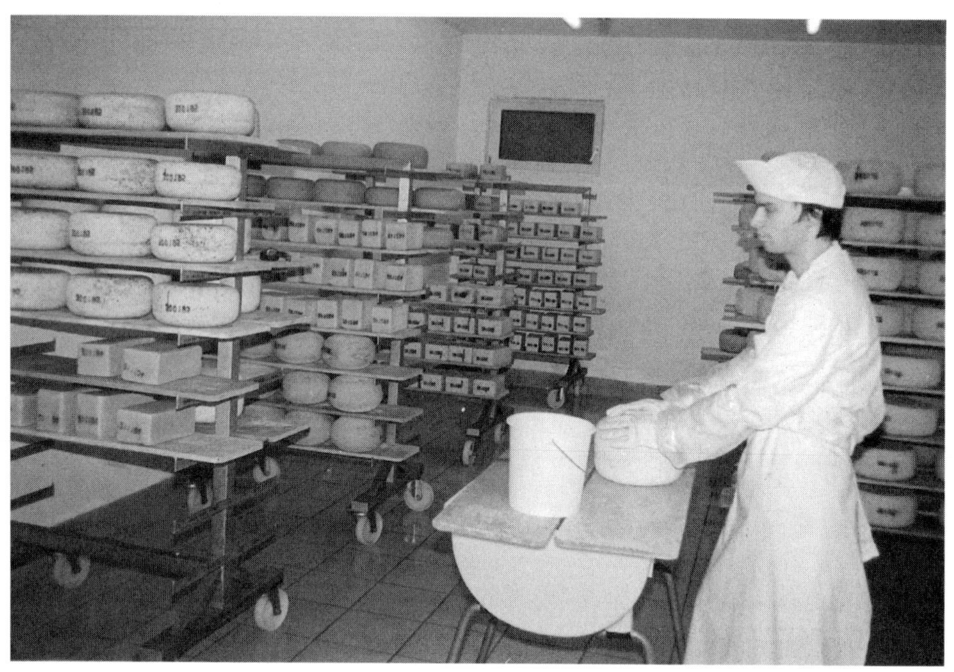

그림 4-8. 스테인리스로 만든 이동식 숙성 선반대

그림 4-9. 홀랜드의 전통적인 선반시스템

게 밀어 놓는 것이 있다. 치즈가 옆으로 놓여 있는 것이 아니라 앞뒤로 놓여진다(그림 4-7 참조). 그러나 판자를 들어낼 때 힘이 많이 드는 것이 흠이다(그래도 그림을 보면 원형 파이프 위에 판자가 놓여 있음에 주의-역주).

허리에 무리가 안 가는 선반형태는 치즈를 옆으로 나란히 두는 방식이다(그림 4-4~4-8 참조). 공간이 협소한 곳에서는 바퀴달린 선반시스템이 좋다(그림 4-8 참조). 이런 시스템에서는 가운데 통로만 있으면 된다. 건물 개보수 시에 치즈를 빨리 옮기는데 편리하다.

숙성실의 공격적인 대기에는 나무와 스테인리스 만이 견딘다. 전통적인 나무선반 형태는 홀랜드에서 나왔다(그림 4-9 참조). 이 형태에서는 기둥이 두 개에 가로지르는 모양이므로 누구나 쉽게 따라 만들 수 있다. 비용이 좀 더 드는 것은 판 끼우는 앵글을 갖춘 스테인리스 골격이다(그림 4-10 참조). 바퀴달린 것은 돈육 훈연용의 이동선반을 개조해서도 만들 수 있다. 선반과 벽 사이의 거리와 선반과 나무판의 간격은 충분한 공기순환이 가능할 정도는 되어야 한다. 그렇지 않으면 치즈의 건조가 나쁘고, 곰팡이가 잘 슬고, 맛에서 곰팡이 냄새가 나거나 퀴퀴할 수도 있다.

그림 4-10. 판자 옆면을 스테인리스 앵글에 올려놓을 수 있는 선반시스템

2) 치즈판

나무판을 건조가 잘 된 것을 쓰는데, 잘 다듬고 대패질은 하지 말아야 한다(그림 4-7~4-11 참조). 일반적으로 잘 마른 가문비나무가 좋다(붉은 전나무). 대부분의 다른 나무에서는 잘못하면 치즈의 색이 나무의 영향으로 변할 수 있다. 나무판은 관리하는 비용이 꽤 많이 든다. 2~4주마다 잘 세척하여 말려야 한다. 숙성실 근방에 나무판을 세척하고 건조 보관할 수 있는 별도의 공간이 있으면 좋다(그림 4-12 참조).

대규모 치즈사업장에는 작업효율의 이유로 플라스틱판이 점점 더 많이 사용되고 있다(그림 4-13 참조). 미세 구멍을 갖춘 이 판은 표준화가 되어 있으므로 세척기에서 쉽게 세척할 수 있다. 몇 번 두드리면 즉시 건조해져 바로 쓸 수 있다. 그렇지만 플라스틱판은 물기가 너무 많은 치즈의 습기를 조절할 수 없다. 그래서 치즈를 염지 후에 먼저 잘 건조시켜야 하고, 축축한 상태에서 이 판 위에 절대 두어서는 안 된다.

같은 사이즈의 판을 사용하면 판을 힘들게 맞출 필요가 없기 때문에 작업효율이 높아진다. 판 사이즈는 치즈 사이즈에 맞아야 하는데, 치즈의 전체 크기가 판 위에 있어야 한다. 두 판을 붙이고 그 위에 치즈를 올려 숙성하면 판 사이에 있는 부분이 눌러져 표면이 매끈하지 않게 된다. 또한 그 자리에 곰팡이나 진드기가 자리 잡을 수 있다.

2.4 치즈돌보기(제5장 7.3 참조)

치즈의 숙성기간은 며칠 안 걸리는 소프트치즈에서부터 수년이 걸리는 특수 하드치즈에 이르기까지 다양하다. 치즈 케어는 각자의 특별한 표면 Flora를 가진 치즈 종

그림 4-11. 베르크치즈용 나무로 만든 선반시스템

그림 4-12. 판자를 건조시키고 보관하기 위해 별도의 공간을 마련한다.

그림 4-13. 치즈숙성용 플라스틱판은 손질 비용이 적게 든다.

류에 따라 다르다. 미생물적으로 표면이 별로 활발하지 않는 에멘탈러나 가우다 치즈에서는 규칙적으로 돌려주고 마른 상태로 문지른다. 곰팡이가 피는 것은 이 치즈들이나 표면을 전혀 손질하지 않는 흰곰팡이치즈에서와 마찬가지로 바람직하지 않다.

베르크치즈, 틸지터 또는 로마두르 같이 표면칠을 하는 치즈들은 규칙적으로 소금물을 발라 주어야 한다. 보통 이 작업은 손으로 행한다. 좁은 통로에서는 두 선반에 판자를 걸쳐 놓으면 보통 필요로 하는 칠의 작업을 탁자 없이도 할 수 있다(그림 4-11 참조).

2.5 숙성대기의 조절(제5장 7.2 참조)

숙성실의 Klima(대기)는 온도, 습도, 공기 구성물들의 상호작용에 의해 결정된다. 편차범위 내에서 일 년 내내 치즈 종류에 특이한 숙성 대기조건들이 지켜져야 한다. 치즈에 최상적인 숙성조건들을 유지하기 위해 보통 숙성실에서는 난방, 냉장, 가습, 탈습, 흡기, 배기 등이 도입된다.

1) 온도조절

여름에는 흔히 바람직하지 않는 숙성실 온도 상승이 있다. 그 결과 숙성이 빨리 진행되고, 숙성 실패 또는 제품이 상하게 될 수도 있다. 또 표면이 낮은 상대습도로 인해 너무 빨리 건조해져 돌보기 비용이 높아지게 된다.

온도 상승이 그리 크지 않다면 두께가 얇은 평판의 방열판들을 이용하면 되는데, 이를 냉각 순환 시스템에 연결한다. 만일 온도편차가 큰 경우에는 차 라디에터 모양의 열교환장치가 달린 보다 성능이 좋은 냉각장치가 필요하다. 이것을 아이스워터 장치에 연결시킨다. 그러나 장소 부족과 아이스워터 시설이 없으면 조용한 냉각을 하지 못한다. 그 대신에 시중에 흔한 냉각장치를 쓰는데, 이 경우 증발기를 통해 공기가 실내로 내뿜어진다. 여기서 생기는 강한 공기이동이 표피의 곰팡이가 성장하는 데 나쁜 영향을 가져온다. BL처리하는 치즈에서는 돌보기 비용이 올라가고, 최악의 경우 건조로 인해 치즈표면이 갈라진다.

냉각의 부수효과로 보통 공기의 습도가 내려간다. 증발기의 결로로 빼앗긴 습기는 숙성실에 가습기를 이용하여 보충하여야 한다. 여름에 더운 숙성실을 걱정해야 하는 사람은 겨울에는 난방을 역시 걱정해야 한다. 온도가 너무 내려가면 숙성이 더디어지거나 정지상태로 된다. 그 밖에도 흔히 숙성실에 두는 염지통도 너무 차게 되는데, 이런 경우 치즈껍질이 굳어져 유청 빠지는 것이 영향을 받게 된다. 온도 편차가 크지 않다면 납작한 열 교환판을 냉각과 난방으로 같이 사용할 수 있다. 그렇지 않으면 제 3장 2.8에서 언급한 난방시스템을 써야 한다.

2) 흡기와 배기

흡기/배기가 적절한 숙성실 대기를 형성하는 데 결정적인 역할을 한다. 공기교환이 너무 활발하거나 강한 공기순환은 치즈숙성에 해로운 대기 조건들을 초래한다. 습도나 온도 같은 주요 대기요소들을 어느 정도 일정하게 하기 위해서는 약한 공기교환만이 일어나야 한다. 이것은 인위적인 대기조절 경우에도 적용되는데, 왜냐하면 새로운 외부 공기를 적응시키려면 비용이 굉장히 많이 들기 때문이다.

너무 강한 공기유입도 역시 피해야 한다. 치즈 표면이 맞바람으로 보다 빠르게 말라 표면이 갈라지고, 표면의 플로라 성장이 방해받을 위험이 있기 때문이다. 숙성에서의 그릇된 전개를 막기 위해서는 치즈숙성에서 생기는 나쁜 물질, 예로서 암모니아를 뽑아내고 산소를 불어넣어 주어야 한다. 습기가 너무 많고 퀴퀴한 냄새의 숙성용 판자는 대기조절을 잘 하면 피할 수도 있다. 그렇지 않으면 퀴퀴한 냄새를 치즈가 흡수하게 될 수도 있다.

그래서 숙성실에서의 흡기/배기는 필수적이다. 신선하고, 대부분의 경우 찬 공기는 바닥 가까이 흐르도록 해야 한다. 적당한 것이 거즈로 씌운 문의 공기유입구이다. 소모된 공기는 위에 설치한 배기구나 작은 환풍기로 배출된다.

3) 습도의 조절

습도를 일정하게 유지하는 것은 온도조절과 상호작용이 관련되어 있다. 습도가 일정해도 온도가 내려가면 '과습'해지고, 온도가 상승하면 '건조'해진다. 이 점이 여러 측면에서 의미가 있다. 한편으로는 표면 컬쳐(특히 BL컬쳐에서)는 습기가 충분해야만 활동하는 데 좋다. 만일 공기가 너무 건조하면 숙성이 제대로 이루어지지 않는다. 또한 건조한 공기는 치즈를 건조하게 하여 치즈 무게 손실로 이어진다. 반면에 과습하면 조직이 연약하고, 스펀지같이 되고 또 맛이 크게 떨어진다.

변동이 그리 크지 않다면 물을 붓는 수작업으로 최적의 습도는 쉽게 달성할 수 있다. 염지통을 둔다는 것은 오히려 수분을 빨아들이기 때문에 습도조절 목적으로는 의미가 없다.

작업 비용 면을 떠나서 아주 건조한 숙성실인 경우 손으로 습도를 조절하는 방식은 별로 효과가 없다. 이 경우 습기 보충은 인위적으로 이루어져야 한다. 이러한 목적으로 보통 물이나 증기를 공기흐름에 뿜거나 증발시키는 여러 방법이 쓰인다.

인위적인 습도 조절 외에도 숙성공간의 채움 정도가 또한 영향을 미친다. 치즈가 적게 들어 있으면 습도가 떨어진다. 왜냐하면 적지 않은 습기가 저장하는 치즈의 수분으로부터 나오기 때문이다.

과습한 공간에서는 문제 해결이 그리 어렵지 않다. 습기제거는 냉각과 난방의 조합으로 가장 잘 해결된다. 냉각장치는 습기를 응결시키고, 난방은 공간온도를 원하는 정도로 만든다.

제 5 장

치즈제조

1. 원 유

1.1 밀크의 화학적 구성

화학적 관점에서는 밀크는 물에 녹아 있는 지방의 유상액(emulsion)이다. 이 유상액은 수용성 물질인 유당, 무기질(milk salts), 유청단백질 같은 큰 분자들, 그리고 여러 분자들의 결합체인 카제인 마이셀로 구성되어 있다.

1.2 치즈제조를 위한 원유

결함이 없는 원유는 치즈생산을 위해서 가장 중요하다. 원유는 건강하고, 영양상태

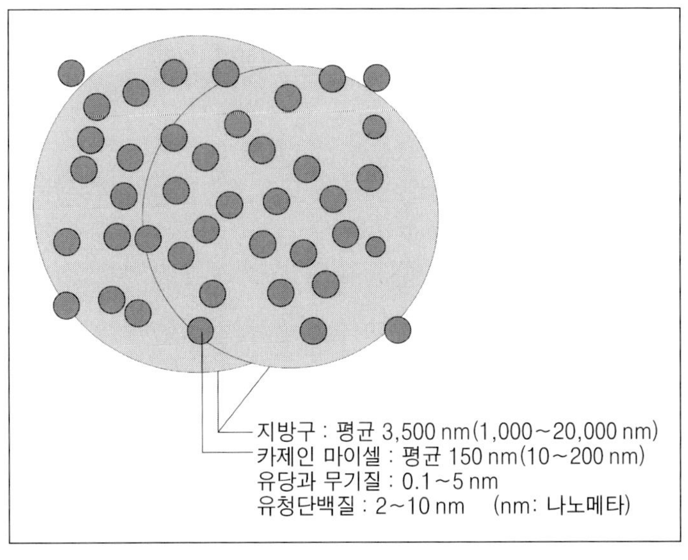

그림 5-1. 밀크 구성분들의 상대적 크기 비교

표 5-1. 밀크의 평균 성분과 각 구성분의 성질

성분	구성 g /100 g	구성요소들	성 질	밀크 처리에서의 영향
물	88			
단백질	3.25	카제인 : 총 단백질의 78%	- 밀크에 카제인 마이셀 형태로 포함되는데 여러 가지 카제인 종류(αS-카제인, β-카제인, κ-카제인)로 구성되어 있는데, 인산칼슘 클러스터와 친유성 연결로 결속되어 있다. - 카제인 마이셀은 산이나 렌닛의 영향을 받아도 분해되지 않는다. - 치즈의 주 구성요소이다. - 물을 결속한다. - 밀크에 내재하는 효소나 미생물들에 의해 분해되며, 쓴 물질이 생겨날 수 있다(쓴 펩타이트).	- 카제인은 열에 강하다. - 카제인은 밀크를 냉각할 때, 마이셀로부터 일부가 떨어져 나간다. - 밀크를 오랫동안 저장하게 되면 손상을 입게 된다.
		유청단백질	- 유청단백질은 렌넷이나 산에 의해 분해되지 않지만 열에 민감하다. - 열과 산의 상호작용에 반응하여 굳어진다(리코타). - 물을 묶는다. 특히(예를 들면 높은 열을 가한 후) 이것이 변성(denaturation)될 때에 더욱 그렇다. - 영양-생리적인 측면에서 매우 가치가 높다.	- 높은 열처리 후, 유청단백질은 카제인 마이셀에 붙어 렌넷반응을 방해한다.
지방	4.0	Triglyceride : 지방의 98%	- 지방은 밀크에 지방구 형태로 존재하는데, 이는 지방구막과 triglyceride로 구성되어 있다. - 지방구는 저지방밀크에서 비교적 안정적인 유체를 이룬다(기름과 물의 유체). - Triglyceride의 분해를 통해서 유리지방산이 생기는데, 이것이 치즈의 아로마를 가져온다. 그러나 또한 유제품에 있어 바람직하지 않는 냄새와 맛을 초래하기도 한다.	- 지방구는 물리적인 부화(펌프질)와 공기 유입으로 손상을 입는다. 빠져 나온 지방은 매우 빠르게 크림이 되는데 유청 안으로 흡수되게 된다. 그렇지 않으면 효모에 의해 바람직하지 않는 물로 분해되게 된다.

(계속)

성분	구성 g /100 g	구성요소들	성 질	밀크 처리에서의 영향
지방	4.0	Membrane(막)의 구성요소	- 지방구막의 lipoprotein(지질단백질)은 지방을 위한 유화제 역할을 한다. 지방구막에는 지용성 비타민, 콜레스테롤, 효소, 그리고 밀크의 크림화를 돕는 응집소가 있다.	
유당	4.5 g	Lactose	- 효소적으로 가수분해되는 Disaccharide(이당류). 이것이 유산균의 영양분이다.	
무기질	0.6~0.8 g		- 인산칼슘은 카제인 마이셀을 결속시키며, 칼슘은 커드를 형성시키고 단단하게 해준다. - 인간의 영양에 있어 밀크가 칼슘의 주 공급원이다.	- 산성화가 진행되면 칼슘은 카제인 마이셀로부터 나온다. - 열을 가하면 칼슘의 일부가 불용화된다.

가 좋은 동물에서 얻어야 한다. 또한 가능하다면 신선해야 한다(최대 2 착유시기).

1) 원유의 품질 손실

(1) 이물질로 인한 품질 손실

① 물은 원유를 희석시키고 응고력을 저하시킨다.
② 세척제의 잔존물은 산성화를 막거나 방해하고 원유의 pH 수치를 왜곡시킨다.
③ 항생제는 미생물의 성장을 억제한다.
④ 독성물질(아플라톡신, PCB) 등은 사료를 통해 밀크로 들어간다.

(2) 물리적인 품질 손실

① 너무 강한 기계적인 부하(교반, 펌핑)는 지방구를 손실시킨다.
② 너무 오랜 냉장은 카제인 마이셀에서 칼슘이 떨어져 나오게 한다.
③ 가열로 인해 칼슘의 일부분이 불용화되어 밀크의 렌넷응고에서 제 역할을 하지 못한다.
④ 고온가열로 인한 유청단백질 변성(denaturation)이 렌넷 역할을 방해한다.

표 5-2. 각 동물들의 원유 평균 구성분

	원유 생산량 (kg)	유당 (g/kg)	단백질	지 방	무기질
젖소	3,500~8,000	45~50	30~35	35~40	7~9
염소	500~1,000	40~50	28~35	30~38	7~9
양	100~500	52~55	45~75	55~110	8~14

(3) 미생물적인 품질 손실

① 독성물질을 생성할 수 있는 미생물(예로 *Staphylococcus aureus*)

② 너무 강한 유산 생성을 초래하는 미생물들(pH 6.4 이하면 밀크가 살균과정에서 엉긴다)

③ 밀크의 단백질과 지방을 공격하는 미생물들과 그들의 효소(특히 내냉성 미생물들). 치즈제조에서 단백질 구성분이 더 많이 유청으로 이동한다. 쓴 펩타이드 형성된다. 지방분해를 통해 밀크의 맛을 나쁘게 할 수 있는 물질들이 생성된다.

④ 첨가된 산성화 컬쳐와 경쟁하는 Flora로써 접종 유산균의 증식을 저해할 수 있는 원유미생물들

⑤ 제품을 부패하게 할 수 있는 미생물들(효모, 이종곰팡이들)

⑥ 인체에 질병을 불러올 수 있는 미생물들(*Listeria monocytogenes, Salmonella* 등)

(4) 효소적인 분해과정으로 인한 품질 손실

① 밀크 고유의 효소가 지방과 단백질을 공격하여 밀크의 맛을 변하게 한다. 가열로 해서 이들이 부분적으로 비활성화 된다.

② 더 심각한 것은 바람직하지 않는 박테리아의 효소로서 균들은 사멸해도 효소는 영향을 끼쳐 치즈 제조의 실패 원인이 된다.

2) 밀크의 운반(제3장 3.1 참조)

밀크는 치즈제조를 위해 유방에서 치즈벳트까지 도달하여야 한다. 어떤 운송 수단이든 밀크 품질에 영향을 주기 때문에 운송작업은 가능한 한 손상을 유발하지 않게 이루어져야 한다.

3) 밀크의 냉각(제3장 3.2 참조)

건강한 동물의 젖에는 유방을 떠날 때 약 100～1,000/㎖의 미생물이 있다. 미생물은 유두관의 지속적인 오염에서 유래한다. 그리고 수천 개의 미생물들이 공기를 통해 밀크로 유입된다. 가장 큰 오염은 유방피부와 착유기구에 의해 유발된다. 착유기 위생의 좋은 개선으로 유두의 피부플로라의 중요성이 점점 강해지고 있다. 이 플로라의 가장 큰 부분이 *Staphylococci* 이다. 이 균은 특히 무살균밀크 치즈생산에 피해야 할 균이다. 위생조건이 좋으면 전체 균주수가 항상 100,000/㎖ 이하다.

새로 착유한 밀크를 즉시 가공하지 않을 경우, 세균의 증가는 적절한 냉각으로 막아야 한다. 중요한 것은 밀크가 냉각으로 인해 아무런 해를 입지 않아야 한다는 것이다. 이렇게 되려면 밀크가 같은 경우이어야 한다.

① 빨리 냉각되어야 한다. 단, 냉장고나 냉장실에 밀크를 통에 넣어 식히는 것은 냉각이 너무 오래 걸려 바람직하지 않는 미생물이 증식할 수 있다.

② 냉각통에 닿아 어는 것이 없어야 한다. 냉각기는 처음 착유한 밀크를 얼게 하여서는 안 되는데, 이러한 경우 지방구가 파괴되어 유리지방이 생성되기 때문이다.

③ 완만하게 냉각시켜야 한다. 너무 강하고 빠른 속도의 교반으로 인해 너무 빠르게 밀크가 뒤섞이게 되는 것은 바람직하지 않다. 이는 유지방이 이런 과정으로 인해 심하게 부하를 받기 때문이다.

④ 밀폐하지 말아야 한다. 밀크는 가스방출을 위해 천천히 교반하거나 널찍하게 보관한다.

오랜 냉장은 밀크의 치즈 적합성을 감소시킨다(상자 5-1 참조). 이상적인 것은 냉장된 저녁 밀크와 신선한 아침 밀크이다. 저장기간에 따라 법에서는 밀크보관의 서로

표 5-3. 저장기간에 따른 적정 냉각온도

저장기간	냉각온도
신선한 밀크	냉각이 필요 없음
12시간	10℃(치즈) 8℃(음용밀크, 기타 유제품)
24시간	8℃
48시간	6℃

상자 5-1. 냉각이 원유에 미치는 부정적 영향들

저온에 적응을 잘 하는 몇몇의 박테리아는 차가운 밀크에서도 천천히 증식한다. 전문용어로 말하면, 이들을 내냉성 미생물이라고 일컫는다. 특히 이 미생물은 착유기구를 통해서 밀크로 들어간다. 5℃에서는 처음 40시간에는 거의 증식하지 않으나, 그 이후에는 4~6시간마다 그 수가 2배로 늘게 된다. 내냉성 미생물은 상당히 활발하게 단백질 분해활동을 하고, 맛의 결함을 초래하기도 한다(미끈거림, 쓴맛). 단백질 분해는 수율도 나쁘게 한다. 이 미생물들은 살균처리에 의해 죽지만, 그들이 만든 효소는 지방분해 효소와 같이 가온된 밀크와 치즈에서 계속 활동한다. 리스테리아 종에 속하는 박테리아들도 내냉성 플로라에 속한다. 이들을 신선한 원유에서 분리시키는 것은 어렵다. 이 미생물은 무살균 유제품의 저장과 생산과정에서 증식한다. 이 제품에서 *Listeria Monocytogenes*가 많아지면 사람들에게 매우 위험할 수 있다.

다른 온도를 명시하고 있다. 그밖에도 사용목적이 냉장온도를 결정한다(표 5-3 참조).

4) 밀크의 여과(제3장 3.3 참조)

밀크의 여과란, 착유 중 또는 착유 후에 밀크에 유입된 밀크 이외의 동물털, 먼지, 파리, 지푸라기 등과 같은 이물질을 제거하는 것이다. 최초의 여과는 밀크생산자가 착유작업 후에 실시한다. 유가공업체는 운송과정에서 그리고 집유과정에서 실제로 재오염될 가능성이 있어 다시 여과를 한다.

오늘날까지도 많은 목장이나 마을공동 치즈공방들에서 밀크는 여과판으로 걸러졌다. 대용량의 밀크를 가공하는 유가공공장에서는 주로 원심분리기를 이용하여 여과한다.

5) 밀크의 지방조정(제3장 3.4 참조)

원유의 지방조정은 치즈의 지방함량을 조정하기 위해 필요하다. 지방이 유청배출을 나쁘게 하기 때문에 절단 내지 하드치즈에서는 약간의 크림분리는 필요하다. 유지방 조정은 크림분리, 또는 전유, 저지방유 그리고 크림의 혼합으로 한다.

지방함량은 다음 변수들에 따라 결정된다.

① 치즈의 원하는 지방함량
② 유청으로의 지방손실
③ 밀크의 단백질함량

표 5-4. 지방함량 계산과 지방함량 조정($f_{3.3}$), 평균 단백질함량이 3.3%이라 했을 때 %로 표시한 인자(F), Schulz와 Kay에 따른 지방수준(건물에서의 지방)

치즈그룹	10%		30%		45%		50%		60%	
	F	$f_{3.3}$	F	$f_{3.3}$	F	$f_{3.3}$	F	$f_{3.3}$	F	$f_{3.3}$
하드, 버터치즈					0.93	3.1	1.09	3.6		
절단, 블루치즈			0.5	1.65	0.9	3.0	1.06	3.5		
소프트치즈			0.44	1.45	0.84	2.8	1.0	3.3	1.5	4.95
신선치즈	0.17	0.6	0.55	1.85	0.96	3.2	1.12	3.7	1.6	5.3

④ 치즈로의 유단백질 전환

유청의 지방함량은 0.05에서 0.6 정도이다. 높은 지방함량의 치즈제조에서 지방손실이 낮은 지방함량의 치즈제조보다 많다. 커드를 잘게 자를수록 유청의 지방함량은 더욱더 많다.

치즈에서의 단백질 전환은 밀크에서의 전체 단백질의 약 75% 정도가 된다. 표 5-4(Schulz와 Kay 작성)에 따라 원유의 지방함량(f_k)을 단백질함량(P)과 치즈 종류와의 상관관계에서 산출한다.

$f_k = P \times F$ F는 표 5-4에 따른 인수(因數)

6) 밀크의 열처리(제3장 3.5 참조)

과거로부터 무살균밀크의 가공은 목장유가공에서는 널리 이루어진다. 그러나 밀크의 약한 열처리와 살균도 현재 흔한 일이다. 표 5-5에 여러 열처리방법의 장단점을 정리하여 보여준다.

■ **원유의 가공**: 무살균유의 가공은 치즈 수작업에 있어서 고도의 예술이다(상자 5-2 참조). 전제조건은 최상의 밀크 품질과 미생물적인 상호작용에 대한 높은 지식이다. 이때까지 집유업체에 원유를 공급하기만 했던 사람들은 새로운 품질지수들에 익숙해야 한다. 세균수는 의미가 없고, 예로 *Staphylococcus aureus, Escherichia coli* 또는 *Listeria monocytogenes* 등과 같은 체세포수와 특정 미생물 함량과 같은 지수에 주의를 기울일 필요가 있다.

■ **약한 열처리**(thermisation): 무살균유로 만드는 치즈 종류에서도 약한 열처리를 세균수의 감소를 위해 점점 더 많이 사용한다. 약한 열처리란 밀크를 40℃ 이상 가열하는 것을 말한다. 그러나 시간과 온도에서 공인된 방식과는 다르다(예를 들면 밀크

표 5-5. 열처리방법의 장단점

	장 점	단 점
원유(무살균)	- 투자비가 적음 - 치즈가 원유 박테리아들에 의해 고유의 성격을 가짐 - 유단백질이 변질되지 않음. 밀크가 렌넷응고 성질을 그대로 유지	- 병원성 미생물이 치즈제조에서 증식할 수 있다. - 품질에서 심한 변동
약한 열처리	- 유단백질이 거의 변하지 않음 - 3개월 이상의 숙성기간을 가지는 하드치즈 - 해로운 박테리아는 거의 제거됨 - 스타터 컬쳐를 이용함에 따라 제조가 간단하고 품질이 고르다.	- 제품이 병원성 미생물로부터 안전한지 확실하지 않음 - 살균유와 같은 투자비
살균유	- 최종 제품의 높은 안전성 - 표준 품질이 좋음 - 냉장 보관된 원유의 가공이 문제없음 - 제품의 긴 유통기간 - 작업 나누기가 좋음	- 응고시간이 길어진다. - 커드가 무살균유처럼 단단하지 않음 - 약한 자발적 유청배출(syneresis) (신선치즈 제조에서는 장점) - 투자비가 많음

상자 5-2. 무살균 밀크로 가공할 때 지켜야 할 특별사항들

무살균 밀크를 가공하기로 결정했다면 다음 사항을 절대적으로 엄수해야 한다.

① 가축의 건강상태를 세심하고 꾸준하게 관찰해야 한다. 특히 유방염을 주의한다.
② 최고 품질의 사료만을 먹이고, 균형 잡힌 식단을 준비한다.
③ 원유를 사올 때는 원유품질에 대해서 계약서에 정확히 규정한다.
④ 매일매일 원유를 가공한다.
⑤ 축사와 착유실, 원유저장실, 치즈공방에서 위생에 관하여 철저히 한다.
⑥ 직원은 반드시 사전교육을 받아야 한다. 청결, 위생의 개념을 업소의 모든 사람이 인지하고 있어야 한다.
⑦ 병원균에 대해 원유와 무살균 치즈를 규칙적으로 검사한다.
⑧ 오염이 되었다는 의혹과 산성화 잘못이 있을 때는 제품을 조사하고, 의심스럽다면 모두 폐기한다.
⑨ 유아, 임신부, 나이가 많거나 허약한 사람 등의 저항력이 약해진 사람들은 무살균 밀크로 만든 신선/연질/절단치즈를 먹는 것은 피해야 한다.

를 62℃로 가열하고, 이 온도에 이르면 즉시 다시 렌넷을 첨가하는 온도로 낮춘다. 요구되는 32분의 유지시간이 충족되지 않았기 때문에 이런 방법을 약한 열처리라고 표현한다).

7) 공인된 열처리 방법

치즈제조를 위해서는 특히 다음과 같은 열처리 방법이 적절하다.

① 장시간 열처리
② 단시간 열처리

표 5-6은 목장유가공에서 쓸 수 있는 가열방법들을 나타내고 있다.

표 5-6. 목장유가공에서 적절한, 공인된 열처리

가열방법	요구사항
장시간 가열	가열 62~65℃에서 30~32분간 유지. 가열 후 인산 가수분해효소 검사는 음성, Peroxidase(POD) 검사는 양성이어야 한다.
단시간 가열	지속적인 흐름에서 72~75℃ 가열 후 15~30초간 유지. 인산 가수분해효소 검사는 음성, Peroxidase(POD) 검사는 양성이어야 한다.

8) 밀크의 예비숙성

밀크는 렌넷 첨가 전에 목표로 하는 pH에 도달하여야 한다. 이는 스타터 컬쳐의 접종에 의해 가능하며, 이에 따라 밀크는 예비숙성된다. 예비숙성 방법은 밀크온도 10~13℃에 0.05~0.3%의 컬쳐 접종으로 하룻밤 사이에 실시되는 낮은 온도의 예비숙성과(보통 렌넷 첨가 온도에서) 렌넷 첨가 전 20~90분에서 1~3% 컬쳐로 하는 따뜻한 예비숙성 둘로 나눈다.

대부분의 경우 찬 예비숙성의 렌넷 첨가 pH로 해서 숙성의 마지막은 렌넷 첨가 직전에 약간의 컬쳐 접종으로 마무리된다. 치즈 종류에 따라 예비숙성의 시간과 접종하는 컬쳐량을 다르게 한다. 그리고 제조방법(렌넷 첨가 온도, 커드 다루는 시간, 유청 배출 온도 등)이 예비숙성의 시간과 컬쳐량에 또한 영향을 미친다.

2. 보조재료

2.1 컬쳐

컬쳐란 유제품의 생산을 위해 선별되고 배양한 미생물들이다.

1) 산성화 컬쳐(스타터 컬쳐)

스타터 컬쳐의 역할은 첫째, pH를 내리는 데에 있다. 그 다음으로 중요한 유산균들의 역할은 유산발효 등의 숙성과정에서의 단백질 분해와 적지만 지방분해, 부산물로 아로마 물질의 생성에 있다.

스타터 컬쳐는 단일 또는 여러 가지 박테리아로 구성되어 있는데, 단일 컬쳐는 매우 특정적이지만 박테리오파아지의 공격에는 매우 취약하다. 파아지(phage)는 바이러스의 일종이며, 한 종류의 유산균을 특징적으로 공격하고, 매우 빠른 속도로 증식하여 해당하는 모든 유산균이 사멸하게 된다. 따라서 단일 종속균은 매일 다른 종류의 종속균으로 바꾸어서 사용한다. 치즈제조에서는 대체로 2～4종류의 유산균이 섞인 혼합컬쳐를 기본 컬쳐(basis culture)로 쓴다. 중온성 균주(mesophilic culture)와 고온성 균주(thermophilic culture)로 유산균을 구분하는데, 전자는 20～39℃ 사이에서 증식하고, 후자는 30～45℃에서 가장 활발하다.

■ **중온성 균주**(mesophilic culture) : 신선치즈, 소프트치즈 그리고 절단치즈, sour milk나 버터크림에도 이 미생물균이 쓰여진다. 보통의 혼합컬쳐에는 다음 4종류의 박테리아균 종류를 함유한다.

① *Lactococcus latics* subsp. *Latics* (*Lc. Lactis*)
② *Lactococcus latics* subsp. *Cremoris* (*Lc. Cremoris*)
③ *Lactococcus latics* subsp. *Lactis biov. Diacetyllactis* (*Lc Diacetyllactis*)
④ *Leuconostoc mesenteroides* subsp. *Cremoris* (*Leuconostoc cremoris*)

처음 언급한 두 미생물은 순수한 유산 생성균이지만, 다음 둘은 산 이외에 아로마 물질과 가스를 생성한다. 어떤 컬쳐의 성격은 이 네 가지 균 종류의 함량별 구성에 의해 결정된다.

■ **고온성 균주**(thermophilic culture) : 치즈공방에서의 전형적인 고온성 균주는 에멘탈러 컬쳐이다. 고온성 균들에는 다음과 같은 것들이 있다.

① *Streptococcus salivarius* subsp. *thermophilus* (*Sc. thermophilus*)
② *Lactobacillus delbrueckii* subsp. *helveticus* (*Lb. helveticus*)

③ *Lc. lactis*로 보완되어지는 균

하드치즈 커드를 열처리할 때 도달하는 높은 온도(52℃)에도 생존하는 이 균의 성질이 에멘탈러나 파마잔치즈와 같은 매우 드라이한 하드치즈를 만들 수 있게 한다. 치즈공방에서 역시 사용되는 요구르트 균주는 *Lb. helveticus*와 *Lb. bulgaricus* 대신에 흔히 추가적으로 *Lb. acidophilus* 또는 비피더스균을 포함하고 있다.

또한 컬쳐 제조회사는 중온성 균주와 고온성 균주의 혼합도 제공한다. 이들은 소프트치즈와 절단치즈에 권장되는데, 산성화를 빠르게 진행시키고, 치즈에 크림류의 부드러움과 마일드한 맛을 준다. 그러나 산성화를 제때에 중지하지 못하면 과산성화의 위험성이 매우 높다.

■ **스타터 컬쳐의 접종형태**: 자가 제조한 스타터를 사용하는 경우, 컬쳐는 다음과 같이 만들어진다: 신선하고 억제물질이 없는 밀크(저지방 밀크가 최적)를 90~95℃에서 10~20분 정도 가열한 다음 배양온도를 식힌다. 중온성 균주는 20~30℃, 고온성 균주는 37~45℃이다. 부분적으로 지방을 분리한 UHT-밀크를 멸균한 용기에 넣어 원하는 온도로 가열해서도 만들 수 있다.

밀크에 자가 배양한 mother culture나 투입 컬쳐로 구입한 스타터 컬쳐를 넣고 배양한다. 원하는 pH(4.7~5.0)에 도달하면 즉시 냉각한다. 그림 5-2에 박테리아스타터의 전형적인 성장커브를 보여준다. 컬쳐는 단계 4와 5에서 최대한의 활력을 얻는다. 사멸하는 단계인 6에서도 pH 수치는 계속 내려간다. 그러나 박테리아는 자신의 산(酸) 때문에 사멸한다. 따라서 성장을 중지시키기 위해서는 컬쳐를 적시(4단계)에 냉각시키는 것이 중요하다. 냉각시키면 컬쳐는 하루에서 이틀까지 유효하다. 오래 보관

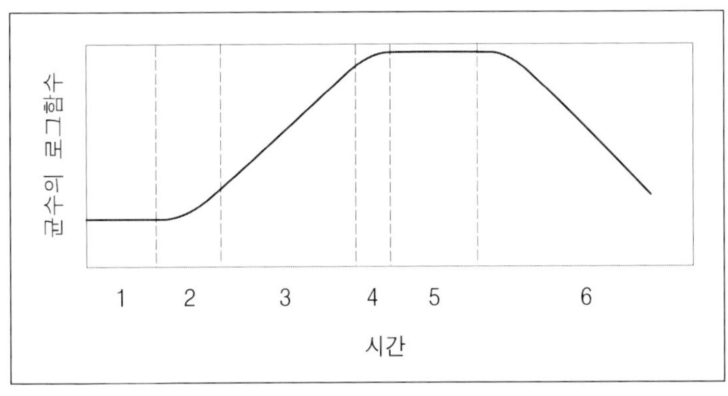

그림 5-2. 유산균의 성장커브

1. 잠복단계 2. 가속단계 3. 기하급수적 증식단계 4. 지체단계 5. 정체단계 6. 사멸단계

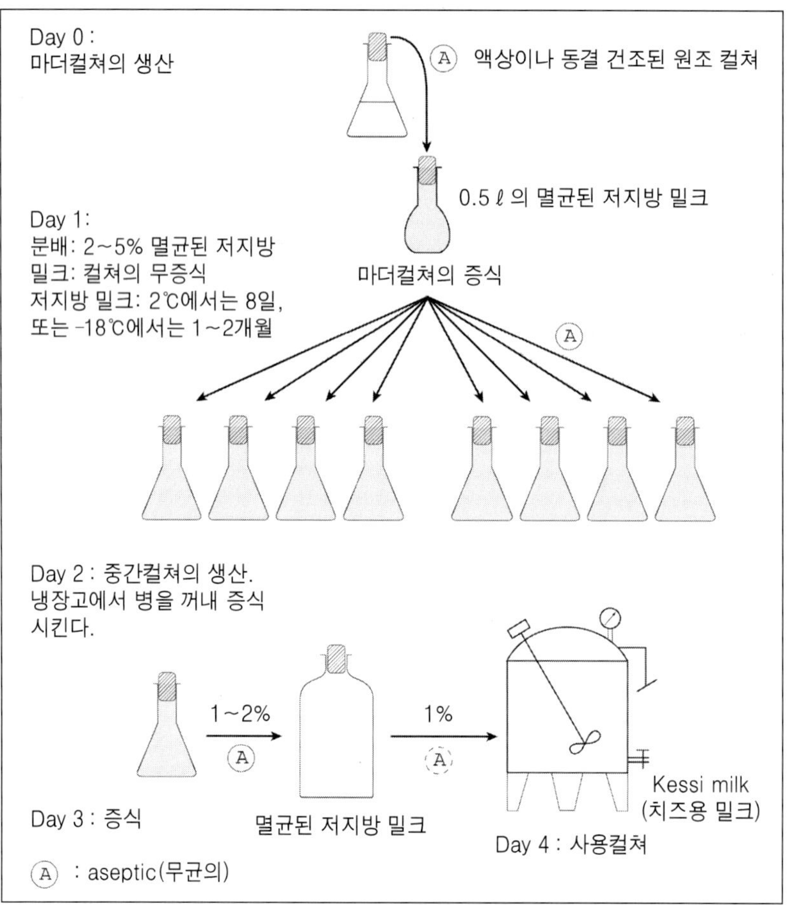

그림 5-3. 스타터 컬쳐 만들기

하면 활력이 분명히 떨어진다. 산성화 컬쳐는 밀크에 0.1~5% 정도 넣는다.

2) 직접 스타터(DVS) 사용

밀크에 바로 넣는 이것은 매우 높은 균 밀집도(10^{10}~10^{11} CFU/g)를 보여준다. 고도 냉동 집약형태나 냉동 건조형태로 이 균을 구입할 수 있다. 고도로 냉동시킨 팰렛트는 -45℃에서 보관해야 하고, 6~8개월의 기간 동안 사용할 수 있다. 냉동건조 균은 -18℃에서 12개월 정도에 유효하다. 접종량은 제조회사가 정해 주는데, 100 L 밀크에 넣는 그램이나 유니트로 표시한다. 직접 스타터의 사용은 치즈작업자의 작업습관에 약간의 수정을 요구한다.

① 처음 40~60분 동안 밀크의 pH 수치는 별로 변하지 않는다. 균들이 먼저 밀크

에 적응해야 한다.

② 렌넷 첨가 pH를 전통적인 방법으로 할 때보다 더 높게 잡는다.

③ 렌넷 첨가 온도를 1℃ 더 올린다.

④ 산성화가 시작되기만 하면 그 다음부터는 진행이 훨씬 더 빠르다.

⑤ 절단치즈 제조의 경우 과산성화를 방지하기 위해 커드를 훨씬 더 세게 씻어야 한다.

⑥ 과산성화 또는 추후 산성화의 위험이 훨씬 더 크다.

3) 숙성 컬쳐

■ **효모**: 효모는 호기성 미생물이다. 소프트치즈와 *Brevibacterium linens*(BL) 처리한 절단치즈의 표면에서 성장한다. 숙성의 시작에는 치즈덩이에도 존재한다. 컬쳐 제조회사는 치즈의 아로마를 좋게 하는 특수효모를 공급하는데, 이에 의해 치즈가 싱싱하고, 과일 같은 아로마를 얻는다. 또한 효모는 치즈 조직에도 영향을 미친다. 밀크에 렌넷을 넣기 전에 섞는다.

다른 효모 종류들은 오히려 치즈 표면의 **탈산**화를 위해 사용된다. 곰팡이와 BL의 더 빠른 성장을 가능하게 한다. 카망베르제조에 있어서 매우 도움이 되는데, 곰팡이의 성장을 촉진시켜 준다. 효모가 이상적으로 성장한다면 소프트치즈는 염지 후 2~3일이 되면 기분 좋은 사과향이 난다. 그리고 효모는 블루치즈 제조에서도 쓰여진다. 여기서는 그들의 강한 가스 생성력을 이용하는데, 효모는 치즈구멍을 크게 하여 곰팡이가 성장할 수 있게 자리를 넓힌다.

■ **곰팡이**: 치즈 위에 빼곡한 곰팡이 잔디를 입히기 위해 또는 식용 곰팡이치즈(블루치즈)의 구멍들에 자리 잡게 하기 위해 곰팡이컬쳐를 쓴다.

■ **흰곰팡이**: 흰곰팡이는 원래 *Penicillium camenberti*에서 태어났다. 이 곰팡이는 회색 포자를 가진다. 20세기 초에는 하얀 포자만 생성하는 *Penicillium camemberti* 균주들만 분리시켜 선별하였다. 오늘날에는 *Penicillium candidum* 또는 *Penicillium caseicolum* 이름으로 불리고 있다.

*Penicillium candidum*은 모든 흰곰팡이치즈에 아름답고 하얀 외투를 만들어 주며, 신선한 버섯 같은 아로마를 생성하는데, 숙성이 진행될수록 풍미가 진하고 깊은 맛이 들게 한다. 속이 부드럽고 크림 같은 조직을 갖도록 한다.

*Penicillium camemberti*는 *Penicillium album*이라 부르기도 하는데, 오늘날에도 염소치즈에 사용된다. 처음에는 하얗다가 며칠 안 가서 회색에서 파란색으로 변한다.

■ **흰곰팡이의 사용**: 곰팡이를 동결건조된 형태(분말)로 구입할 수 있으며, 액체형태도 많다. 건조한 포자는 사용하기 24시간 전에 끓이고, 식힌 물에서 팽창하게 해야 한다. 흰곰팡이 용액을 렌넷에 넣기 전에 밀크에 넣고, 염지 후 치즈에 살포한다.

■ **블루곰팡이**: 주로 두 가지 푸른곰팡이 종류가 치즈제조에 쓰여진다.

① *Penicillium roquefortii*는 거의 모든 식용 곰팡이치즈들에 성장한다. 블루에서 그린 색을 띠고, 뚜렷한 단백질의 동종 가수분해 그리고 지방분해 활동성을 가지는데, 이것이 전형적인 식용 곰팡이치즈 아로마를 생성한다.

② *Penicillium glaucum*는 자주 염소치즈에서도 야생적으로 성장하기도 한다. 흰곰팡이치즈에서는 이종곰팡이라 처리해야 할 대상이다.

블루곰팡이의 사용: 블루곰팡이액도 흰곰팡이와 같은 방식으로 만든다(위 참조). 액을 렌넷에 첨가 전에 밀크에 섞거나 커드를 들어올린 후(치즈포로 솥의 내용물을 전체 올림) 드라이한 커드에다 혼합하든가 한다.

밀크곰팡이 또는 *Geotrichum candidum*: 분류법에 따르면 *Geotrichum candidum*은 곰팡이 종류가 아니다. 포자도 생성하지 않고 세포분열로 증식하기 때문이다. 곰팡이와 마찬가지로 치즈 표면에 하얗고, 얇고, 거의 투명한 솜털을 생성한다.

표 5-7. 여러 컬쳐의 사용

치 즈	메조필 혼합균	가스 생성 메조필	테르모필과 메조필혼합	*Streptococus thermophilus*	요구르트균	에멘탈러 컬쳐	효모	곰팡이	BL
신선치즈	+	+/-	-	-	+/-	-	-	-	-
카망베르	+	+/-	+	+/-	-	-	+/-	+	-
뮨서터, 림부르거	+	+/-	+	+/-	-	-	+/-	-	+
로마드르	+	+/-	+	-	-	-	-	-	+
틸지터	+	+/-	+/-	+/-	-	-	-	-	-
가우다	+/-	+/-	+	+	+	-	+/-	+	-
베르크치즈	+/-	-	+	+	-	+	-	-	+
에멘탈러	+/-	-	+/-	+/-	-	+	-	-	-

+: 컬쳐로 사용

+/-: 컬쳐의 대안으로 또는 첨가컬쳐로 사용

-: 컬쳐로 사용하지 않음

효모와 함께 이것은 초기 숙성과정 동안 소프트 내지 절단치즈에서 표면의 주요 플로라에 속한다. 신진대사로 이것이 표면을 탈산시켜 BL이나 곰팡이의 성장을 가능하게 한다. *Geotrichum candidum*은 곰팡이나 BL에 보조로 사용할 수 있다. 그러나 이것이 우세해서는 안 된다. 이것은 단백질 분해를 매우 심하게 하기 때문에 치즈 내부는 속속들이 숙성시키지도 않으면서 치즈 표피 아래를 흐르는 상태까지로 만들 수 있다. *Geotrichum candidum*은 소금에 매우 민감하다.

■ **BL컬처**: 이 컬쳐는 *Brevibacterium linens* 컬쳐인데, 로마두르나 림부르거 같은 BL형성의 소프트치즈나 틸지터 같은 절단치즈에 쓰여진다. *Brevibacterium linens*는 중성에서만 증식할 수 있다. 효모나 밀크곰팡이가 만들어 주는 표면의 탈산(脫酸)이 필수적이다. 그래야 치즈 표면에 자리 잡는다. 컬쳐는 종류에 따라 노랑에서 붉은 색까지 색소를 형성하는데, 이것이 치즈에 전형적인 색깔을 부여한다.

이것은 소금물에 희석시켜 여러 차례 치즈에 입힌다. BL박테리아의 효소가 단백질과 지방을 가수분해한다. 이렇게 하여 표면에서 속까지 치즈숙성이 이루어진다. 맛은 처음에는 마일드하다가 숙성 정도가 늘수록 풍미가 진한 맛 내지 깊은 맛으로 바꾸어 진다.

■ **약하게 산성화시키는 유산균**: 최근에는 산성화 목적이 아니고 치즈숙성의 특수과업을 위해 유산균들이 개발되었다. 여러 가지의 유산균들이 쓴맛의 펩타이드(peptide)를 줄이기 위해, 아로마 개선을 위해, 숙성을 촉진시키기 위해, 저지방치즈에서는 크림 같은 조직을 부여하기 위해 이용된다. 이들은 유당을 거의 분해하지 않고 매우 빨리 사멸한다(Autolyse, 자기융해).

2.2 응고효소

1) 렌넷

렌넷(반추위 동물의 위에서 얻은 효소결합체)은 유단백질을 쪼개서 밀크가 응고하도록 한다. 두 가지 효소로 구성되었는데, 키모신(chymosin, 주요 구성요소)과 펩신(pepsin)이다. 치즈 조례 3조 1항에 따르면 렌넷에서의 키모신 비율이 최소 25%는 되어야 한다. 적은 양이면 돼지 위의 펩신도 함유해도 된다.

송아지 위의 렌넷은 오직 밀크만 먹은 송아지의 고도 냉동한 제4위(abomasum)에서 얻어진다. 위(胃)에서 추출하여 효소를 활성화시키기 위해 산성화시켜 필터로 거르고, 정제하여 특정량의 효소에 맞춘다.

키모신은 κ-casein만 특히 쪼개는데(표 5-1 참조), 이것이 밀크응고를 야기한다.

최적의 조건은 pH 5.5, 그리고 온도 40～42℃이다. 펩신은 κ-casein 뿐만 아니고 다른 카제인(casein)도 쪼갠다. 이상적인 pH-수치-대역은 그 보다 더 낮다(pH 2). 펩신 비율이 높은 렌넷은 싸지만, 치즈수율은 뚜렷이 떨어진다.

■ **렌넷강도**(Soxhlet에 따른) : Soxhlet 방식에 따른 렌넷강도는 어느 만큼의 밀크를 SH 7°(pH로는 6.5)와 온도 35℃에서 40분 동안 일정량의 렌넷으로 응고시킬 수 있는가를 표시한다. 렌넷은 액체상태(렌넷강도 1/10,000 또는 1/15,000), 그리고 분말 상태(렌넷 강도 1/100,000)가 있다. 약국에서 구입할 수 있는 알약형태의 렌넷은 강도가 약 1/3,000이다.

이탈리아의 절단 내지 하드치즈를 만들 때는 흔히 연고타입의 렌넷이 쓰여지는데, 리파아제(lipase)도 함유하고, 치즈에 특히 톡 쏘는 맛을 부여한다. 렌넷은 찬 곳에서 빛에 격리시켜 보관해야 한다. 시간이 지남에 따라 활력을 잃는다.

2) 렌넷 대체물질

지난 30년 동안 세계적으로 증가한 치즈생산과 감소하는 송아지 도살이 렌넷 부족을 초래하여 렌넷 대체물질을 추구했다. 송아지 위 렌넷의 대안으로 동물성, 식물성, 미생물적인 단백질 분해효소(protease)가 등장했고, 키모신의 성질에 근접하게 되었다.

■ **식물성 protease** : 렌넷 향신료인 artischocken이나 distel로부터 얻는 이것은 이제 더 이상 거의 사용하지 않는다. 포르투갈이나 스페인의 많은 전통적인 치즈들에서는 Distel 향신료 분말이 지금도 쓰여진다. 소, 돼지, 닭의 위에서 추출한 펩신은 송아지 렌넷과 혼합하여 특히 신선치즈들에 사용된다.

미생물적인 분해효소는 실제 많은 치즈들에서 인정받았다. 렌넷보다 싸고, 종교적 또는 철학적인 이유에서 동물성의 렌넷을 거부하는 사람들이 선호한다. 이들은 곰팡이 발효, *Mucor miehei, Mucor pisillus, Endothia parasitica* 곰팡이에서 얻어진다. 이 분해효소는 키모신과는 다른 pH 및 온도 요구조건들을 가진다. 따라서 렌넷 첨가 온도와 렌넷 첨가 pH를 변화시켜야 한다.

1997년부터 독일에서도 유전자 변형 키모신 제제가 시중에 나와 있다. 세포 밖으로 키모신을 배출시키는 유전자 기술로 변형시킨 미생물들의 발효로 만든다. 이 키모신은 동물적인 키모신과 전적으로 같으며, 밀크나 치즈에서 똑같은 반응을 보여준다.

※ **바이오 힌트** : 유전자변형 렌넷, 질산염 사용 및 염화칼슘과 리소자임(lysozyme)은 대부분 유기농 치즈에서 금지하고 있다. 염지소금에서 분리물질 사용도 금지.

2.3 다른 첨가재료들

1) 염화칼슘($CaCl_2$)(주의: 유기농 주의자는 이것의 사용을 금지한다)

렌넷응고에서 염화칼슘은 카제인 마이셀의 결속이 안정적으로 응고되도록 도와준다. 칼슘함량의 소량 증가도 응고시간을 줄이고, 커드의 형성을 개선한다. 밀크의 자연적인 칼슘함량은 밀크를 잘 응고하게 한다. 그러나 밀크의 살균과정에서 칼슘 일부분이 불용성이 되어 응고로 더 이상 관여할 수 없게 된다. 이 손실을 만회하기 위해 렌넷을 첨가하기 전에 밀크 1 ℓ 당 0.05～0.15 g 염화칼슘을 첨가한다.

염화칼슘은 결정체 형태 혹은 완성 용액(40%)으로 구입할 수 있으며, 희석시켜 투입해야 한다. 첨가는 스타터 컬쳐 접종 전 또는 후에 넣는다. 왜냐하면 산성의 염화칼슘은 렌넷과 스타터 컬쳐를 방해하기 때문이다.

2) 후기 팽화를 예방하는 첨가물

후기 팽화를 막기 위해 사람들은

① 사일레지를 피한다.

② 특수한 균 제거 세퍼레이터(박토휴지, bactofuge)를 사용한다(대규모 유가공 공장에서만). 그렇게 해서 90～99%의 포자가 제거된다.

③ 세균발육 억제제를 사용한다. *Clostridium tyrobutyricum*을 막기 위해 흔히 사용하는 억제물질은 질산염과 Lysozyme이다. 질산염을 쓰는 것은 건강상의 이유로 권할 수 없다.

■ **Lysozyme**: 리소자임(lysozyme)은 동물이나 식물에서 나타나는 효소이다. *Clostridium*의 세포벽을 공격하여 이 균을 파괴한다. 100 ℓ 밀크에 10～15 mℓ을 첨가하면 포자수가 그리 많지 않다면 후기 팽화를 충분히 막을 수 있다.

3) 양념과 향신료(통 털어서 향신료라고 한다-역주)

향신료는 품목 구색을 갖추기 위해 많이 쓰여진다. 순수치즈(Rohkaese)에서 향신료를 치즈덩이에 첨가함으로써 여러 가지 제품들을 만들 수 있다. 향신료 신선치즈에는 향신료 혼합물을 소금과 함께 완성된 mass에 넣어 균일한 mass로 만든다. 다른 치즈 종류에서는 몰드에 넣을 때 향신료를 넣기도 한다. 향신료 치즈는 치즈 본래의 맛을 완전히 덮어씌우지 않으면서 치즈에 산선하고 기분 좋은 색깔과 뚜렷한 향신료 맛의 분위기를 준다.

대부분의 경우 말린 향신료를 넣는다. 이들은 밀폐 용기에 넣어 차고 건조한 곳에서 보관되어야 한다. 그리고 무결점의 미생물적인 상태를 가져야 한다. 작은 치즈공방에서는 자주 신선한 향신료를 사용하기도 한다. 향신료 맛은 강하나 치즈 보존기간은 매우 짧다. 향신료는 사용 전에 잘 세척하여야 하고, 경우에 따라서는 끓는 물에 담가 내야 한다.

흥미로운 대안으로 찌기만 한 고도 냉동한 신선 향신료가 있다. 매우 향기롭고 기분 좋은 조직을 가진다(향신료를 넣을 때 동결건조한 것을 사용량에 맞게 스타터 접종할 시점에 물을 타서 끓인다. 뚜껑을 닫은 채 그대로 두었다가 몰드에 담기 전 커드에 섞는다. 통후추를 넣을 때는 하루 전에 불려서 사용한다-역주).

3. 밀크 응고시키기

카제인 마이셀 구조의 변화로 밀크가 액체 상태에서 반고체 상태로 변한다. 밀크의 산성화 또는 렌넷의 영향으로 카제인 마이셀은 안정성을 잃는다. 현장에서는 두 가지의 응고방법이 사용된다. 원하는 치즈 종류에 따라 렌넷응고 내지 산(酸)응고를 적절한 기술적인 수단을 통해 도와주어야 한다.

3.1 산(酸)응고

스타터 컬쳐를 투입하여 밀크가 산성화하는 과정에서 유당에서 유산이 생성된다. pH 5.2에서 밀크에 눈에 보이는 응고가 일어난다. pH 4.6에서 커드가 최고의 단단함을 가진다. 카제인에 묶여 있던 칼슘은 분리되어 유청으로 빠진다.

산성화된 묵(gel)의 성질은:

① 매우 부서지기 쉽다. 묵(gel)은 서로 간에 아무런 굳은 화학적인 결속을 지니고 있지 않은 축적된 카제인 마이셀 잔여물로 구성되어 있다. 너무 강한 기계적인 취급은 묵을 파괴한다.

② 산응고로 만든 치즈는 칼슘이 매우 적다. 칼슘이 유산과 결합하여 가용성의 젖산칼슘으로 되고, 이것이 유청으로 빠진다.

③ 산응고 묵은 유청이 아주 잘 빠진다. 카제인 마이셀이 서로 붙지 않는다. 유청은 기계적인 영향이 없어도 묵으로부터 빠진다. 그러나 유청배출은 매우 오래 걸린다.

④ 산응고로는 작은 치즈만 만들 수 있다. 수분함량이 높고 매우 잘 부서진다.

⑤ 산응고 원리로 만드는 치즈는 특히 신선치즈이다.

3.2 렌넷응고

렌넷응고에서는 밀크를 응고시키기 위해 송아지의 위(胃)에서 나온 효소적 키모신을 사용한다. 응고는 두 단계로 이루어진다:

1) 효소적 단계

이 단계에서는 렌넷에 의해 유청으로 빠지는 수용성 펩타이드(peptide)인 glyco-macropeptide와 다른 카제인들과 새로 정렬하는 비수용성 펩타이드인 para κ-casein의 두 가지의 펩타이드로 κ-카제인을 분해한다. 이 효소적 분해는 온도와는 무관하다. 그러나 효소의 활력은 낮은 온도보다는 40℃ 근처에서 가장 왕성하다.

2) 응고단계

밀크의 눈에 보이는 응고가 일어난다. 불안정해진 카제인 마이셀은 칼슘이온으로 결합되어 구조물을 형성하는데, 그 안에 유청과 지방구가 갇혀져 있다. 칼슘이온이 증가하고 수축이 되면 유청배출이 일어나다. 또한 이 자발적인 유청배출을 시네레시스(syneresis)라 부른다(그림 5-4 참조).

밀크의 응고는 온도 10～40℃에서만 일어나고, 칼슘다리를 위해서 칼슘이 필요하

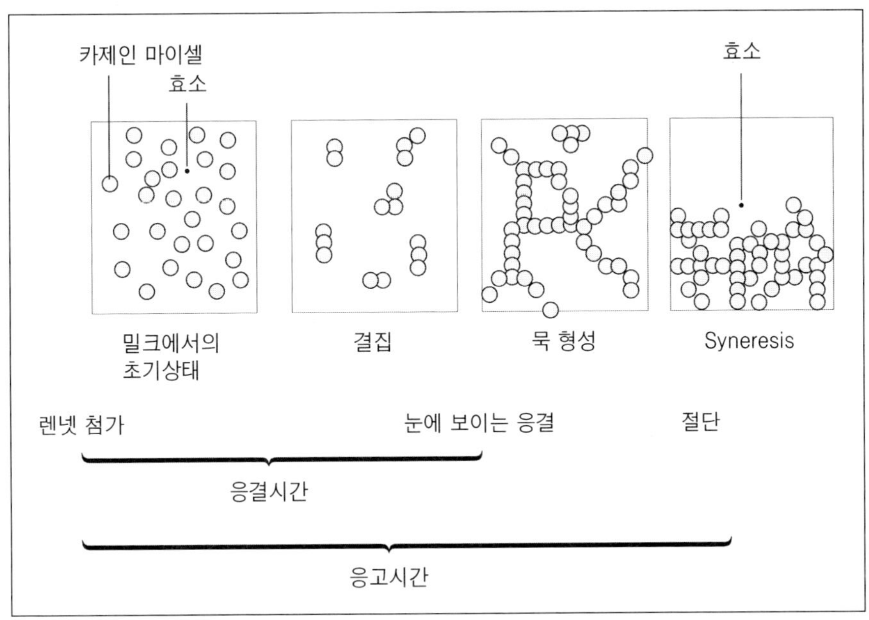

그림 5-4. 렌넷작용의 일차적, 이차적인 과정의 도표

상자 5-3. 렌넷 첨가방법

필요한 렌넷량을 따른 후 5~10배의 미지근한 또는 찬 물에 희석한다(경수는 안 됨-역주). 연고나 분말형태의 렌넷은 젓기와 흔들기를 통해 완전히 용해해야 한다. 이것을 밀크를 계속 교반하면서 섞는다. 밀크는 1분 더 계속 저어야 한다. 그런 다음 밀크를 정지 상태로 만들어야 한다. 그러기 위해서 밀크에 교반날개 또는 국자를 2~3분간 더 밀크에 둔다. 그런 다음 교반장치를 제거하거나 경우에 따라 절단장치를 부착한다.

표 5-8. 서로 다른 치즈 종류들의 렌넷 첨가조건

치 즈	렌넷 첨가량 (강도 1 : 15,000 ㎖)	pH	온도 (℃)	응결시간 (분 또는 시간)	응고시간 (분 또는 시간)
신선치즈	1~2	6.1~6.3	20~28	3~6시간	12~24시간
연질치즈	15~22	6.6~6.5	30~36	10~15분	50~90분
절단치즈(반경질)	20~24	6.5~6.65	33~38	10~15분	40~60분
절단 및 하드치즈	20~24	6.5~6.65	30~32	15~20분	30~50분

표 5-9. 렌넷응고의 변수

변 수	응결시간	묵 단단함	참고사항
더 높은 카제인 함량	단축됨	더 좋음	높은 카제인 함량시에는 커드가 유청을 적게 배출
더 높은 지방함량	약간 증가	더 나쁨	너무 높은 지방함량도 유청배출을 나쁘게 한다.
온도 높임 20~40℃ 범위 내	단축됨	더 좋음	렌넷 첨가시 온도 증가는 산성화를 촉진. 전체 치즈작업이 촉진
컬쳐 없이 냉각한 밀크의 예비숙성	약간 단축됨	더 좋음	
렌넷량 증가	단축됨	더 좋음	제한적으로만 가능하며, 치즈가 쓰게 될 수도 있다.
렌넷 첨가시 pH 수치 내림	단축됨	더 좋음	pH 6.1 이하에서 렌넷에 넣지 말 것 (신선치즈에서)
살균	약간 증가	더 나쁨	

다(효과적인 응고를 위해서 칼슘이 필요하다). 밀크가 약간 산성화된 상태이면 렌넷이 더 잘 작용한다.

렌넷 묵의 성질은:

① 밀크의 렌넷에 의한 응고는 산으로만 할 때보다는 훨씬 더 단단한 묵을 생성한다.

② 네트구조가 덜 다공질이고, 적은 양의 유청만 배출한다. 따라서 유청배출을 개선하기 위해 자르고 젓는 등의 기계적인 조작이 필요하다.

③ 치즈가 산(酸) 묵보다 더 많은 칼슘을 가지고 있다(최종 제품에서 1～2.5%).

④ 카제인 마이셀의 칼슘다리는 치즈에 보다 나은 응집력을 준다. 이 사실이 큰 크기의 치즈를 만들 수 있게 한다. 현장에서는 Gerinnungszeit(응결시간, 렌넷 첨가하고 난 후부터 눈에 응고가 보이는 시작할 때까지 시간)과 Dickungszeit(응고시간, 렌넷 첨가에서 자를 때까지 시간)을 따로따로 나눈다.

3.3 묵의 단단함의 평가

묵의 평가는 오랜 현장 경험을 필요로 한다. 커드 자르기의 절단과 몰드에 뜰 때의 정확한 시점이 치즈제조에서 핵심이다. 치즈의 품질은 거의 여기서 결정된다. 전문가는 먼저 눈으로 묵을 판정한다. 유청이 벌써 나오는지, 묵이 헤엄치는지, 또는 유청

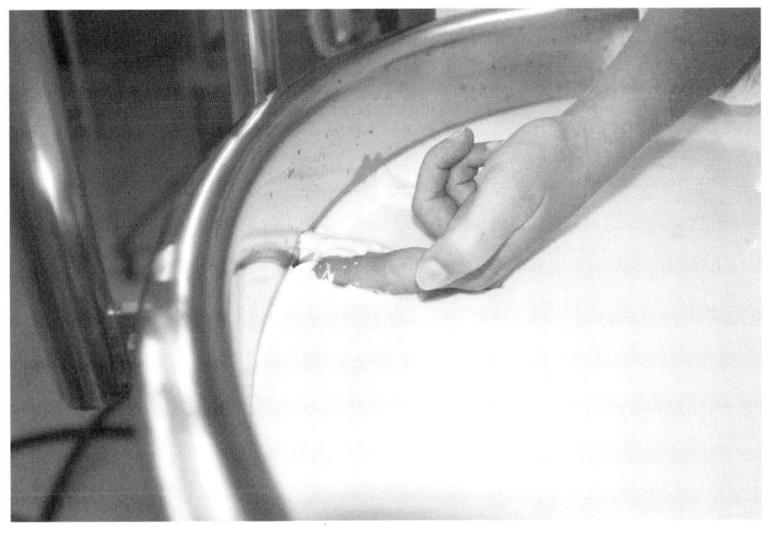

그림 5-5. 묵 핑거테스트

아래에 있는지, 묵이 치즈벳트 벽과 분리되었는지, 그리고 균일한지 또는 틈새가 없는지를 판정한다(그림 5-5 참조).

핑거테스트로 조직과 단단함을 검사한다. 그러기 위해 소독한 검지손가락으로 묵에 넣고 조심스럽게 들어올린다. 산성화된 묵은 즉시 갈라지고, 맑고 깨끗한 갈라짐을 만들고, 여기서 즉시 유청이 나온다. 렌넷 겔은 탄력적이고, 약간 위로 휘었다가 부서진다. 커드는 매끄러워야 하고, 손가락에 커드조각이 묻어나지 않아야 한다. 마지막으로 전문가는 묵의 적절한 산성화를 확신하기 위해 묵과 유청의 산도와 pH 수치를 측정한다.

1) 신선치즈의 묵

응고의 마지막에 맑고 연두색의 유청이 묵으로부터 나오고 표면에 고인다. 묵은 치즈솥 벽에서 분리가 되고, 갈라짐이 몇 개 생길 수 있다. 산성화가 잘 이루어졌으면 묵이 유청 아래에 있다. 묵에서 빠지는 싱싱한 유청의 pH 수치는 뜨기 전에 4.6 이하(SH 25° 이하)여야 한다.

2) 렌넷치즈의 묵

묵은 균일해야 하고, 갈라짐이 전혀 없어야 한다. 소프트치즈의 묵은 단단해야 하고, 핑거테스트 시에는 매끄럽고 칼로 자른 것 같은 갈라짐이 생성되어야 하는데, 여기서 유청이 빠져 나온다. 묵은 치즈솥 벽에서 분리될 수도 있다. 절단과 하드치즈에서는 묵이 덜 단단하지만 탄력적이다. 치즈솥 벽에 살짝 붙어 있다. 손가락 등으로 가장자리를 누르면 묵이 처음에는 밀리지만 매끄럽게 치즈벳트 벽에서 분리가 된다.

4. 커드작업

응고가 끝나면 치즈 mass와 유청이 분리가 된다. 렌넷묵은 크기에 맞게 입방체로 자른다. 신선치즈 묵은 자르지 않고도 바로 몰드에 채울 수 있다.

신선치즈에서의 유청의 분리

산 응고 후에 커드를 거의 또는 전혀 자르지 않고 또 커드 작업 없이, 가능한 한 치즈조각을 유청에 잃지 않고 조심스럽게 몰드에 담는다. 묵을 30분 전에 치즈칼로 20 cm 크기의 입방체로 잘라 놓으면 몰드작업이 용이해진다. 유청의 대부분이 커드에서 빠져 커드가 더 단단해지고 더 빠르게 채울 수 있게 된다. 유산균의 산성화에

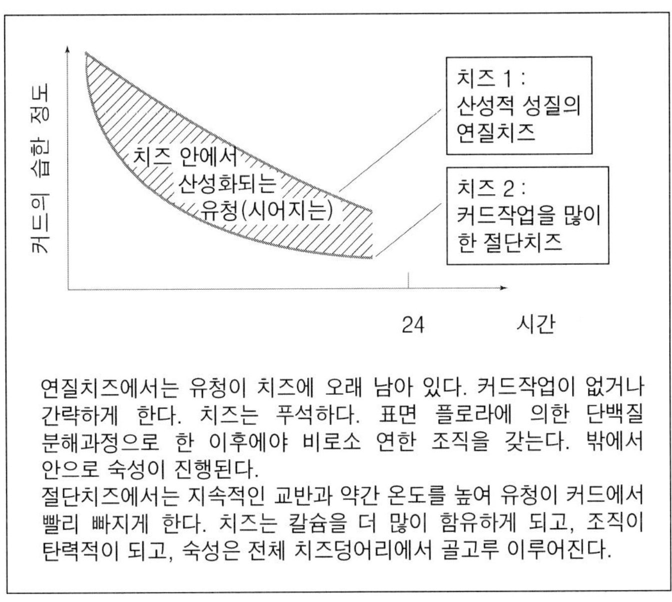

그림 5-6. 커드작업이 유청 배출에 미치는 영향

표 5-10. 여러 치즈 종류들의 커드작업

치 즈	응고시간	커드크기(mm)	교 반	커드 수세	후가온(℃)
신선치즈	12～24시간	자르지 않거나 200 mm	-	-	-
연질치즈	45～90분	10～30 mm	3～4회	-	-
반경질 절단치즈	40～60분	5～15 mm	15～20분	대부분	36～37℃까지
절단치즈	35～50분	3～5 mm	지속적으로	약 30% 유청 빼고, 10～20% 물 주입	38～40℃까지
경질치즈	25～40분	2～3 mm	지속적으로	-	42～52℃

의해 지원을 받은 유청배출은 최저 20℃의 온도를 필요로 한다. 배출이 보통 15～24시간이 걸린다. 카제인에 결합된 칼슘염이 산성화를 통해 분리되어 유청으로 빠진다.

렌넷응고 후 유청의 분리

렌넷을 넣고 절단한 후 치즈의 특성이 결정되어진다. 이 작업들이 치즈의 구조 특성에 어떻게 영향 미치는가를 보여주기 위해 밀크의 응고와 그 후의 커드 다루기의 4가지 사례로 들어보자.

① **소프트치즈**(mesophil) : 산성화된 밀크(pH 4.6)로 만든 단단한 묵. 응고시간 55~70분, 온도 30~32℃, 예 : 카망베르 같은 소프트치즈의 제조. 여기에서는 산성화가 유청배출의 가장 중요한 변수이다. 묵을 길이 1~2 cm가 되도록 입방형으로 자른다. 커드는 매우 조금만 작업해야 한다(2~3번 정도만 교반). 산성화가 진행됨에 따라 커드가 다공질의 조직을 가진다. 이렇게 되면 몰드에서의 유청배출이 용이해진다. 유청이 오래 커드에 머무르고, 치즈는 칼슘을 적게 함유한다. 치즈는 깨지기 쉬운 조직을 가진다.

② **소프트치즈**(thermophil) : 약간만 산성화된 밀크(pH 6.5)로 만든 단단한 묵. 응고시간 50~60분, 온도 34~36℃, 예 : 마일드한 카망베르 혹은 BL처리하는 소프트치즈의 제조. ①과 같이 자르나 교반은 더 많이 한다. 따라서 유청이 더 빠르게 커드로부터 나온다. 몰드에 채울 때 생치즈(raw cheese)는 유당을 적게 함유한다. 몰드에서 뺄 때 치즈의 pH는 ①보다 약간 높으며, 이것이 BL의 성장을 촉진한다. 치즈의 조직은 ①의 경우보다 더 단단하고, 칼슘을 더 많이 함유한다.

③ **절단치즈** : 절단치즈의 제조를 위해서 조금만 산성화된 밀크(pH 6.55~6.60)로 만든 묵. 응고시간 45~50분, 온도 30~32℃, 여기에서 묵은 ①과 ②의 경우보다 일찍 자른다. 커드알갱이의 한 면 길이는 0.3~0.5 cm. 단맛의 유청은 제거되고, 따라서 치즈의 산성화가 정지된다. 커드는 빠르게 단단해지고, 유청을 더 이상 배출시키는 것은 더 어려워진다. 커드를 지속적으로 저어야 한다, 경우에 따라서는 물로 씻고, 열처리를 하여야 한다. 치즈는 ①의 경우보다 칼슘을 더 많이 함유하고, 조직은 ①과 ②의 경우보다 더 단단하고 탄력적이다.

④ **하드치즈** : 거의 산성화되지 않은 밀크(pH 6.6~6.65)로 만든 묵. 응고시간 30~40분, 하드치즈의 제조. 여기에서는 약한 산성화 때문에 커드를 아주 일찍 그리고 매우 잘게 썰기 때문에 렌넷의 영향이 압도적이다. 교반, 후가온(열처리, brennen), 치즈프레스 등이 유청을 제거하기 위해 필수적이다.

각 치즈 종류의 특성은 그 치즈의 칼슘함량에 따라 결정된다. 신선치즈 혹은 전통적인 카망베르는 치즈 건물량에서 0.2%보다 적은 칼슘함량을 가진다. 이 경우에는 산(酸) 응고의 성격이 지배적이다. 에멘탈러 또는 그라이에르쩌는 건물량에서 약 1.6%의 칼슘을 가지고 있다. 여기에서는 렌넷 응고의 성격이 지배적이다. 치즈의 칼슒함량은 응고종류 뿐만 아니라 커드작업에 따라 다르다. 교반하고 열처리한 커드보다 커드작업이 전혀 없는 수분이 많은 커드에서 산성화는 훨씬 더 빠르게 진행된다.

4.1 절단(제3장 3.6 교반과 절단장치 참조)

절단은 묵의 빈공간과 구멍에 자리 잡고 있는 유청의 배출을 가능하게 한다. 커드의 자유로운 표면 면적(즉 알갱이가 작을수록 전체 표면적은 커짐-역주)이 클수록 그리고 커드 속 내부로부터 빠져나오는 거리가 짧을수록 커드의 수축(syneresis)과 유청 배출이 더 강해진다. 잘게 썰수록 커드와 완성된 치즈는 더욱더 드라이하게 된다.

중요한 것은 절단시작의 정확한 시점을 아는 것이다. 커드알갱이는 일정한 크기를 가져야 하고, 최대한 5~7분 이내에 최종 크기에 도달하여야 한다. 너무 빨리 자르면 치즈먼지(독일어로 Kaesestaub, 영어로 fines)가 형성된다. 너무 천천히 자르면 커드알갱이의 건조 상태가 들쑥날쑥하게 된다. 이렇게 되면 제대로 커드끼리 결합할 수 없게 된다. 따라서 치즈 안에 커드구멍이 생긴다. 절단 및 하드치즈에서는 연약한 묵을 아주 조심스럽게 다루어야 한다.

4.2 커드-유청-혼합물의 교반

교반의 목적은 커드가 서로 결합하는 것을 막는 것이다. 동시에 교반은 syneresis를 촉진한다. 특히 초기단계에 너무 세게 젓는 것은 커드 코너의 마모를 초래하고, 커드알갱이를 쪼갠다(치즈먼지).

4.3 커드의 수세

수세는 주로 절단치즈에 적용된다. 먼저 유청의 일부분을 제거하고(밀크량의 10~30%), 30℃의 온수를 대신 넣는다(10~30%). 물을 넣음으로 해서 산도가 SH 4.5°~5.3°에서 SH 3.3°~4.3°으로 떨어진다. 커드와 희석된 유청 사이의 삼투압 차이로 인해 유산, 유당, 무기질 함유량이 감소하며, 유산균발효가 정지된다. 따라서 몰드에서 뺄 때 pH를 5.2~5.4로 맞출 수 있게 된다.

커드를 씻음으로써 치즈의 조직은 부드러워지고, 맛은 더 마일드하게 된다. 세척수는 커드-유청-혼합물을 가열하는 일도 할 수 있다. 여기에서 뜨거운 물(60~70℃)을 15~20분 안에 커드가 열 쇼크를 받지 않을 정도로 매우 천천히 첨가한다. 너무 빠른 열처리는 커드 표면을 건조하게 하여 커드알갱이 외피 주위에 껍질을 만드는데, 이렇게 되면 유청 배출이 방해를 받는다. 물의 첨가는 자른 후 늦어도 15분 안에 이루어져야 원하는 효과를 얻을 수 있다.

그림 5-7. 치즈벳트에서 커드자르기

4.4 커드의 후가온처리

커드-유청-혼합물을 치즈벳트 벽을 데우는 식의 간접적인 가열과 온수나 데운 유청을 천천히 첨가하는 방식으로 가온한다. 열처리는 syneresis의 촉진을 위한 것인데, 주로 하드나 절단치즈에 적용한다. 절단치즈에서는 37～39℃로 데워진다.

더 높은 온도에서는 중온성 유산균들이 비활성화된다. 하드치즈는 42～52℃로 열처리 한다. 'cooking'(또는 독일어로 brennen)이라는 말을 쓰기도 한다. 부가적으로 고온성 유산균을 돕는 미생물의 선별이 이루어진다(흔히 selection이라 하는데, 각 치즈의 고유한 조직과 맛이 여기서 결정된다. 살균, 염지할 때도 이 선별이 일어난다-역주).

4.5 커드의 채움(제3장 3.7 참조)

커드를 몰드에 넣음으로써 유청이 커드로 분리되는 일이 정식으로 일어난다. 치즈는 실내 온도로 급속히 식고, 산성화가 정지된다. 커드의 조직과 유청 배출 용이성에 따라 치즈로부터 유청이 많거나 적게 분리되어 나온다.

1) 산성화된 커드의 채움(신선치즈)

묵은 채우기 전에 최소한 pH 4.6에 도달하여야 한다. 몰드에 바로 하거나 또는 유청의 대부분을 제거하기 위해 치즈포에 담아야 한다. 후자의 경우 2～4시간 후에 비로소 몰드에 채운다. 몰드에 바로 채우는 것이 가장 손상 없이 채우는 방법이다. 이러한 민감한 작업을 큰 치즈공장에서도 아직 대부분 손으로 하고 있다. 몰드 위에다 분배틀을 놓고 커드를 깨지지 않게 하면서 손삽으로 떠 담는다(그림 5-8). 각각의 몰드에 작은 국자를 사용하여 담을 수도 있다. 이런 방식으로 신선치즈는 매우 섬세하고 크림 같은 조직을 가지게 된다. 그러나 치즈 무게는 조절하기 어렵다. 균일한 무게를 원한다면 걸름포를 사용해야 한다. 치즈가 그렇게 입에서 감치고 크림 같지 않지만, 치즈를 개당으로 팔 때에는 이 방식을 고려할 만하다.

2) 렌넷치즈의 채움

채우기 전에 커드가 각각의 치즈 종류에 합당한 조직을 가지고 있는지 검사해야 한다:

① 카망베르, 림부르거: 상대적으로 안정적이고 푸딩 같은 빛이 나는 입방체이다. 속은 아직 촉촉하고, 서로 결합해서는 안 되는 커드로서 유청의 pH는 6.15~6.35이다.

② 버터치즈: 호두 크기의 입방체로서 광택이 없고, 표면은 탄력적이고 치밀하다. 약간 누르면 커드는 부서지며, 유청의 pH는 6.4~6.5이다.

③ 절단 내지 하드치즈: 커드알갱이를 손에 쥐고 손가락으로 약간 누르면 맑은 유청이 나와야 하고, 콤팩트하고 서로 잘 붙는 커드 덩어리가 형성되어야 한다.

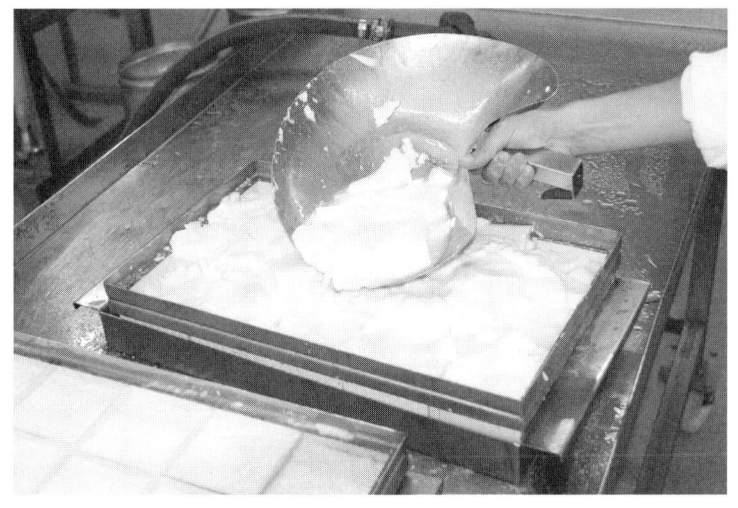

그림 5-8. 신선치즈 채우기

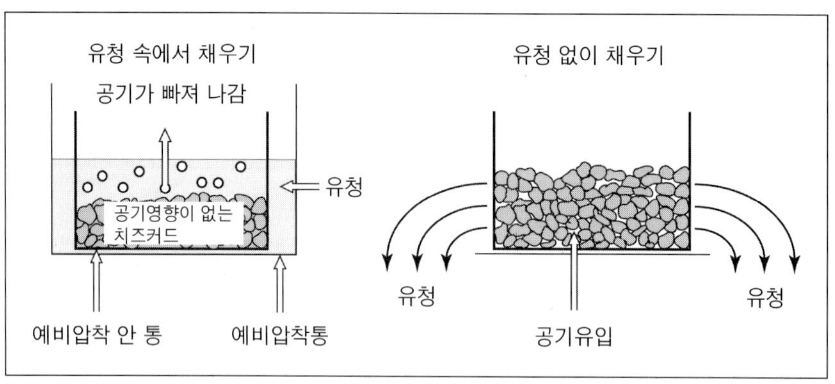

그림 5-9. 치즈구멍에 미치는 몰드 작업영향

커드가 드라이 할수록 커드 덩어리에 손가락 누른 자국이 희미하다. 이 커드 덩어리를 손가락으로 비볐을 때 커드알갱이로 되돌아가야 한다. 커드 덩어리는 미끌거려서는 안 되며, 유청의 pH는 6.35~6.50이다.

커드-유청-혼합물의 채우는 방식이 치즈구멍 생성에 영향을 미친다:

① 커드구멍이 많음(채판으로 채우거나 커드의 예비 유청배출. 예로 틸지터, 로크포르) (여기서 채판이라 함은 타공한 판 위을 거쳐 이 혼합물을 몰드로 붓는 것을 말함-역주)

② 커드구멍이 적음(몰드에 호수나 손삽을 이용하여 바로 몰드에 담는다. 예로 소프트치즈, 반경질 절단치즈)

③ 커드구멍이 없음(유청 속에서 개별로 채우거나 또는 예비압착을 한다. 예로 가우다, 베르크치즈)

■ **채판이나 커드의 선유청 배출 후의 채움**: 커드를 몰드에 넣기 전에 유청을 가능한 제거한다. 틸지터 타입의 치즈는 예로 채판을 통해 몰드에 채운다. 유청은 타공된 채판 위를 거치면서 빠져 나온다. 블루치즈에서는 예로 커드를 작업대의 거름천에 국자로 떠서 놓고, 그런 다음 몰드에 부수어 담는다.

■ **호스나 국자를 이용, 몰드에 바로 채우기**: 30%의 유청을 뺀 다음 남은 커드-유청-혼합물을 바로 몰드로 가져온다. 소프트치즈 커드는 아직 촉촉하고 깨지기 쉽다. 숙성된 치즈의 높이 3~4배로 하여 채운다. 첫 반전에 제거하는 덧씌움 판이 있으면 높이가 낮은 몰드를 쓸 수 있게 되는데, 이러면 반전이 더욱 쉽다.

누르지 않는 절단치즈에서는 커드를 낙차를 이용하거나 굵은 호스를 부착한 펌프를 사용하여 몰드에 가져온다. 많은 구멍을 원한다면 커드-유청-혼합물을 채를 통하게 하여 채우기 전에 유청을 뺀다. 채우는 과정에 많은 공기가 커드에 들어가 커드구멍에 남아있게 된다. 치즈는 채운 다음에 즉시 돌려주어야 한다.

3) 유청 속에서 채우기

몰드에 바로 채우면 어쩔 수 없이 공기도 같이 끌고 간다. 이렇게 하여 압착하는 절단치즈에서는 바람직하지 않은 커드구멍이 생긴다. 여기에서는 커드를 개별 포(布)로 떠서(개별 들어올림) 손으로 약간 눌러 포와 함께 몰드에 넣는다. 아니면 유청 안에서 예비압착한다(전체 들어올림 / 예비압착). 다음으로 15~20분 지나서 유청을 펌핑한다. 유청 밑에 남은 이미 굳은 '커드케익'을 나누어서 몰드에 담고 계속 압착한다(그림 5-10 참조).

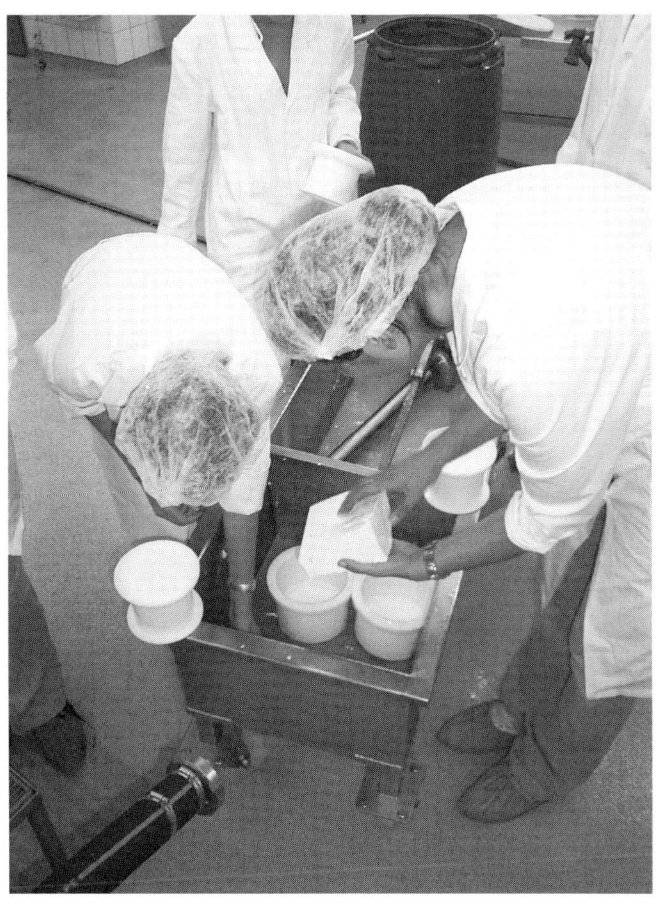

그림 5-10. 예비압착한 커드케익을 잘라 몰드에 채우기

4.6 유청빼기, 반전, 압착(제3장 3.8, 3.9 참조)

1) 유청빼기

유청이 배출되는 동안 치즈는 유청을 계속 잃고 바람직한 pH에 도달할 수 있도록 산성화되며, 실내 온도로 식는다. 유청 배출은 치즈의 산성화와 응고에 달려 있다. 치즈가 집중적인 커드작업으로 충분히 산성화되지 않으면서 단단하고 드라이하다면 유청을 조금만 배출한다. 산성화가 카제인 구조를 느슨하게 하여 다시금 유청을 배출하게 만든다. 따라서 산성화와 커드작업 내지 배출이 동시에 일어나야 한다는 점은 매우 중요하다.

치즈의 온도가 가장 중요하다. 높은 실내온도(23~25℃)에서 산성화와 유청 배출이 촉진된다. 20℃ 이하가 되면 산성화와 유청 배출이 지장을 많이 받는다. 유청의 배출 동안 많은 양의 유청을 잃어야 하고, 상대적으로 많이 산성화되어야 하는(pH 4.8까지) 소프트치즈에서는 원하는 pH에 도달할 때까지 배출공간의 온도가 무조건 20℃ 이상이 되어야 한다. 배출시간은 8~20시간이다. 절단치즈에서 공간온도는 20~22℃이며, 시간은 8~15시간이다. 버터치즈는 예외적이다. 배출은 40℃에서 3~4시간 지속한다. 일반적으로 공간온도를 높이면 배출시간도 줄어든다.

만일 원하는 pH에 이미 일찍 도달하였고, 치즈가 아직 촉촉하면 염지하기 전에 공간온도를 제때 20℃ 이하로 내리고, 또는 치즈를 더 찬 곳에 둔다(예로 숙성실). 작은 치즈는 큰 치즈보다 더 빠르게 식고, 스테인리스 몰드는 플라스틱 몰드보다 치즈의 온기를 더 빠르게 전달한다. 몰드를 채우기 전에 뜨거운 물을 뿌리는 것은 위생적인 고려도 있지만, 치즈가 너무 빨리 식지 않도록 하는 목적도 있다. 만일 치즈를 채반을 이용하여 아래위로 쌓는 경우(소프트치즈), 쌓인 채반 내부와 가장자리 쪽의 온도가 균일해야 하는 것을 주의해야 한다. 온도 차이가 많은 경우가 있는데, 그러면 최종제품에서 치즈의 pH와 건물값이 제각각이 된다.

배출단계에서 치즈는 이종감염에 매우 민감하다. 배출작업대 위에서 오픈되고, 보호되고 있지도 않다. 따라서 가능하다면 덮어야 한다. 높은 pH는 해로운 균이 증식하도록 한다. 대장균군(Coliform 박테리아) 그리고 존재할지도 모르는 병원성 세균들은 치즈가 제때 산성화되지 않으면 작업대에서 매우 빠르게 증식한다.

2) 반전

압착하지 않는 치즈는 배출과정에서 4~6번 돌려준다. 압착치즈에서는 프레스 시설과 몰드에 따라 1~4회 돌려준다. 반전은 치즈의 유청 배출을 촉진하고 치즈모양이 고르게 만들고, 매끄러운 표피를 갖게 한다. 그리고, 유청이 치즈 안에 고르게 퍼지게 한다. 압착하지 않는 치즈는 채움이 끝나면 즉시 돌려준다. 반전하는 시간 간격은 처음에는 치즈가 아직 유청을 많이 가지고 있으므로(0.5~1 h) 짧게 한다. 치즈가 드라이하게 되면 넓게 한다.

소프트치즈는 반전시 몰드에 붙는 경우가 흔하다. 비스듬하게 걸쳐 있게 되어 한쪽은 얇고, 다른 쪽은 매우 두껍게 된다. 따라서 반전 후에 모든 치즈가 제대로 바닥에 붙어 있나 확인해야 한다. 이런 문제가 너무 자주 일어나면 몰드 높이가 치즈크기에 비해 너무 높거나 몰드 표면이 무기질이나 석회석 퇴적으로 너무 거칠어졌을 수 있다. 이 때에는 몰드를 산으로 세척하여야 한다.

유청 배출을 확실히 하기 위해 작업대는 2%의 경사를 가져야 한다. 치즈가 유청에 잠겨서는 안 된다. 따라서 아랫부분이 밤 사이 물기가 없게 하기 위해 소프트치즈는 마지막 반전에서 경사가 더 있게 두어야 한다. 만일 반전간격이 너무 크고 혹은 배출판의 표면이 매우 거칠다면 치즈가 판에 잘 들러붙는다. 반전하기 전에 판 또는 경우에 따라서는 몰드에 잠시 뜨거운 물을 뿌리면 붙은 것을 뗄 수 있다.

3) 압착

모든 하드치즈, 흔히 절단 내지 반경질 절단치즈는 압착한다. 치즈는 다음과 같은 이유에서 압착한다. (※ 소금에서 분리물질 사용은 대부분의 유기농 치즈에서 금지)

① 유청의 지속적인 배출
② 커드알갱이가 뭉치는 것을 촉진
③ 치즈모양의 최적화
④ 껍질형성의 개선

■ **예비압착**: 많은 치즈에서, 특히 하드치즈 또는 절단치즈(가우나 또는 베르크치즈)에서 예비압착을 한다. 이 때 커드를 0.04~0.08 bar(이는 특정 프레스압에서 40~80 g/cm^{3}에 해당)로 15~20분 눌러 서로 뭉치게 한다.

■ **개별 몰드에서 압착**: 예비압착 치즈를 크기에 맞게 나누고 각기 몰드에 넣는다. 절단치즈에서 압력은 0.1~0.2 bar(특정 프레스압에서 100~200 g/cm^{3}에 해당)에서 45분 동안(에다머)에서 4시간(가우다), 그리고 하드치즈에서는 0.3~0.6 bar 20시간 동안 한다. 위에 표시한 압력은 치즈 표면에 미치는 수치이다. 프레스의 마노메터기에 나타나는 압력은 프레스 실린더에서 측정한 것이다. 절단치즈에서는 2~5 bar 사이에, 하드치즈는 3~10 bar 사이이다. 만일 치즈를 위아래로 포갠다면 치즈무게를 프레스압으로 같이 계산해야 한다. 따라서 압력이 치즈에 고르게 미치게 하기 위해

여러 번 위아래 위치를 바꾸어 주어야 한다.

프레스 과정은 처음에는 낮은 압력으로 시작해서 점진적으로 높여 주는 방식으로 진행되도록 해야 한다. 초기의 너무 높은 압력은 주로 외피에서만 수분이 빠지게 하여 그 자리가 닫혀져서 더 이상 유청 배출이 되지 않는다. 프레스와 동시에 산성화가 진행되기 위해 치즈 내지 공간의 온도가 매우 중요하다. 반경질의 절단치즈들에서는 작은 무게(1～3 kg)를 치즈 각각에 올려놓는 방법으로 가볍게 누를 수 있다.

5. 염 지(제4장 2.2 참조)

5.1 소금이 치즈에 미치는 영향

치즈의 염지는 치즈숙성을 준비한다. 소금은 숙성된 치즈의 필수적인 부재료인데, 이것은 공시하지 않아도 된다. 신선치즈에서는 조미료로써 섞기 때문에 추가 재료로 공시하여야 한다. 소금함량은 치즈마다 매우 다르다. 대부분의 치즈에서 치즈덩이의 소금함량은 1.8에서 2.5% 사이에 있다. 하드치즈는 보통 낮은 소금함량(1～2%), 블루치즈는 훨씬 더 짜고(3～5%), 훼타치즈는 소금물에 담구어져 보관하는데 7에서 10%의 소금을 함유한다.

소금은 치즈에 다음과 같은 영향을 나타낸다.

① 맛을 부여: 소금은 숙성에서 생성된 물질의 맛을 강화한다.

② 유청 배출을 촉진: 소금흡수는 유청 배출을 촉진한다. 치즈는 염지하는 동안 무게의 2～4%를 잃는다.

③ 치즈의 외피 형성 및 보존: 건염지되면 치즈는 더 단단해지고, 더 뚜렷한 외피를 가지게 된다.

④ 미생물의 선별: 소금은 치즈를 보존하는 영향을 가진다(Feta). 대부분의 경우 치즈의 미생물에 대해 선별적 효과를 가진다.

소금에 민감한 것으로,

① 밀크곰팡이(*Geotrichum candidum*)

② 여러 종류의 유산균, 산성화가 염지로 중지된다.

③ 프로피온균

소금 내성이 있는 것으로,

① 효모: 경우에 따라서는 염지통에서도 증식한다.

② BL컬쳐(*Brevibacterium linens*) : 소금물을 칠하면 BL성장을 촉진한다.

③ 슈도모나스(*Pseudomonas*) : 염지통을 감염시켜 치즈에 쓴맛을 야기시킬 수 있다. 소금은 치즈의 자유수(free water, 미생물 증식에 가용한 수분-역주)를 결합한다. 치즈의 미생물 성장뿐 아니라 미생물-화학적인 숙성과정도 자유수의 감소로 인해 중지된다.

5.2 염지하는 여러 방법들

1) 건염지

염소젖으로 만든 신선치즈와 오랜 응고시간을 가진 소프트치즈는 채를 사용하거나 소금기계를 사용하여 대부분 건염지를 한다. 100 g 신선치즈를 염지하기 위해 약 1.5~2.5 g의 질 좋은 식염이 필요하다. 손을 이용하여 염지한다. 몰드에서 빼기 전에 한 면에 소금을 뿌린다. 흔히 유청을 배출하는 동안에 하기도 한다. 소금이 완전히 녹으면 치즈를 돌려준다. 몰드에서 뺀 다음 다른 면에 소금을 뿌린다. 숙성하는 치즈는 모서리에도 소금을 뿌리는 것이 좋다. 왜냐하면 미생물 성장은 표면의 소금함량에 달려 있기 때문이다.

소금을 뿌린 모서리에는 상부나 하부와는 다른 마이크로 플로라가 생성된다. 손으로 골고루 소금을 뿌리는 것은 실제로 매우 어렵다. 맛의 변화는 도외시 하더라도 고르지 않는 염지는 치즈숙성에 있어 문제를 야기한다.

소금을 치즈 mass에 섞을 수 있다. 향신료 신선치즈 제조에서는 소금을 향신료와 함께 유청을 뺀 치즈 mass에 섞고 반죽하면 된다. 이 경우 빠지는 유청으로 인한 소금의 손실은 없는데, 유청이 다시 치즈에 섞여 버리기 때문이다. 100 g 치즈에 소금 첨가는 0.5~1 g 정도이다.

절단 내지 하드치즈의 경우 미세한 그리고 거친 소금의 혼합을 두 과정으로 역시 문지른다. 1 kg 치즈에 60~90 g의 소금이 든다. 치즈모양이 찌그러지지 않게 처음 염지는 몰드에서 이루어진다. 건염지의 경우 소금 소모도 더 많고, 소금함량도 심히 고르지 않지만 규칙적으로 치즈를 만들지 않는 작은 공방에서 흔히 이 방법을 쓴다. 도구가 필요 없고, 공간을 절약하며, 소금용액을 만들고 보살필 필요가 없다.

※ 역주 : 체다치즈에서는 커드에 소금을 넣는데, 이런 치즈는 독일 농가에서 만드는 곳이 없기 때문에 여기에서 언급이 되지 않았다. 커드에 소금을 넣으면 숙성이 빨리 진행되고, 아로마 형성이 강하다. 틸지터, 에멘탈러에서도(커드에) 소금을 소량 넣으면 좋다는 연구도 있다.

2) 소금액에서의 염지(소금통)

소금통은 다음과 같은 이유에서 사용된다.

① 소금함량이 고르며, 조절하기가 용이하다.
② 작업비용의 감소
③ 더 적은 소금 소모
④ 치즈모양의 변형이 없음

표 5-11. % 식염에서 염지액 농도, 보메 수치, 밀도 그리고 100 ℓ 용액에서 물 소금비중

% 식염	15°에서 보메	20°에서 밀도 g/cm^3	100 ℓ 염지액 kg 소금	kg 물
15	14.5	1.11	16.65	94.35
16	15.4	1.118	17.9	93.9
17	16.3	1.126	19.15	93.2
18	17.2	1.133	20.4	93
19	18.1	1.14	21.7	92.34
20	19	1.15	23	92
21	19.8	1.159	24.3	91.56
22	20.7	1.167	25.7	91
23	21.5	1.173	27	90
24	22.5	1.183	28.5	89.5
25	23.3	1.192	29.8	89.4
26	24.2	1.20	31.2	88.8

상자 5-4. 소금물 새로 만들기

소금액은 염지하려는 치즈와 같은 pH 수치를 가져야 한다. 칼슘함량도 역시 배출 유청의 함량과 동일하여야 한다. 100 ℓ 염지액을 만들기 위해 10∼15 ℓ 끓인 세밀한 망으로 거른 유청에 나머지 용량의 물을 탄다. 치즈 종류에 따라 4.9∼5.4로 젖산을 첨가하여 pH를 맞춘다. 원하는 소금농도에 따라 소금을 넣는다. 소금이 첨가물(알갱이가 붙지 않고 잘 흐르게 하는 물질, parting compound -역주)을 함유할 수 있는데, 이것이 염지액의 pH 수치를 변화시킬 수 있다. pH의 미세조정이 다시금 필요하다. 소금농도는 밀도로 측정하는데, 보메 눈금이 표시된 방추를 이용한다.

상자 5-5. 염지액의 점검과 취급

① 온도: 온도 10~15℃에서 염지한다.

② pH 수치: 안정적이고 치즈 pH와 같아야 한다. 염지액을 자주 사용하지 않는다면 효모가 젖산을 분해하고, 용액의 pH 수치가 높아진다. 염지액을 매일 사용한다면 pH가 약간 낮아진다. 왜냐하면 염지과정에서 유청이 용액에 계속 유입되기 때문이다.

③ 소금 집적: 소금을 계속 넣어서 소금농도를 항상 맞춘다. 유청이 유입됨에 따라 집적도 달라진다. 보메 수치는 같지만 새 용액보다 많은 유청이 포함된 오랜 용액이 낮은 소금농도를 보여준다.

④ 미생물학적 상태: 바람직하지 않은 미생물의 유입을 막기 위해 용액을 1년에 1~2회(많이 사용하면 더 자주) 75~85℃로 가열한다.

⑤ 유기질 물질의 용액 부하: 치즈는 염지통에서 미세한 단백질 조각을 잃는데, 시간이 경과하면서 지방, 미생물(주로 효모), 결정화한 소금으로 구성된 막이 덮인다. 따라서 용액을 규칙적으로 거르고, 부분적으로 아니면 모두 갱신하여야 한다.

표 5-12. 치즈 종류에 따른 염지시간과 용액의 염지조건

종 류	치즈무게	염지시간	소금농도 (보메)	염지액의 pH	온 도 (℃)
카망베르	125~150 g	70~80 min	16~17°	4.8~5.0	12~14
로마두르	125 g	105 min	16°	4.8~5.0	12
카망베르	250~270 g	70 min	24	4.7~4.8	14
브리	1,000 g	4~6 h	17~18°	4.7~4.8	12
절단치즈(무압착)	1,800 g	30 h	16	5.2~5.4	13~16
가우다	400 g	240 min	16°	5.4	12~14
가우다	1,000 g	20 h	17°	5.2~5.4	14

소프트치즈는 보통 16~22%, 절단치즈는 18~22%, 하드치즈는 포화상태의(20~24%) 소금용액에서 염지된다.

소금흡수는 다음 요소들에 달려 있다.

① 염지시간: 125 g 카망베르는 17° 보메 소금물에 1시간 정도 필요하고, 2 kg 가우다는 같은 용액에 36시간이 필요하다.

② 소금액 농도: 소금농도가 높으면 소금 흡수를 촉진한다. 치즈의 유청 배출도 그

와 마찬가지로 강화된다. 치즈는 가장자리에서 드라이하게 된다.

③ 소금물 온도: 소금통은 10~15℃ 사이로 맞추는데 흔히 20℃까지 맞춘다. 하드치즈는 8~15℃, 소프트치즈는 14~18℃로 맞춘다.

④ 소금흡수는 10℃보다 18℃에서 더 빠르다. 다른 한편으로 소금물을 18~20℃로 유지하면 미생물적 부하는 항상 더 높다. 그 결과 염지액이 빨리 못쓰게 되고, pH 수치도 달라진다.

⑤ 용액의 순환: 염지액이 항상 움직이는 상태이면 소금흡수가 더 빠르다.

⑥ 염지액의 칼슘함량: 칼슘이 적은 새 용액에서는 치즈가 소금을 더 많이 흡수하고, 바깥 면은 부드럽고, 흔히 미끄럽다.

⑦ 치즈표면과 부피와의 관계

⑧ 치즈의 구조와 구성: 소금침투는 낮은 건물(乾物)에서 더 빠르다. 같은 건물에서도 지방함량이 높은 치즈가 더 빠르게 염지된다.

6. 표면의 건조

실제 숙성이 시작되기 전에 표면 미생물의 이상적인 성장을 가능하게 하기 위해 표면이 건조되어야 한다. 표면의 건조는 특히 소프트치즈에서 중요하다. 카망베르는 건조와 숙성에서 무게의 6~8%를 잃는데, 그 중의 반이 처음 2일간에 일어난다. 치즈에서 눈에 보이는 유청 배출이 있는 한 치즈에 표면 플로라가 달라붙을 수 없다. 건조효과의 강도는 치즈제조 시의 유청 배출과 관계가 있다. 따라서 절단치즈는 염지 후 실내 온도에서 한두 시간 내에 말린다. 그리고 숙성실로 보낸다. 만일 치즈를 비닐포장 숙성한다면 5~7일, 15~16℃, 상대습도 85%에서 철저히 말려야 한다.

소프트치즈는 12~15℃, 70~80% 상대습도에서 통풍이 되는 공간에서 1~2일 말려야 한다. 건물에서 높은 지방함량을 가진 치즈는 지방이 없는 치즈보다 더 습기 흡수가 높다. 따라서 더 강하게 건조시켜야 한다.

치즈 주위에 형성된 습한 공기를 제거하기 위해 공기순환이 필요하다. 습한 공기를 빨아들이고, 건조한 공기를 불어넣어 주는 환풍기가 매우 도움이 된다. 건조가 모든 치즈에 고르게 일어나도록 주의하여야 한다(치즈의 규칙적인 상하 자리바꿈). 보통의 냉장창고는 치즈의 건조목적으로는 부적당하다. 왜냐하면 공기순환이 너무 강해 치즈가 표면이 심하게 말라 수분이 치즈 내부에 갇히기 때문이다.

7. 치즈숙성

유청을 배출한 다음, 제품을 만든 며칠 후 먹을 수 있는 신선치즈를 제외하고 치즈를 숙성시켜야 한다. 염지와 표면건조를 거친 후 치즈는 숙성실로 옮겨진다. 여기서 계속 보살펴지게 되는데, 숙성의 미생물-화학적 프로세스가 해당 치즈에 걸맞는 맛, 외양, 조직(texture)을 부여한다. 숙성은 치즈 구성분들의 효소적인 분해과정이다.

여기에 참여하는 효소들은 다음으로부터 기인한다.

① 렌넷
② 밀크 그 자체
③ 원유 플로라: 밀크를 살균하더라도 사멸한 박테리아의 효소가 치즈숙성에 영향을 줄 수 있다(긍정적 또는 부정적으로).
④ 첨가한 스타터 내지 숙성 컬쳐

7.1 숙성의 화학적 진행

1) 유당분해

응고, 커드작업, 유청 배출 동안에 유당은 유산균에 의해 분해되고, 유산이 형성되는데, 이상발효(heterofermentation)에서는 소량이지만 탄산가스, 에탄올, 초산이 생성된다. 유산은 칼슘과 결합하여 젖산칼슘(calcium lactate)이 된다. 유당은 절단 내지 하드치즈에서 숙성의 처음 며칠 내에 사라져 버린다. 카망베르에서는 유당이 없어질 때까지 20~30일이 소요된다.

이 젖산칼슘이 효모와 곰팡이의 주식(主食)이다. 표면에서 이들의 증식이 치즈를 탈산(脫酸)되게 한다(소프트치즈). 큰 구멍치즈늘에서는 이 젖산칼슘을 프로피온균들이 이용한다. 여기서 탄산가스(구멍 형성)와 프로피온산이 생성된다. 바람직하지 않는 미생물들, 즉 대장균, 포자 형성자 등도 역시 이 젖산을 발효시킨다.

대장균은 유청 배출 동안에 증식하여 가스를 생성하며, 염지하지 않은 치즈에 수없이 많은 작은 구멍들을 생성한다. 이를 "초기 팽화"라고 한다. 포자 형성자는 *Clostridium tyrobutyricum*인데, 숙성기간 약 3주가 지나면 가스(탄산가스, 수소)와 낙산을 생산한다.

2) 단백질 분해

카제인 분해는 치즈의 덩어리 상태를 결정짓는다. 그밖에도 치즈의 아로마와 맛을 결정한다. 그래서 peptide에서 유리 아미노산(free amino acid) 생성까지 단백질의 작은 아미노산 체인으로 효소분해 된다. 그밖에도 아민, 암모니아, 탄산가스가 생성된다. 숙성조건들에 따라 여러 가지 아로마 물질이 만들어지는데, 이들이 치즈 종류에 아로마와 맛에 특별한 느낌을 부여한다. 대부분의 단백질 분해효소는 pH 수치 5.0 이상이 되어야 비로소 효과를 발휘한다. 특히 소프트치즈에서 숙성을 유도하기 위해 숙성시작 시 탈산(脫酸)하는 것이 필요하다. 여기에 효모와 밀크곰팡이가 활약한다. 또한 단백질 분해도 pH 수치를 올린다.

3) 지방분해

Triglyceride는 지방분해효소(lipase)에 의해 glyceride와 유리 지방산들로 분해된다. 지방의 극히 일부분만 공격받지만, 지방분해의 산물들은 치즈의 맛 형성에 실질적인 역할을 한다. 특히 아로마를 결정짓는 것은 짧은 사슬의 유리 지방산들이다. 염소치즈의 전형적인 맛은 capron, capryl 그리고 caprin산(C_6, C_8, C_{10})이 방출됨으로써 결정된다. 이들은 우유에서 보다 염소젖에 훨씬 더 많이 들어있다.

밀크를 가열함으로써 비활성화되는 원유의 lipase와 미생물적인 lipase로 구분한다. 유산균은 BL-박테리아나 곰팡이(*Penicillium candidum, Penicillium roqueforti*)와는 반대로 오르지 약한 지방분해 활동성을 보여준다. Lipolyse는 가우다나 에다머에서 아주 약하다. 블루치즈나 BL처리의 치즈나 또는 많은 흰곰팡이치즈에서는 훨씬 더 강하다.

7.2 숙성조건들(제4장 2.3～2.5 참조)

여러 요소들이 숙성에 영향을 미친다.

① 생치즈의 덩어리 상태와 건물(乾物)
② 염지
③ 치즈의 pH 수치
④ 원유의 세균, 첨가한 컬쳐의 종류와 양
⑤ 숙성실의 조건들

1) 덩어리의 상태, 생치즈의 건물

미생물의 활동은 치즈에서 이용할 수 있는 수분함량에 달려 있다. 즉 치즈에서 자유수(free water/소위 수분활성도가 높음-역주)가 많을수록 미생물들의 대사활동도 왕성하다. 따라서 치즈건물에 제한 받지만, 치즈의 식염 및 단백질함량에도 영향 받는다.

표 5-13. 치즈숙성에서 단백질 분해(proteolytic) 효소의 출신과 영향

효소의 출신	공격받는 물질	pH 범위	참고사항
자연적인 밀크효소: Plasmine sour Protease	 αs-카제인 αs-카제인	 5~9 4~6	 열저항성 있음 살균함으로 활동성 증가
렌넷과 렌넷 대체물질	우선적으로 κ-카제인, 나중 숙성중에 αs-카제인과 β-카제인	3~7	렌넷은 열에 민감, 10~15%의 물질 렌넷이 가우다에 남아 있다.
유산균	카제인(Proteinase)와 peptide(Peptidase, 펩타이드 둘 다 공격 분해효소)	정한 것 없음	맛 생성에 매우 중요하다. 중성일 때 최고
숙성 플로라	펩타이트		세포바깥의 단백질도 쪼갬

표 5-14. 치즈숙성중의 지방분해(lipolytic) 효소의 출신과 효과

효소의 출신	공격받는 물질	pH 범위	참고사항
자연적인 밀크효소:	짧은 지방산 가진 Triglyceride를 특히 공격	중성	살균하면 비활성화
박테리아적 지방분해효소	Triglyceride와 유리 지방산들	중성, pH 5 에서도 활발	유산균의 활성이 약함. 내냉성균에 의한 lipolyse가 강함. 열에 강함.
곰팡이의 lipase 푸른, 흰곰팡이	Triglyceride와 유리 지방산	5.5~9	아로마 생성에 실직적인 역할을 한다.

소금과 단백질은 수분을 묶는데, 이러면 수분이 미생물에게 더 이상 제공될 수 없다. 그밖에도 덩어리 상태는 치즈의 공기 통과성을 결정한다. 대부분의 미생물들, 효모와 곰팡이들은 증식하기 위해 산소가 필요하다. 그러나 유산균은 산소를 적게 필요로 하고, 프로피온박테리아 혹은 clostridium은 산소가 없어야 증식할 수 있다.

2) 염지

치즈의 맛을 더하기 위해 염지하여야 한다. 염지는 또한 치즈로 하여금 숙성을 준비하게 하고, 치즈덩이를 굳게 하고, 껍질형성을 돕고, 미생물들을 선별한다.

3) 치즈의 pH

pH는 미생물증식 뿐 아니라 효소활동에도 영향을 준다. pH 4.5 이하에서는 효소적 활동이 매우 약하다. 미생물적인 단백질 분해는 이상적 pH가 5.0~7.5 범위이고, 지방분해는 7.5~9.0이다. 그리하여 낮은 pH는(약 4.3~4.4) 신선치즈에서 분해과정이 더 이상 진행되지 않게 한다.

유청 배출 말기에 pH 5.0 이하의 수치를 가지는 소프트치즈는 숙성 플로라가 자리잡기 전에 덩어리를 먼저 탈산(脫酸)하여야 한다. 곰팡이는 pH 5.0~6.0에서, BL-박테리아는 pH 6.0에서부터 잘 자란다. 표면미생물들의 증식으로 pH는 올라가는데 중성까지 된다.

절단 및 하드치즈는 숙성 초기에 pH 5.0~5.4를 가지는데, 이 정도면 효소적 활동을 가능하게 한다. 그러나 숙성기간 동안 치즈의 추후 산성화를 조심해야 한다. pH는 숙성기간 동안 약 5.6~5.8 정도 올라가야 한다.

4) 생치즈의 세균수, 첨가한 컬쳐의 종류와 량

숙성과정은 당연히 치즈 내지 밀크에 있었던 그리고 현재 있는 미생물의 종류에, 숙성과정에 끼어드는 숙성 플로라에, 그리고 숙성 도중 미생물의 성장에 달려 있다.

숙성 중 특히 미생물들은 치즈 표면에 증식한다. 여러 균들의 비례는 치즈종류에 따라 바뀐다. 소프트치즈는 보통 표면 플로라에 의해 밖에서 속으로 숙성된다. 절단 내지 하드치즈는 덩어리에 있는 미생물(특히 유산균)에 의해 고르게 전체 덩어리에서 숙성이 진행된다.

5) 숙성실에서의 조건들

숙성 컬쳐를 첨가한 다음 치즈숙성은 숙성 변수의 조정만으로 영향을 받을 수 있다. 제조 중에 행한 잘못은 숙성으로 더 이상 제거할 수 없다. 숙성온도는 대부분의 치즈들에서 12~16℃이다. 온도를 높이면(16~17℃까지) 숙성을 촉진시킬 수 있으나, 아로마는 낮은 온도(11~13℃)에서 더 잘 이루어진다. 숙성실에서는 치즈가 말라 버리지 않도록 높은 습도가 유지되어야 한다. 가우다나 에다머 같은 마른 표피의 치즈에는 상대 습도가 약 80~90%, BL처리 치즈에서는 약간 높아 90~95%이다. 숙성실 온도를 항상 고르게 유지하기 위해, 또 치즈의 분해과장에서 생기는 여러 가스(CO_2, NH_3)를 치즈 표면에서 제거하기 위해서 공기순환이 필요하다(그림 5-11).

절단 내지 하드치즈에서는 '조용한 냉각'의 자연적인 공기순환 만으로도 충분하다. 천장에 붙은 증발기가 찬 공기를 만들어 이것이 아래로 흐른다. 공기는 치즈에서 데

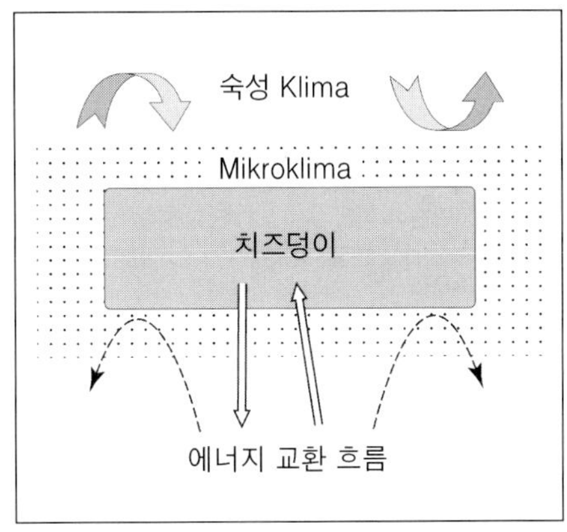

그림 5-11. 숙성과 마이크로-크리마 그리고 치즈와 공간대기와의 에너지 교환흐름 설명(Klima 단어 설명은 제4장 2.5 참조-역주)

워져 수분을 빼앗고, 증발기로 다시 올라간다. 증발기와의 접촉에서 물방울이 맺힌다. 곰팡이 표피를 가진 연질치즈에서는 약한 선풍기 사용이 바람직하다. 공기순환이 0.1 ~0.2 m/s가 되어야 한다. 숙성실은 충분히 환기되어야 한다. 새 공기가 유입되지 않으면 숙성실에 곰팡이 냄새가 나고, 이것이 치즈에 옮겨진다. 이 위험은 특히 좁은 공간, 특히 카망베르와 BL처리 치즈에서 크다.

7.3 숙성의 조절

1) 흰곰팡이를 가진 소프트치즈

흰곰팡이(*Penicillium candidum*)는 빠르게, 특히 혹시 모르는 이종곰팡이에 앞서 치즈를 덮어야 한다. 그리하여 곰팡이를 가능하면 일찍 치즈에 붙게 하고, 바람직하지 않은 곰팡이들은 전혀 붙지 못하게 하는 이상적인 작업장의 위생조건을 만든다. 특히 흰곰팡이에 맞는 숙성조건들을 갖추는 것이 중요하다.

흰곰팡이에 의해 치즈는 부드럽고, 버섯 같은 맛을 가지게 된다. 숙성된 것은 깊은 맛(piquant)이 나거나 암모니아 알칼리성의 맛이 난다.

■ **흰곰팡이의 사용**: 곰팡이를 냉동 건조한 형태로 구입한다(때때로 액상 컬쳐도). 건조시킨 포자를 사용 24시간 전에 잘 끓여 식힌 물에서 부풀게 하여야 한다(약국의 식염수가 좋음-역주). 밀크에 곰팡이액을 렌넷에 넣기 전에 넣거나, 염지액에 타거나,

혹은 염지 후 치즈에 뿌린다. 보통 ½을 밀크에 타고, 나머지를 치즈에 뿌린다. 작은 치즈공방에서는 가정용 스프레이를 이용, 30～50 cm의 거리를 두고 흰곰팡이를 치즈에 뿌려 미세한 안개를 만든다. 하얀 솜털이 생길 때까지 2～3회만 뿌려야 하며, 그 이상은 하지 않는다. 그 이상 하게 되면 치즈에 물방울이 생겨 그 밑에 있는 곰팡이는 질식하고 만다. 곰팡이 컬쳐는 생산할 때마다 새로 만들고, 스프레이는 사용하기 전에 세척하고 살균하여야 한다. 곰팡이포자를 직접 염지통에 타거나 소금과 섞을 수 있다.

곰팡이는 3～4일이 지나면 볼 수 있고, 6～8일이면 빈틈없는 곰팡이잔디가 형성된다. 치즈를 그때 포장하여 6～8℃ 되는 곳에서 2～3주 숙성시킨다.

■ **숙성 플로라**: 흰곰팡이의 껍질에는 서로 깊은 관계가 있는 많은 미생물 종류들이 성장한다. 조건들이 약간만 바뀌어도 여러 곰팡이들의 균형이 깨어지며, 숙성에 문제가 생길 수 있다. 우선 치즈 표면에 증식하는 효모와 밀크곰팡이(Geotrichum candidum)는 표면을 탈산(脫酸)하여 흰곰팡이의 증식을 용이하게 한다. 3～4일 지난 치즈는 기분 좋은 사과향이 나야 한다. 이것이 바로 효모의 좋은 성장을 증명한다. 역시 염지 후 치즈에 뿌리는 숙성 컬쳐로 배양한 효모와 밀크곰팡이의 첨가는 곰팡이의 성장, 치즈의 맛과 아로마에 긍정적인 영향을 줄 수 있다. 또한 곰팡이 성장은 곰팡이 종류의 선택에도 달려 있다.

■ **숙성조건들**: 숙성 공간에서는 변함없는 온도(12～14℃)가 유지되어야 한다. 추가적인 공조(空調) 장치가 없는 자연적인 지하실은 대부분의 경우 온도 변동이 심하기 때문에 적당하지 않다. 90%의 높은 습도가 필요한데, 이는 치즈가 말라 버리는 것을 막는다. 고른 공기순환은 치즈에서 수분을 계속 제거하고, 동시에 곰팡이 성장에 필요한 산소를 충분히 공급해 준다. 숙성 동안에 모든 치즈는 밑판과 함께 같이 이틀마다 돌려준다(치즈를 돌려주는 것, 규칙적으로 하는 것이 치즈의 유청분포를 고르게 하여 조직과 맛을 좋게 한다-역주).

그 때 판의 위치를 위에서 밑으로, 그리고 반대로 매번 바꾸는 것이 바람직하다. 공기는 판 사이는 물론 가장자리에서도 원활히 움직여야 한다. 판을 쌓는 것은 절대 벽에 직접 닿아서는 안 된다. 마지막으로 지하실은 환기가 잘 되어야 한다. 매일 숙성실을 둘러본다면 작은 숙성실에서는 문을 통해 신선하고 충분한 공기유입이 가능하다. 보다 큰 공간에서는 필터를 부착한 환기구가 필요하다. 지하실의 좋지 않은 냄새는 산소부족 때문에 생긴다.

2) 점질액 처리의 소프트치즈

점질액 처리의 치즈 이름은 노랗고 붉은 표면 플로라의 형성에서 따 왔다. 수많은 미생물들로 구성되어 있는데, 그 중에서 *Brevibacterium linens*가 주도적이다. BL균은 효모와 밀크곰팡이에 의한 치즈 표면의 탈산(脫酸)이 이루어진 후에야 성장한다. 치즈는 이틀마다 BL용액(BL컬쳐를 소금물에 희석시켜)으로 씻는다(천으로 바르거나 부드러운 솔로 처리). 처리방법에 따라 치즈 부스러기가 문질러 떨어지는데, 빨리 BL균에 의해 분해되며, 치즈에 강한 냄새를 더한다. 치즈의 부드러운 맛부터 깊은 맛(piquant)이 나는 것에까지 영향을 준다.

분해과정 끝에 암모니아가 생성되는데, 이것이 부분적으로 새 치즈들에 앉아 또한 치즈 표면의 탈산에 참여한다. BL처리하는 소프트치즈는 염지 후에 약간 말라야 한다. 효모와 밀크곰팡이가 대개 저절로 치즈에 찾아온다. 숙성은 온도 12～16℃, 상대습도 90～95%에서 진행된다. 성장하기 위해서 BL균은 산소가 필요하다. 그러나 공기순환은 곰팡이치즈보다 적어야 하는데, 왜냐하면 치즈가 항상 촉촉한 상태에 있어야 하기 때문이다. 치즈는 스테인리스 내지 플라스틱 판(cheese rack)에서 숙성이 된다. 이들을 매일 돌려 주어야 한다. 10～14일 숙성 후 치즈를 포장하는데, 치즈는 종이 안에서 온도 6℃에서 2～4주 숙성된다.

3) 점질액 처리의 반경질 내지 절단치즈

이들 치즈에서도 곰팡이 외피와 BL균으로 덮인 껍질이 가능하다. 흰곰팡이는 절단치즈의 건조하고 당이 적은 표면에서 매우 힘들게 자란다. 많은 치즈들에서 처음 몇 주 동안 물을 칠한다. 노란 껍질이 생기고, 밀크곰팡이가 출현하면 BL액 칠 작업을 한다. 밀크곰팡이가 힘을 발휘하여 치즈에 하얀 표면을 생성하는데, 오렌지색 바탕(외피-역주)을 몽땅 곰팡이 피게 한다(Saint Nectaire, Reblochon). 이들 치즈에서는 BL처리하는 작업 동안 매우 높은 습도(95% 상대습도)가 요구된다.

많은 반경질 내지 절단치즈들이 BL컬쳐로 다루어지고 있다. 숙성조건들은 소프트치즈에서와 같다. 치즈에 개별 특성을 부여하기 위해 BL액에 적포도주, 포도즙, 향신료들을 첨가하기도 한다. 소금물로 처리하기 때문에 치즈가 더 많은 소금을 받아들인다. 따라서 치즈는 그에 따라 염지시간을 짧게 하여야 한다.

4) 건조한 표피를 가진 절단 내지 하드치즈

가우다나 에다머타입의 치즈들은 염지 후 단단하고 마른 표피가 생길 때까지 말린다. 치즈는 이 목적으로 14～16℃, 상대습도 85～88%의 공간에서 플라스틱 판자 위에 둔다. 치즈를 주마다 3～5번 돌려 준다. 1～2주 후에 약한 곰팡이 층이 생기는데, 이것이 탈산과 맛 형성에 기여하기 때문에 처음에는 치즈에 좋은 영향을 미치지만 지나치게 활성화되면 숙성실에 곰팡이 냄새가 퍼지게 되는데, 이것이 쉽게 치즈에 옮아간다. 치즈는 또한 껍질에 제거하기 무척 어려운 색소를 남기는 곰팡이들에 오염될 수도 있다. 따라서 치즈는 규칙적으로 미지근한 물로 씻어 주어야 한다.

건조표피 치즈에서는 그 사이 플라스틱 코팅이 널리 행해지고 있다. 치즈 코팅이 돌보기를 용이하게 하고, 2～5일 후에 치즈에 바른다(상자 5-6 참조).

최적 숙성조건들에서 4～6주가 지나면 밝은 노란 색의 매끈한 표피가 형성되어 관리가 더 쉬워진다. 공간이 과습하면 곰팡이가 다시 찾아온다. 이는 건조가 불충분하기 때문이다. 그 반대로 너무 건조한 공간은 껍질에 틈새가 생기게 하여 그 속에 또한 곰팡이가 자리 잡는다.

숙성 후 수분 감소와 곰팡이 오염을 막기 위해 파라핀처리를 할 수 있다(상자 5-7 참조).

상자 5-6. 치즈코팅

치즈코팅은 가우다나 에다머 같은 건조표피 치즈에 입히는 물질이다. 폴리머와 물의 혼합물(emulsion)을 치즈에 바른다. 물이 증발하고, 폴리머 입자는 이때 탄력 있고, 물기와 공기를 통과시키는 막을 만든다. 치즈코팅은 염지 후 2～5일 후, 치즈가 코팅하기 전에 잘 마른 후에 한다. 치즈코팅을 입히는 것은 작은 벽칠 롤러로 하는 것이 가장 좋다. 치즈를 한 면만 먼저하고, 그 다음날 치즈를 돌려 다른 면을 칠한다. 이 작업을 2～3주 후에 반복한다. 코팅한 치즈를 규칙적으로 돌려 주어야 한다. 치즈코팅의 장점은:

① 치즈관리의 단순화
② 치즈가 물리적인 파손에 더 잘 보호되고
③ 이상적인 맛 형성을 주는 오랜 숙성이 가능하다.

상자 5-7. 파라핀 처리

3～4주 숙성한 치즈를 깨끗한 표면을 위해 솔질하고 씻는다. 그런 다음 양면을 잘 건조시킨다. 식품용 파라핀을 90～100℃ 온도에서 큰 솥에서 녹게 한다. 치즈의 반을 2～3초간 담군다. 얇은 막이 생기는데, 몇 분 지나면 잡아도 흔적이 없을 만큼 단단해진다. 그 다음 다른 면도 담근다. 파라핀 작업에서 보호안경을 쓰고 해야 한다(화상위험! 파라핀이 튄다!).

※ **바이오 힌트**: 유기농협회에서 플라스틱 코팅과 파라핀 처리는 허용한다. 그러나 색이 든 것이나 항생물질(나타마이신)을 넣은 것은 금지한다. (www.biohandwerk.de)

8. 치즈의 포장

치즈포장의 목적은 치즈를 외부 영향으로부터 보호하는 데에 있다. 치즈는 물리적인 변형, 물, 기름, 화학물질, 빛 그리고 냄새가 강한 물질로부터 보호되어야 한다.

포장은 치즈숙성이 계속 가능한 방식으로 고안되어야 한다. 따라서 수분과 탄산가스는 밖으로 배출하고, 산소는 유입되도록 포장해야 한다. 포장은 냄새와 맛에 중립적이어야 하고, 제품과 화학적 반응이 일어나서는 안 된다. 포장재의 제조과정에서 유입되었을지도 모르는 세척제 또는 리사이클링, 그리고 소멸에 이르기까지 환경상의 손익계산도 같이 염두에 두어야 한다. 포장은 법에 따른 표시를 소비자에게 전달하는 역할을 한다. 더군다나 make-up과 외관은 고객의 구매결정에서 중요한 요소를 차지한다.

■ **신선치즈 포장의 요구조건**: 신선치즈는 모양 변형으로부터 특히 보호되어야 한다. 포장은 방수되어야 하고, 외부 냄새나 빛으로부터 보호되어야 한다. 신선치즈는 대부분 밀폐된 플라스틱 용기나 유리병에 포장된다. 즉시 소비되는 경우 랩이나 parchment(파치먼트), 초칠 종이에 포장할 수도 있다. 보다 긴 유통기한을 위해서는 비닐주머니에서의 진공처리도 권할 만하다.

■ **곰팡이치즈 포장의 요구조건**: 곰팡이치즈는 탄산가스와 산소가 통과하는 호일에 포장한다. 이렇게 하여 곰팡이가 계속 성장할 수 있다. 수분이 너무 많이 빠져 나가게 해서는 안 된다. 대부분의 경우 초칠을 하고, 구멍이 있는 알루미늄 호일을 파치먼트 종이와 함께 사용하거나, 또는 초칠한 셀로판 호일에 초칠한 종이나 파치먼트 종이를 결합하여 사용한다.

■ **BL처리한 치즈 포장의 요구조건**: BL처리한 치즈는 곰팡이치즈보다 더 많은 산소가 필요하다. BL처리 면은 촉촉해야 한다. 흔히 속은 파치먼트, 밖은 구멍 난 알루미늄 호일로 된 겹친 호일을 사용한다. 파치먼트는 치즈의 수분을 흡수하고, 겹치고 접을 때 생기는 공간에서는 가스교환이 일어난다. 알루미늄 호일은 치즈의 건조를 방지한다.

소프트치즈를 포장하기 전에 약 한 시간 동안 냉장실에 둔다. 그러면 표면이 약간 말라 포장재 안에 응결수가 더 이상 생기지 않는다.

■ **껍질이 없는 치즈포장의 요구조건**: 껍질이 없는 치즈는 파라핀 또는 플라스틱-dispersion 막을 입힌다. 파라핀은 수분과 가스가 전혀 통과하지 못하게 한다. 파라핀 처리 치즈는 최대 한 달 동안만 보관하여야 한다.

■ **건조한 껍질을 가진 치즈포장에 대한 요구사항**: 건조한 표피를 가진 절단 및 하드치즈는 비용이 드는 포장이 없이도 팔 수 있다. 이 치즈들도 외관상 흥미를 끄는 모양과 제품표식을 위해 얇은 종이로 된 스티커를 부착한다.

제 6 장

품질관리

유제품의 사업 성공을 위한 생산을 위해서는 어떤 품질 스탠더드를 전제로 한다. 그래서 만들어진 유제품들은

① 고객 욕구에 부합되어야 한다(표 6-1 참조).
② 제조자는 제품에 관한 모든 책임을 져야 하기 때문에 건강상 결함이 없어야 한다.
③ 법적 요구사항을 충족시켜야 한다.

위의 기본수칙을 지키는 것은 그 자체가 목적이 아니고 업소의 경제적인 성공을 위한 열쇠이다. 여러 품질안전 확립 수단들을 갖추어야지만 이를 달성할 수 있다.

■ **현장에서의 실천**: 효과적인 품질안전 확립은 제품의 최종검사 외에도 예방조치들도 포함한다. 3단계로 나누어진 시스템에서 특히 바람직하지 않는 미생물들, 화학물질과 이물질도 식품에서 멀리 하여야 한다.

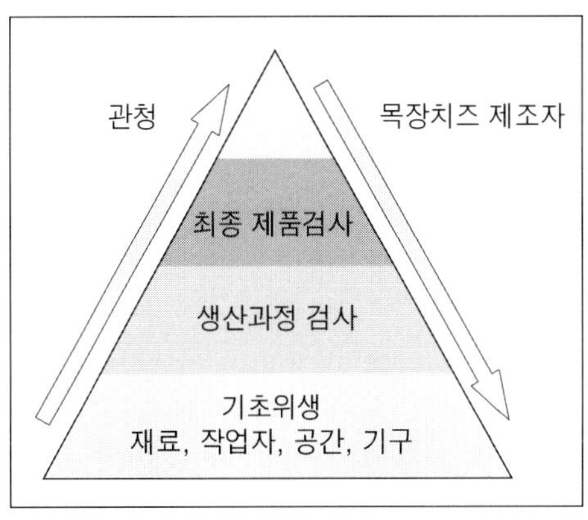

그림 6-1. 품질안전 확립 컨셉을 수립하기 위한 각기 다른 접근방법들

표 6-1. 소비자는 여러 가치 기준에 따라 식품구입을 결정

1. 적합가치/사용가치	바르기 좋음, 보존성, 절단행태, 운반 가능성
2. 음미가치	맛, 냄새, 조직, 외모
3. 건강가치	건강을 해치는 물질이 없을 것, 온전한 영양가
4. 사회적 가치	작업환경, 합리적인 가격
5. 환경적 가치	환경에 해가 없을 것

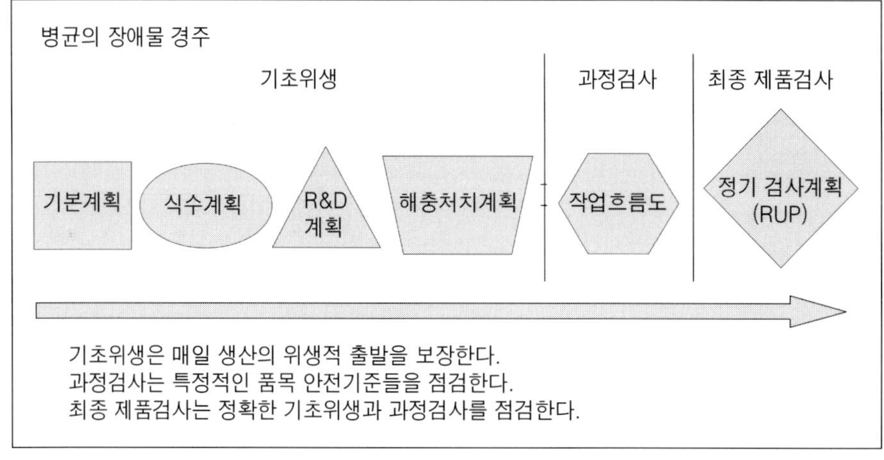

그림 6-2. 위생수단이 해로운 균에 대해서는 방어막이 된다.

QS(품질 안전확립) 컨셉의 확립은 그래서 장애물 경주와 같다. 목표는 가능한 한 효과적인 방어막을 설치하는 데 바람직하지 않는 미생물과 이물질의 최종 제품으로의 유입을 이 장치를 통해 최소화하는 것이다(그림 6-2).

완전하고 이론적인 토대에서 만든 컨셉은 사용자 편의를 고려한 것이 아니다. 기록비용은 높은 반면에 그만한 효용가치는 없다. 그 대신 목표 지향적이고 잘 짜여진 기록은 위생 감독기관의 기대치를 충족시킬 뿐만 아니라 다른 자리에서의 작업시간도 절감한다.

■ **QS-컨셉을 확립하는 첫걸음**: QS-컨셉은 오르지 현장에서 그리고 현장과 더불어 개발할 수 있다. 그래야만 요구되는 설득력을 지니고 또 환영을 받는다. 다음의 설명은 그래서 의도적으로 최종 제품검사에 먼저 접근한다. 효과적인 품질안전 확보의 중요성에 대한 민감성은 이것에서 가장 강하다. 왜냐하면 제품결함이 직접적으로 판매

상자 6-1. 품질안전 확립을 위한 좋은 이유

① 고객욕구 충족: 질적으로 높은 가치를 가진 생산의 목표는 고객욕구를 알고, 행동에서의 변화를 미리 파악하고, 자신의 생산을 여기에 적응시키는 것이다. 여기에서 자신의 품질 기준이 고객의 기준과 엄청나게 차이가 날 수 있다. 고객의 욕구를 인지하는 것으로 첫걸음을 디디게 된다. 이러한 원하는 품질 확보가 무척 어려운 두 번째 걸음이다. 가치 기준을 가능한 한 자주 달성하는 것이 중요하다. 품질에서의 약간의 변동은, 예를 들면 1년에 사료급여의 변화에 기인한 것은 관대히 받아들여지며, 어떤 고객은 오히려 좋아한다. 그러나 항상 인지할 수 있는 가치를 제품은 잃어서는 안 된다.

② 제품책임: 모든 사업장은 자기 제품에 대해 개별적으로 책임을 진다. 만일 어떤 제품이 고객의 건강을 미생물학적·물리적·화학적인 오염으로 해친다면, 이는 당연히 그래야 한다. 품질안전 확보를 위한 적절한 수단은 리스크를 최소화해야 한다. 건강을 약간만 해치는 사고(설사, 구토)가 나도 사업장의 명성을 크게 훼손시켜 심각한 경제적 위협을 불러올 수 있다.

③ 법적 기본조건들: 수많은 법에서 품질안전 확보의 필요성을 언급하고 있다. 입법자는 소비자보호에 초점을 맞추고 있다. 관련법들은 유제품이 준수하여야 할 여러 가지 미생물학적인 기준들을 제시하고 있다. 다른 가치들에 대해서는 입법자들은 고려하지도 않는다. 법을 지키지 않으면 제품을 팔수가 없다. 하자 없는 제품을 만들 때까지 그 사업장은 폐쇄당할 수 있는데, 이는 엄청난 경제적 손실을 가져올 수 있다.

성과에 영향을 미치기 때문이다. 최종 제품에서 이미 문제를 겪어본 모든 유가공목장은 그 경우 진행되어야 할 프로세스를 알고 있다. 문제가 된 제품의 뒷조사는 제조과정에서의 원인 규명이 뒤따른다. 제조과정에서 어떤 문제점도 찾을 수 없으면 기초위생을 점검한다. 원재료를 검사하고, 세척과 살균과정을 분석하고, 가능한 감염원을 찾는다. 모든 치즈공방은 QS-컨셉을 확립하는 데 요구되는 것과 똑같은 과정을 밟게 된다.

1. 최종 제품검사

모든 제품에는 레시피가 항상 따른다. 여러 파라미터를 확정함으로서, 예로 커드 크기, 렌넷 첨가 온도, 열처리 온도 그리고 숙성과정 등, 어떤 치즈를 만드는 데 있어 우연에 맡겨 두지 않는다. 최종 제품검사 범위에서 원하는 목표 성질과 실제의 결과들이 비교되어진다.

1.1 관능적인 검사

우리에게 주어진 관능으로(보고, 냄새 맡고, 맛보고, 감촉을 느끼는 것) 치즈를 검사하는 것은 아주 효과적이면서 비용이 덜 들고, 항상 집행할 수 있는 방법이다. 그밖에도 모든 고객 역시 치즈 구입 시 주관적인 관능상의 검사를 한다. 치즈가 시각적으로 자신들에게 그럴 듯하게 보이는지, 맛이 있는지, 냄새가 좋은지 판단한다. 그러나 바람직하지 않는 관능상의 벗어남을 인지한다는 것은 많은 경험을 전제조건으로 한다. 이것은 또한 규칙적인 훈련을 통해서만 획득할 수 있다. 매회 롯트 치즈의 관능상의 검사는 사치가 아니라 자신의 관능에 꼭 필요한 훈련이다.

벗어남을 조기에 인지하는 것은 큰 치즈결함이 발생하지 않게 하기 위한 생산에서의 수정조치를 가능하게 한다. 매회 치즈롯트는 관능상의 검사에서 다음과 같은 기준에 의거 검사를 받는다.

① 냄새
② 향(맛과 아로마)
③ 입에서의 덩어리 질감
④ 외부의 모양(외양)

바람직하지 않는 벗어남은 해당하는 롯트의 치즈 프로토콜(기록)에 기재되어야 한다. 모든 벗어남은 제조과정이나 기초위생에서 찾아야 되는 하나 또는 복수의 이유를 가지고 있다. 그림 6-3은 수많은 치즈의 결함을 열거하고, 제조과정의 여러 단계에 연계시키고 있다. 경험이 증가함에 다라 모든 치즈제조자는 자기 치즈에 대해 이러한 일람표를 확립할 수 있게 된다.

1.2 미생물적인 검사

미생물검사는 샘플검사로 이루어지는데, 결함이 없는 과정진행을 확신해 준다. 원유와 유제품들에 관해 광범위한 미생물적인 기준들이 있다.

입법당국은 이를 크게 셋으로 구분하는데,

① 식품안전 기준: *Listeria monocytogenes*, 살모넬라와 *Staphylococcus enterotoxin*에서의 기준치 초과는 소비자를 위험하게 할 수 있다.

② 프로세스 위생기준: *Entero bacteriaceae, Escherichia coli*, Coagulase positive Staphylococcus(*Staphylococcus aureus*)들은 밀크착유나 생산과정에서의 위생결함을 의미한다.

③ 원유의 기준: 세균이나 체세포수의 기준치 초과는 착유에서의 위생 결함이나

그림 6-3. 절단치즈 제조에서의 결함 원인과 최종 제품에서의 관능상의 특징

원 유	A-부풀거나 팽창된 치즈: 밀크 오염 A-발효빵 구멍 같은 수많은 잔구멍, 스폰지 같은(초기 팽화) 치즈: 유당 발효시키는 미생물 A-발효빵 구멍 같고, 벌집 같으며, 금이 간(후기 팽화) 치즈: 낙산균(Clostridium) A-치즈외피 밑에 생긴 작은 구멍들: 밀크의 물리적 손상(공기유입) T-딱딱하고 질기며 단단한 덩이: 낮은 지방함량 G-신, 식초 같음: 초산 유발의 균에 의한 오염 G+F-사료취 나는 치즈: 밀크가 이질적인 냄새와 맛을 흡수: *Pseudomonas* G+F-이질적 냄새와 아로마: 밀크가 이질적 냄새와 맛을 흡수 F-재봉틀 기름 같음: 유리 지방산, 물리적 손상을 강하게 입음 F-재봉틀 기름 같음: *Pseudomonas*균에 의한 신진대사 물질 F-코를 찌르고 썩은 치즈: 이종균들(예로, *Clostridium*, *E. Coli*) F-달콤함: 낙산균, 프로피온균
컬쳐접종	A-과다한 발효구멍: 약하고, 나쁜 컬쳐 A-원하는 구멍이 없음: 유산균에서 공모양의 균(구균)과 막대모양의 균(간균)의 비율이 변해 버림 T-'짧은' 조직의 덩이: 산성화가 너무 강함 F-냄새가 코를 찌르고, 썩은 치즈: 나쁘거나 또는 오염된 컬쳐 F-달콤함: 나쁘거나 또는 오염된 컬쳐 F-아무 것도 없거나 밋밋함: 컬쳐의 활력이 낮음
렌넷 첨가	A-대리석 무늬의 흰점으로 얼룩진 덩이: 응고가 골고루 이루어지지 않다. F-쓴 치즈: 렌넷 과다 첨가
커드 절단/교반	A-대리석 무늬의 흰점으로 얼룩진 덩이: 커드 크기가 제각각 A-고르지 않는 구멍: 커드 크기가 제각각 F-쓴 치즈: 너무 늦게 한 절단, 최적보다 큰 커드입자 F-너무 신, 유청 신맛이 느껴지는 치즈: 불충분한 커드 절단
커드세척/후가온	A-대리석 무늬의 흰점으로 얼룩진 덩이: 가온을 너무 급하게 함 T-'짧은' 조직: 커드세척이 불충분함 F-쓴 치즈: 너무 빠른 가온, 단단한 껍질이 생겨버린 커드 F-너무 신, 유청의 신맛 : 불충분한 커드세척, 낮은 후가온온도 F-아무 것도 없거나, 밋밋함: 세척이 너무 강함. 후가온온도가 너무 높음

(계속)

마무리교반	A-대리석 무늬의 흰점으로 얼룩진 덩이 : 교반 잘못하여 덩어리 형성 F-아무 것도 없거나, 밋밋함 : 과도한 교반
떠내고/채우고	A-모양이 균일하지 않은 치즈 : 뜨는 것을 제대로 하지 않음 A-커드구멍이 너무 많거나 적음 : 뜨는 것을 제대로 하지 않음 A-줄이 가고 거친 표면 : 너무 늦게 떠냄 A-균일하지 않은 구멍 : 공기의 영향 혹은 식음
돌리고/압착	A-균일하지 않은 모양 : 돌리기를 제대로 하지 않음 A-미끈거리고 손에 붙는 껍질 : 외피가 차거나, 남은 유당이 있음 A-줄이 가고, 거친 표명 : 너무 늦게 돌림 A-균일하지 않은 구멍 : 돌려주기를 불규칙적으로 함 T-짧은 조직 : 너무 오래 고온에서의 유청 배출 F-쓴맛이 남 : 너무 빠른 압착으로 외피가 굳어짐 F-단맛이 남 : 고온에서의 유청배출
염 지	T-딱딱하고 질기며 단단한 덩어리 : 아주 높은 소금함량 F-너무 짜고, 톡 쏘는 소금맛 : 너무 일찍, 너무 오래, 너무 높은 염지액 농도 F-쓴맛이 남 : 너무 일찍, 너무 강한 염지 F-아무 맛도 없고, 맛이 밋밋함 : 염지가 약함
숙 성	A-거북이 등처럼 갈라지고 주름이 있음 : 치즈껍질과 숙성실 사이의 습도 차이 A-외래 곰팡이, 특히 검정곰팡이 : 너무 차고 건조거나 부실한 치즈돌보기 A-미끈거리고 손에 붙는 껍질 : 너무 습한 숙성실 A-너무 작거나 혹은 큰 발효구멍 : 숙성실이 너무 차거나 혹은 너무 따뜻함 T-딱딱하고, 질기고 단단한 덩어리 : 너무 건조한 숙성실 F-곰팡이 냄새와 퀴퀴한 냄새 : 습기 많고 따뜻한 숙성실, 불결한 치즈돌보기 F-낯선 냄새와 아로마 : 치즈가 낯선 아로마 물질을 흡수하거나 형성 F-너무 짜다 : 톡 쏘는 짠 맛 : 너무 잦은 추가 염지 F-단맛이 남 : 너무 따뜻한 숙성실

약자 : A = 외양 T = 조직
G = 냄새 F = 향(기본 맛과 아로마)

<역주> 짧은 조직의 설명 : 치즈덩이의 조직 성질을 표현하는 데 짧고, 길고, 단단하고, 무른(fine)이란 형용사를 쓴다. 단백질을 묶는 칼슘의 많고 적음에 따라 길고, 짧음이 나누어지고, 수분함량이 많고 적음에 따라 단단하고, 무른 조직으로 나눈다. 짧은 조직은 탄력성이 없음을 의미한다. 길고 단단한 조직에서는 단백질 가수분해가 약하게 일어났고, 짧고 무른 조직에서는 단백질 가수분해가 강하게 일어났음을 뜻한다. 특히 syneresis의 강약에 따라 유산농도의 높고 낮음이 결정되고, 이것이 다시 칼슘함량의 낮고 높음을 결정한다.

표 6-2. 무살균 밀크로 만든(BL처리의) 절단치즈를 위한 RUP의 검사 간격 사례

샘플	조사항목	연 검사회수	VO(EG) No.2074/2005의 한계치	VHM의 목표치
치즈	*Escherichia coli* *Staphylococcus aureus* *Listeria mono-cytogenes* *Salmonella*	4 4 1 1	<100.000/g <100.000 25 g에서 나오지 않음 25 g에서 나오지 않음	
BL액	*Listeria mono-ytogenes*	4		1 mℓ에서 나오지 않음
원유	*Escherichia coli* *Staphylococcus aureus*	4 4		<10/mℓ <100/mℓ

동물건강의 결함을 뜻한다. 유제품에 대한 법률상의 기준치는 제품별로 정해져 있는데, 표 6-2에서 볼 수 있다. 모든 유제품들은 어디서 만들어지거나 팔리는 것과 상관없이 이 미생물적인 기준에 맞추어 규칙적으로 검사를 받아야 한다(*Escherichia coli, Staphylococcus aureaus, Listeria monocytogenes,* 살모넬라).

작은 치즈공방에서 실현할 수 있는 검사 프로그램을 VHM 단체가 4개 지방검사기관과 협력하여 만들었다(상자 6-2). 분기마다 검사기관에 의해 제품들을 수거하여 VO(EG) 2073/2005 기준에 의거 검사한다(표 6-2). 검사 후 사업체는 자기 제품들에 관해 미생물적인 평가를 스스로 할 수 있는 검사보고서를 받는다. 만일 어떤 제품이 기준치를 초과한다면 즉시 시장으로부터 회수해야 한다. 그런 다음 본격적으로 일

상자 6-2. 정기검사 계획(RUP)의 주요한 특징

① 분기마다 실시하는 위생균에 대한 검사
② 분기마다 BL처리한 치즈에서의 리스테리아균 모니터링. 1년에 4번 모든 BL처리 치즈의 BL액을 검사. 이 검사로 전체 재고에 대한 답을 얻을 수 있다.
③ 병원균에 대한 검사 매년 실시
④ 검사결과가 한계치인 'M'을 초과했음을 보여준다.
⑤ 한계수치를 넘어가면 자동적으로 다른 롯트에 대해서도 추가검사(추적 시료채취)를 요청한다.
⑥ 검사비용에 있어 할인규정이 적용되어 공동검사가 검사비용을 낮춘다.
⑦ 한계수치를 초과하는 경우 검사기관 및 VHM을 통한 자문

이 시작된다-원인 규명.

한 결함원을 다른 결함원으로부터 분리하기 위해 여기에서 다음과 같은 순서를 가능한 한 지켜야 한다.

1.3 결함규명의 진행방식

■ **해당 롯트의 후속검사**: 모든 미생물적인 검사는 결함원천을 수습한다. 그래서 해당 롯트를 조사하는 것이 첫 번째 시도이다. 만일 후속검사가 처음 의혹을 증명한다면 미생물적인 감염범위를 조사한다.

■ **다른 롯트들의 검사**: 동일 제품의 앞 그리고 뒤의 롯트를 검사한다. 만일 여기서도 기준치 초과를 확신한다면 그 제조공정이 정상적이 아니다.

■ **제조공정의 검사**: 따라서 공정관리가 검사대상이 된다. 왜냐하면 기준치 초과를 막지 못한 것이 명백하기 때문이다.

■ **기초 위생검사**(특히 원료관리, 세척 및 소독): 기준치 초과를 유발한 병원균들에 따라 전체 기초위생을 점검한다.

■ **다른 롯트들의 새로운 검사**: 새로운 검사가 기초위생과 공정관리에서의 개선조치가 기준치 초과를 제거하였는지를 알려 주어야 한다.

■ **제조공정의 단계별 점검**: 그래도 계속 기준치 초과가 발생하면 전체 제조공정을 세밀하게 조사하여야 한다. 단계별 점검에서 제조공정의 흐름에서 많은 샘플(밀크, 유청-커드-혼합물, 커드, 생치즈)을 채취한다. 검사결과를 바탕으로 오염원을 좁혀서 찾아낸다.

2. 공정점검

최종 제품에서 제품결함을 발견한다면 원인규명에서 빠르게 제조공정을 문제 삼게 된다. 모든 제품은 레시피를 바탕으로 한다. 여기에는 한 제품의 제조공정이 정확하게 기술되어 있다(그림 6-4와 제8장 치즈레시피 참조). 치즈인은 밀크를 적절히 준비하고, 정한 온도에서 렌넷 넣고, 적절한 크기의 커드를 작업하여 몰드작업까지 정한 시간을 지켜야 한다. 레시피에 정한 목표치를 지킬 때 그에 상응하는 특별한 성질들을, 예로 맛, 외모, 단단함 같은 것, 가진 원하는 제품을 만들 수 있다. 목표치의 준수를 위해 단순한 점검수단을 사용된다. 예로 온도 및 산도측정 또는 Grifftest(손으로

그림 6-4. 치즈공방의 프로토콜은 정해진 레시피에 벗어난 사항들을 기록한다. 161쪽의 기호는 HACCP-컨셉의 안전관련 공정순서와 제품과 보조 재료의 역추적에 도움이 되는 공정순서를 설명한다.

치즈공방의 프로토콜

종 류 : 베르크 치즈	제조날짜 : 13. 08. 2005 A			
시 간	공정순서	파라미터	목표치	수정치 CP
	밀크보관	밀크 종류	우유	Ⓑ
		밀크 신선도	12시간과 0시간	
		보관온도	6~10℃	①
	밀크처리	살균	안함	
		지방함량	자연 그대로	
0분	컬처접종	컬쳐 종류	유청컬쳐	
		롯트 번호	KUL-130505	Ⓒ
		최초 사용	12.06	
		컬쳐 신선도(제조일)	전날	
		산도/컬쳐	SH 25~32°	②
		컬쳐량	0.3%	
		유지온도	25℃	
40분	밀크의 응고	렌넷 종류	송아지위 렌넷 95% chymosin 5% pepsin	
		롯트 번호	LAB-120205	Ⓒ
		렌넷 강도	1 : 20,000	
		투입량/100리터	12 mℓ	
		유지온도	31.5℃	
		투입시 산도	측정 안함	
		응고시간	30분	
1시간 15분	자르기	응결시간	5분	
		커드크기	5 mm	
		절단 후 산도	측정 안함	
1시간 20분	교반	커드를 계속 유동적인 상태에 둔다.		
1시간 45분	후가온 (난방으로)	후가온온도	40℃	
2시간 5분	물로 후가온	후가온온도	44℃	
		물 추가	+10%	
		물 온도	70℃	③
		유청제거	안 함	
2시간 10분	후가온 (난방으로)	후가온온도	47℃	
2시간 12분	냉각	냉각온도	45℃	

(계속)

종 류 : 베르크 치즈	제조날짜 : 13. 08. 2005 A			
시 간	공정순서	파라미터	목표치	수정치 CP
2시간 22분	교반	교반온도	45℃	
2시간 32분	채우기 예비압착통에	채우기 전 유청배출	50%	
2시간 42분	자르고 몰드에 담기	몰드 종류 몰드 크기 공간 온도	바닥이 없는 원통형 직경 27.5 cm 22℃	
2시간 45분	프레스	프레스 압력	50 kg/cm^3	
3시간 5분	돌리기	첫 반전 프레스 압력	20분 후 90 kg/cm^3	
5시간 5분		치즈의 산도	<5.9 pH	④
13시간 5분	돌리기	두 번째 반전 프레스 압력 치즈산도 치즈온도	 90 kg/cm^3 <5.9 pH >33℃	 ⑤ ⑥
하루 경과	몰드빼기 염지	프레스 시간 염지 전 치즈산도 염지 종류 소금 롯트번호 시간 온도 농도	20시간 5.15 pH 염지액 SAL-121004 24 h 12℃ 22° 보메	 Ⓒ
이틀 경과	숙성	온도 상대습도 숙성기간 BL액으로 칠 롯트 번호		 Ⓒ
16일 후		BL액으로 칠	2일마다	
4개월 후	포장 최종제품의 관능검사	수율 겉모양 조직(덩이성질) 냄새 향(맛과 아로마)	9.5% 업소 개개의 업소 개개의 업소 개개의 업소 개개의	

서명을 함으로써 해당하는 목표치의 달성과 해당하는 수정치의 옳음이 입증된다.

서 명 : ________

(역주 : 여기의 레시피는 같은 공방의 것이나 8.23 베르크치즈 레시피와 약간 차이가 있다)

치즈공방의 프로토콜(159~160쪽)에서의 기호 설명

역추적 가능성		
Ⓐ	제품이름과 생산일 대체표기 : *제품이름과 유통기한 *롯트 번호	제품이름과 생산일은 하루에 한 롯트만 생산하는 경우에는 치즈공방의 프로토콜을 해당 롯트에 분명하게 매치시킬 수 있게 한다. 롯트번호가 필요하지 않다.
Ⓑ	밀크 신선도	밀크 신선도를 적음으로써 자신의 축사로부터 밀크 반입을 역추적할 수 있다. 그리고 축사의 기록(예를 들면, 항생제 투입)을 비교할 수 있다.
Ⓒ	첨가물의 롯트번호 대체표기 : *제품이름과 납품일	렌넷, 컬쳐, 소금, 그리고 경우에 따라 향신료는 공급자가 대부분 롯트 번호와 함께 표시한다. 이 롯트 번호를 치즈공방의 프로토콜에 기입하는 경우에는 해당 공급자를 공급자 명단에서 빨리 발견할 수 있다.

공 정 관 리				
CP	공정순서	파라미터	요구조건	조정방법
①	밀크보관	보관온도	10℃를 넘어서는 안 되는데, 그렇지 않으면 미생물의 성장에 유리하기 때문이다.	밀크를 가공하기 전에 살균한다. 혹은 롯트를 표시하고 판매 전에 최종 제품 관리를 거친다.
②	컬쳐투입	컬쳐산도	컬쳐는 최소한 SH 25° 산도를 가져야 한다. SH가 낮은 컬쳐는 아마도 충분하게 활력적이지 않고, 불충분한 산성화를 가져온다.	보다 활력적인 컬쳐를 투입하고, 경우에 따라 DVS 스타터를 투입한다. 산성화가 덜 된 컬쳐를 투입한 경우에는 산성화 과정을 잘 관찰해야 한다. 불충분한 산성화에서는 롯트를 표시하고, 판매하기 전 최종 제품 점검을 실시한다.
③	후가온	수온	수온은 70℃를 넘어서는 안 되는데, 이는 컬쳐 무리들을 죽일 위험이 있기 때문이다.	수온을 낮추고 산성화 과정을 관찰한다. 불충분한 산성화의 경우 롯트를 표시하고, 판매 전 최종 제품 점검을 실시한다.
④ ⑤	반전	치즈의 산도	산도는 두 시간 후에 pH 5.9로, 8시간 후에 pH 5.3로 떨어져야 한다. 산성화의 지체는 바람직하지 않는 미생물이 증식하는 것을 촉진한다.	불충분한 산성화의 경우, 롯트를 표시하고 판매 전 최종 제품 점검을 실시한다.
⑥	반전	치즈의 온도	온도는 8시간 후에 33℃ 이하로 떨어져서는 안 된다. 낮은 온도는 산성화 지체를 초래하고, 바람직하지 않는 미생물의 증식을 초래할 수 있다.	불충분한 산성화의 경우(CP4와 5를 참조) 그 롯트를 표시하고, 판매 전 최종 제품 점검을 실시한다.

하는 묵의 상태나 커드알갱이 상태의 검사-역주) 등으로 공정의 올바른 경과를 점검하고, 최종제품의 생산을 우연에 맡겨 두지 않는다.

이미 이런 공정점검이 성공적으로 시행되고 있는 사업체에서는 조금만 신경 쓰면 소비자의 건강에 관련된 조치들을 쉽게 할 수 있다. 치즈의 고유 특성이 그 때 전면에 대두하는 것이 아니다. 안전과 관계있는 수단들이 바람직하지 않는 미생물들의 수를 줄이고, 아니면 증식하지 못하게 만들어야 한다.

이 체계적인 공정점검은 영어개념 HACCP(해썹)로 더 잘 알려져 있다. HACCP란 Hazard Analysis and Critical Control Points의 약자다(식품위해요소 중점관리기준).

다음의 두 가지 개념이 세계적으로 적용되는 체계적인 공정점검을 위한 주요 특징들이다.

① 만들어진 제품에서 어떤 건강위험들을 생각할 수 있는가?
② 어떻게 하면 이 건강위험들을 가장 잘 막을 수 있는가?

2.1 HACCP 컨셉을 수립하는 있어 접근방법

■ **위험조사와 평가**: 유제품을 만드는 데 있어 바람직하지 않는 이물질들이 다양한 원인들에 의해 최종제품으로 유입된다. 병 유발균(예로 *Listeria monocytogens*)은 위험한 이물질(예로 유리조각)또는 화학적 오염(세척제 잔류물)과 마찬가지로 바람직하지 않다. 표 6-3은 유제품에 널리 퍼져 있는 건강위험을 보여준다.

이 모든 유험요소들이 모든 치즈에 나타나는 것은 아니다. 유리조각은 특히 유리로 포장하는 제품에서 문제가 된다. 병 유발자가 제품에 유입되고 증식하는가는 다양한 제조과정 때문에 제품에 따라 상당히 다르다.

위험분석에서는 그래서 한 특정 제품에 관련하여 건강 위험을 거론하고 평가하는 과제를 가지고 있다. 현장에서 이것이 뜻하는 것은 소비자 건강에 심각한 영향을 미칠 수 있는 위험들을 특히 과정점검에 고려한다는 것이다. 건강위험이 발생하는 빈도도 이러한 고려에 포함시킨다는 것이다.

특히 미생물적인 위험들에서 이 평가가 학문적인 기관들에 의해 이루어졌다는 것은 당연하다. 그들은 충분한 연구 성과들과 경험치를 영유하고 있다. 이에 맞게 입법자들은 문제 되는 건강리스크에 대해 미생물적인 기준을 확정했다. 그밖에도 여러 단체들이 '좋은 제조실태'에 대해 지침기준을 제시하고 있는데, 여기에서 준수하여야 할 미생물적인 기준들을 따올 수 있다.

관리점의 확립(CP)과 이를 잘 다루기 위한 수단: 첫 단계에서 감시해야 할 건강위해요소를 열거한 다음에는 여러 건강 위해요소를 치즈제조 과정 중에서 어떤 수단들로 막는지를 치즈공방은 설득력 있게 내놓아야 한다. 과정 관리점(CP)을 작성하는 이 두 번째 단계는 여러 하부 관리점으로 나누어진다.

조사한 모든 위해요소들이 제조과정과 연관된 수단들로 제거될 수 있는 것은 아니므로 건강 위해요소들을 두 그룹으로 나누어야 한다.

구분하여야 하는 것은:

① 과정이 연관된 수단으로 영향을 미칠 수 있는 건강 위해요소들
② 예방차원에서 일반적인 위생수단들로 막을 수 있는 건강 위해요소들

과정이 연관된 수단들은 우선 바람직하지 않는 미생물들을 죽이거나 감소시키는 것을 목표로 한다. 그래서 밀크살균은 대부분의 균들을 확실히 사멸시키고, 강력한 산성화는 균의 더 이상의 성장을 막는다. 그리하여 과정이 연관된 수단들은 제조과정에 관리적으로 관여한다(그림 6-5 참조).

일반적인 위생수단들은 특히 바람직하지 않는 미생물의 침입(감염)과 화학적 또 물리적 오염을 막아야 한다. 이 수단들은 실제 제조과정에 선행되어 있으므로 제조조정의 구성요소들은 아니다. 일반적인 위생수단들은 다음 장의 '기초위생'에서 다루어진다.

■ **중요관리점의 결정**: 제조과정의 범위 내에서 자기가 원하는 제품을 얻기 위해 치즈인은 다수의 관리수단을 쓴다. 건강위험을 최소한의 나머지 리스크로 감소시킬 수 있는 관리수단을 동원하는 제조단계들을 CP(Control Point / 관리점)라 부른다. 여

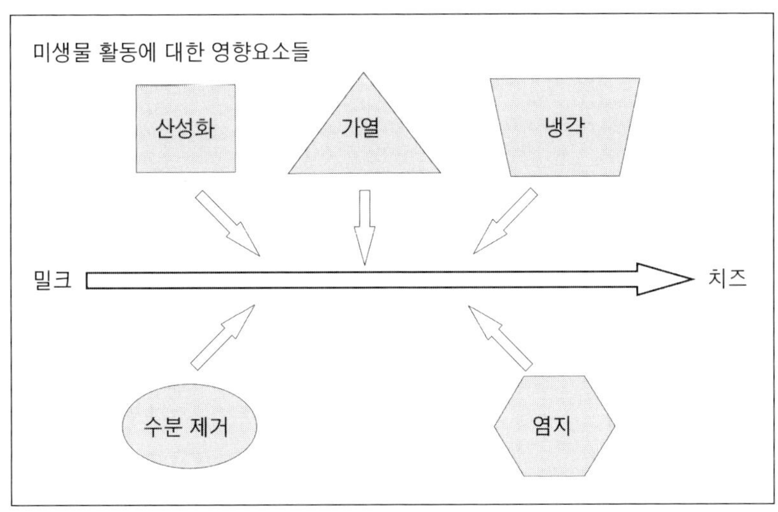

그림 6-5. 치즈제조에 있어 안정성과 관련된 방안들

표 6-3. 유제품에 있어 잠재적 건강위험

건강위험	빈 도	영 향
화학적		
중금속	거의 없음	심한 질환
농약, PCB's	거의 없음	중간적 질환
항생물질	상당히 자주	중간적 질환
세척제 및 살균제	거의 없음	가벼운 질환
도료의 잔존물	거의 없음	가벼운 질환
살충제	거의 없음	중간적 질환
윤활물질	드물게	가벼운 질환
실험실화학물질	거의 없음	가벼운 질환
미생물적인		
Listeria monocytogenes	드물게	심한 질환
살모넬라 and 다른 대장균들	상당히 자주	중간적 질환
Mycobacteria(결핵균들), 브루셀라	거의 없음	심한 질환
바이러스	거의 없음	중간적 질환
효모	드물게	없음
Staphylococcus aureus	자주	중간적 질환
Mycotoxine(곰팡이독)	거의 없음	중간적 질환
Biogenic Amine	드물게	가벼운 질환
체세포	자주	없음거친다.
생물적인		
벌레	상당히 자주	가벼운 질환
쥐	거의 없음	심한 질환
가축	자주	없음
물리적인		
흙, 축분	드물게	중간적인 질환
유리조각	거의 없음	심한 질환

기서 영어인 'to control'은 감시하다는 뜻이 아니고 조정 내지 관리한다는 것을 의미한다. 이 관리 수단들이 나머지 리스크도 거의 제거할 수 있다면 그 때는 특히 CCP (Critical Control Point / 중요관리점)라 말한다. 제조공정의 각각의 포인트에 각각의 건강위험을 명시해야 한다. 전형적인 컨트롤 포인트는 냉각, 가열 그리고 산성화이다. 각각의 롯트에 대해 이루어지는 관능적인 최종 제품검사도 중요관리점이다.

■ **한계치의 설정**: 모든 건강위험에 대해 확정된 CP나 CCP들에 지켜져야 할 한계

치를 설정하여야 한다. 표 6-4가 CCP의 확정과 그에 속하는 기준치들의 예를 보여준다. 기준치는 제품에 따라 정한다.

표 6-4. 조정포인트(CP)와 무결점 조정포인트(CCP)의 예

공정순서	CP/CCP	목표치[1]	점검방법	목표치에 미달할 때
밀크보관	냉각	냉각 10℃에서 최대 12시간	온도 측정	가공 전에 살균 또는 롯트를 표시하고, 팔기 전에 최종 제품 검사를 거친다.
밀크처리	살균	62~65℃에서 30~32분	온도 측정	밀크를 다시 살균
컬쳐 투입	관능	컬쳐 고유의	관능적 검사	새 컬쳐로 교체
유청배출	공간온도	20℃ 이상	온도 측정	실내 온도를 높이고, 치즈의 산성화를 점검
유청배출	산성화	2시간 지난 후 pH가 6.0 이하가 됨	pH-측정	롯트를 표시하고, 팔기 전에 최종제품 미생물적 검사 실시
유청배출	산성화	7시간 지난 후 pH가 5.0 이하가 됨	pH-측정 pH-측정	롯트를 표시하고, 판매 전에 최종제품 미생물적 검사 실시
포장	냉각	8℃ 이하	온도 측정	롯트를 표시하고, 판매 전에 최종 제품 검사 실시
최종제품 검사	관능	고유한 성질에서 벗어남이 없음	관능적 검사	롯트를 표시하고, 팔기 전에 최종제품 미생물적 검사 실시

1) 목표치는 그냥 예로 든 것이다. 제8장의 레시피에서 치즈마다의 목표치 참조

표 6-5. 두 가지의 CCP를 위한 기준들

		예 1	예 2
1.	확인된 위험이 공정순서에 의해 조정된다.	살균이 병원균을 다 죽인다.	산성화가 병원균 증식을 차단한다.
2.	위험배재가 증명되어 될 수 있다.	살균온도 측정	pH-수치의 측정
3.	보다 안전한 제품을 다시 생산하는 것이 가능하다.	살균온도가 도달되지 않으면 다시 살균	pH-수치가 정해진 시간 후 도달하지 않으면 롯트를 표시하고, 팔기 전에 검사하고, 아니면 모두 폐기

CCP '밀크살균'에 대해서는 입법자가 이미 기준치를 정해 놓았다. 이러한 시간-온도-관계를 준수함으로 해서 미생물들의 사멸이 확실히 보장된다(표 6-5 참조). 다른 제어수단들에서도 유사하게 진행된다. 산성화 과정에서 시간-산도-관계를 확정해 놓는데, 충분할 정도의 깊고 빠른 산성화만이 미생물들을 억제시킬 수 있기 때문이다. 산성화가 확실하게 이루어졌는지 확인하기 위해 산성화의 첫 번째 점검이 대부분의 경우 몇 시간이 경과한 다음 이루어진다.

두 번째 산성화 점검은 치즈의 염지 전 다음에 이루어진다. 그렇지만 염지 전의 기준치에 대해서 임의적으로 정할 수 없고, 레시피에서 주어진 것에 따른다. CCP와 CP에서 점검방법의 확정은 모든 생산에서 치즈 레시피 상의 렌넷 투입온도와 커드 단단함을 점검하는 것처럼 모든 생산에서 CCP와 CP에서 기준치들도 점검하여야 한다. 냉각온도는 냉각통이나 냉각실에 고정시켜 놓은 온도계에서 가장 잘 확인 할 수 있다.

밀크살균에 있어서는 온도-시간-관계를 온도계를 손에 들고 점검하거나 아니면 자동적인 온도기록계로 점검한다. 산도는 정한 시간이 경과한 후 pH미터기로 측정한다. 맛, 냄새 그리고 외모는 제품의 중요한 특성인데, 이들을 유통시키기 전에 관능적인 최종 제품검사로 점검한다.

■ **정정수단의 확정** : 생산을 통제하에 둔다면 정한 기준치들은 보통 준수된다. 그렇지만 생산자는 생산에서의 결함으로부터 완전히 자유롭지는 못하다. 그런 경우를 대비하여 사업체는 필요한 정정수단을 확정해 놓은 일종의 '비상대책'을 수립해 놓아야 한다.

이 정정수단들은 모든 치즈 프로토콜에 부록으로 갖추어져 있어야 한다. 몇몇의 프로세스 결함에서만이 매일의 생산에서 수정하는 식으로 관여할 수 있다. 예로 살균온도가 밑으로 내려갔다면 밀크를 다시 살균할 수 있다. 약초나 양념을 첨가하는 경우에도 사전의 관능적인 점검을 통해 첨가물의 결함을 제때에 적발하여 투입되지 않게 한다. 이러한 CP들을 CCP(critical control point)이라 한다.

결함이 있는 산성화에서는 생산에 더 이상 관여할 수 없다. 여기에서 CP(control point)라 표시한다. 다음 생산 때까지 시간을 이용하여 결함의 원인을 찾아 제거함으로써 다음 생산들에 중요한 정보를 제공하는 것이다. 소비자들 시각에도 이런 CP가 큰 의미가 있다. 기준치를 충족시키지 못한 롯트들은 표시를 따로 하고, 팔기 전에 미생물학적으로 검사한다. 만일 법이 정한 미생물학적인 기준을 통과하면 그 때서야 그 롯트를 판다.

3. 기초위생

최종 제품검사 테두리 안에서 치즈의 하자를 발견하면 그 제조공정을 위에서 설명한 대로 들추어 본다. 만일 제조공정에서 아무런 이상을 찾을 수 없다면 대부분의 경우 기초위생에서 그 원인을 찾아야 한다. 끝으로 질적으로 고품질의 유제품 생산은 좋은 원료 재질, 깨끗한 기구들과 작업 공간들, 그밖에도 능력 있고 건강한 작업자에 의해서만이 지속적으로 좋은 결과를 얻을 수 있다.

결함 투성이의 위생은 생산 시작과 도중에 바람직하지 않는 미생물들과 부패 및 병 발생인자들을 몰고 온다. 미생물들은 그 크기로 인해 우리가 인식할 수 없다. 겉으로 보기에 말끔한 기구, 옷, 손 등등은 미생물학적인 측면에서는 흔히 그렇지 못하다. 그래서 미생물들의 유입을 최소화하기 위한 예방적인 수단들과 위생행동의 습득은 품질확립 컨셉이 제 기능을 발휘하기 위해 큰 의미를 갖는다.

3.1 작업자 위생

작업자 위생은 결함 있는 생산을 막기 위한 아주 중요한 예방 수단 중의 하나이다. 작업 공간에 들어오는 모든 사람들, 방문객들이나 공무집행자들도 당연히 포함한 대상들이다.

미생물은 육안으로 확인할 수 없기 때문에 설득력과 지구력이 흔히 요구된다. 그래서 처음에는 위험성이 아주 추상적인 것으로 보인다. 검사결과 제품들이 폐기 처분되어야 할 때 비로소 위험성이 구체화된다. 이런 부정적인 경험은 매일 꼼꼼한 몸 관리와 정확한 위생적인 행동으로 막을 수 있어야 한다.

■ **작업자의 교육과 적격성**: 충분히 자격을 갖춘 사람만이 제대로 할 수 있다. 맛있는 제품을 만들기 위해서는 치즈생산의 기초지식을 가져야 한다. 만든 제품이 위생적으로 문제가 없으려면 식품미생물학에 대한 기초지식도 마찬가지로 중요하다.

식품 위생규정과 연방 전염방지법에 의해 식품업에 종사하는 모든 작업자는 정규적인 교육에 참가하여야 한다. 교육의 목적은 작업자들에게 미생물의 존재, 증식조건들과 위험 가능성의 분야에 대해 기초지식을 가지게 하고, 적절한 방어수단을 전달하는 데 있다.

■ **작업자의 건강상태**: 식품과 관련된 일을 하는 사람은 질병을 제품에 옮겨서는 안 된다. 따라서 표 6-6에 언급한 질병을 앓고 있는 작업자는 식품과 접촉해서는 안 된다. 전염방지법에 따라 처음으로 치즈공방에서 일하는 사람은 작업금지 및 그와 연관된 주의 의무들에 관해 교육을 받았다는 것을 확인서로 증명하여야 한다. 필요한

표 6-6. 전염병 경우 작업금지

	감 염	감염의심	병원균 소멸
장티푸스	●	●	
파라티푸스	●	●	
콜레라		●	●
적리(Shigellenruhr)	●	●	
살모넬라	●	●	●
전염하는 장염(Gastroenteritis)	●	●	
간염 A 또는 E	●	●	
감염된 상처	●		
감염시킬 수 있는 피부질환	●		
이질균			●
EHEC(혈변 유발하는 대장균)			●

교육은 해당 보건당국에 의해 제공된다. 신고의무가 있는 질병을 앓고 있다는 의심을 작업자가 갖고 있다면 이 작업자는 즉시 의사에게 보내져야 한다.

■ **작업복**: 깨끗한 작업복은 아주 민감한 재료인 밀크를 가공하는 데 있어서 의무이다. 작업 공간에 들어서기 전에 일상복이나 축사 작업복을 벗고 깨끗한 작업복으로 갈아입어야 한다.

이 작업복은 치즈공방에서만 입어야 한다. 여기에 장화, 상의, 그리고 머리덮개 등도 있어야 한다. 백색의 작업복과 장화가 좋으며, 짧은 소매의 상의가 바람직하다. 재질 선택에 있어 작업복을 최소 60℃에서 세척하여야 함을 고려해야 한다. 잡다한 색상의 온도에 민감한 재료들은 이런 요구조건들을 충족시키지 못한다.

장갑은 보통 필요 없고, 상처를 덧씌우기 위해서만 장갑 사용이 합당하다. 규칙적인 손 씻는 것과 마찬가지로 장갑은 충분하게 세척할 수 없으므로 한 작업이 끝나면 바꾼다. 민감한 공정단계(예로 커드검사)에서는 손 소독이 거의 모든 경우 더 낫다.

숙성실에서도 작업장과 마찬가지로 같은 조건들이 요구된다. 숙성실에서 작업장으로 균을 옮아가는 것을 방지하기 위해 숙성실용으로 별도의 작업복을 비치한다.

■ **일반적인 위생**: 법률적인 기준 외에도 모든 작업자는 자신이나 자신의 옷을 통해 어떤 질병이나 부패 유발자가 제품으로 옮아가지 않도록 개별적으로 조치를 취해야 한다. 최종제품의 감염이 흔히 작업자에서 유래함을 볼 수 있다. 원론적으로 모든

병균과 부패 유발자들이 작업자의 질환이나 손이나 작업복의 결함 있는 세척으로 인해 옮아갈 수 있다. 세균이 옮아가는 것을 예방하기 위해 다음과 같은 조치가 취해진다.

① 작업공간에 들어서기 전에 복장을 바꾸고
② 항상 깨끗하도록 작업복의 규칙적인 세척
③ 머리카락이 들어가지 않도록 머리를 덮고(일회용 덮개 사용이 의무-역주)
④ 보석이나 시계는 손 세척을 어렵게 함으로 착용하지 않는다.
⑤ 작업 시작 전 손, 손톱 그리고 팔의 철저한 세척
⑥ 어떤 동작을 할 때마다 다시 손을 씻고
⑦ 미생물학적으로 민감한 작업 단계에서는 손을 소독(예로 치즈커드의 점검)
⑧ 세척에는 비누로서 충분하고, 소독제는 알코올 계통으로만 해야 한다.
⑨ 흡연이나 먹고 마시는 것은 작업장에서는 금한다.
⑩ 피부상처는 덧씌우고, 필요하면 장갑을 낀다.
⑪ 심하게 감기를 앓고 콧물이 나는 사람은 작업 시 마스크를 끼고, 경우에 따라서는 나을 때까지 다른 일을 하도록 한다.

3.2 재료위생

재료의 결함이 없는 상태에서만 가공이 성공적으로 이루어진다. 밀크 외에도 특히 산성화 내지 숙성 컬쳐, 향신료, 송아지 렌넷 또는 미생물적인 렌넷 그리고 또한 중요한 식수가 밀크가공에서 투입된다. 밀크는 대부분 사업장에서 생산되지만, 다른 재료들은 구입하여야 한다. 이 재료들의 결함이 없는 상태를 적절한 구입처 선발, 재료증명서 또는 철저한 물품반입 점검으로 확인하여야 한다. 특히 사용하기 전에 유통기한과 관능적인 특성, 즉 맛, 냄새, 겉모양 등을 점검한다. 문제가 있는 것은 사용하기 전에 제외한다.

■ **식수**: 식수는 커드세척(수세) 시에 직접 치즈생산에 투입된다. 또한 기구들의 추후 세척 시에도 오염된 식수는 치즈의 품질에 해로운 영향을 준다. 이러한 이유에서 식수의 질을 점검하여야 한다. 집안의 수도관까지는 수질에 대해서 공공 수도당국이 책임을 진다. 검사 결과에 대해 수도당국에 자료를 요구할 수 있다.

만일 물을 자체의 우물에서 뽑아 쓴다면 사업체는 식수규정의 요구에 따라 수질을 자체적으로 검사하여야 한다. 결함이 없이 설치된 수도관 시설이 항상 고른 수질을 보장한다. 그러나 수도관 시설이 온전하다는 것을 자체 점검으로 증명하여야 한다. 1년에 한 번 식수규정에 따라 여러 수도꼭지에서 예로 대장균이나 *E. coli* 등의 여러 미생물들을 검사하여야 한다.

■ **원료 밀크**: 밀크는 보통 자체적으로 생산한다. 그래서 집유 업체와 달리 유가공목장은 밀크 품질에 대해 상당히 많은 영향을 미칠 수 있다. 고품질의 밀크를 생산하려면 당연히 건강한 가축, 위생적인 밀크 채취, 착유시설의 제대로 된 세척, 가능한 짧은 저장기간 내에서 충분한 냉각 등이 행해져야 한다. 그럼에도 불구하고 바람직하지 않는 미생물들의 감염이나 증식이 발생한다면 그 원인은 참으로 다양하다.

■ **사료를 점검**: 유가공목장에서 겨울철이면 오래 저장하는 치즈에서(절단 내지 하드치즈) 후기 팽화가 잘 일어난다. 이 부풀음의 원인은 Clostridium에 속하는 소위 낙산균이라 불리는 박테리아다. Clostridium의 포자가 사일레지에서 증식해 사료-축분-밀크의 감염 체인을 통해 치즈로 유입된다. 이 균은 살균에도 살아남고, 치즈의 적당한 조건들에서 다시 번식한다. 이들이 밀폐된 상태에서 살아남고, 포자가 싹이 틀려면 시간이 필요하기에 하드 내지 절단치즈에서 해가 발생한다. 다른 유제품에서는 문제가 되지 않는다.

■ **밀크의 데워짐을 방지하기**: 여러 착유시기의 밀크를 저장할 때 보통 한 저장탱크에 넣는다. 다음 착유시기의 밀크가 들어가면 통의 밀크온도가 올라간다. 이 온도 증가가 세균수의 증가에 책임이 있다. 그래서 보다 바람직한 것은 밀크를 합치기 전에 냉각시키는 방법이다.

■ **신선 밀크의 가공**: 밀크를 오래 저장하면 밀크 품질이 저하된다. 장기저장은 냉각온도 6~8℃를 요구한다. 원하는 유산균은 억제되지만, 특히 *Listeria*와 *Pseudomonas* 같은 내냉성(psychrotrophic) **균**들은 증식할 수 있다. 이때 이 균들은 원유 가공 시 건강 리스크를 의미할 뿐만 아니라 그들의 효소로 인해 결함이 있는 맛을 가져오는 바람직하지 못한 단백질 내지 지방분해를 초래할 수도 있다. 그래서 유가공목장은 가능하면 신선한 밀크(최대 2 착유시기)를 사용해야만 한다.

■ **밀크 품질의 검사**: 규정(EG) Nr. 853/2004에 따라 밀크는 정기적으로 세균수와 체세포수를 검사하여야 한다. 이 검사는 가장 합리적으로는 산유능력 검정 시에 같이 행하여진다.

그밖에도 원유로 제품을 만들 때는 정기적으로 검사기관에서 황색포도상구균과 *E. coli*에 대해서도 조사하여야 한다. 외부검사 중간에는 간단한 즉석 테스트로 밀크 품질을 정기적으로 검사하여야 한다. 미생물적인 판단기준들은 간단한 즉석 테스트에서 아주 제한적일 수밖에 없다. 조사하는 것은 특히 체세포수, Coliform, *Escherichia coli* 그리고 세균 수들이다.

선택할 수 있는 것은 유업체에서 오래 전부터 알려진 검사방법들이다. 즉 발효검사, 렌넷 발효검사, 환원효소검사(Reduktase-test), 그리고 Whiteside-test(체세포 검사), *Escherichia coli*-, Coliform- 즉석 테스트들이다.

3.3 공간위생

작업 공간으로의 오염물질 유입은 유제품에 대한 중요한 감염리스크이다. 따라서 위생적인 건축과 작업 공간들의 제대로 된 배치가 양호한 공간위생을 달성하기 위한 기본 조건들이다. 그밖에도 건축 결함은 유입된 미생물들이 선호하는 잠복장소이다. 점액질 물질의 감염은 비록 그들이 제품에 직접 닿는 것은 드물지만 그곳에서 출발한다. 수없는 중간 발판을 거쳐서야 비로소 이 바람직하지 않는 미생물들은 최종 제품에 도달한다. 따라서 감염이 오염구역과 청정구역의 불충분한 분리에 기인한다고 단정하지 못한다.

■ **위생적인 건축**: 건축 재료들은 위생적으로 결함이 없어야 하며, 치즈공방의 기후상의 조건들에 강해야 하고, 청소와 소독이 용이하여야 한다. 그밖에도 건축 재료는 건강에 해로운 물질을 함유하거나 내뿜지 않아야 한다.

항상 일어나는 건축 결함은 곰팡이 슨 벽과 천장, 그리고 파손된 바닥장식이다. 이러한 결함들은 즉시 수선되어야 하는데, 이들이 아주 심각한 위생리스크가 될 수 있기 때문이다. 곰팡이 슨 천장과 벽은 공간공기의 포자오염을 높이며, 제품의 곰팡이 침입을 가져온다. 바닥의 훼손은 물웅덩이를 초래해 그 속에서 미생물들이 증식할 수 있다.

■ **오염과 청정구역 분리**: 사용목적에 따라 여러 작업영역들을 청정 및 오염구역으로 나눌 수 있다(그림 6-6). 밀크와 제품이 주위환경에 직접 노출되기 때문에 청정구역에서는 높은 위생조건들이 요구된다. 그래서 여기에 높은 감염리스크가 존재한다. 청정구역에 작업공간 외에도 숙성공간과 포장공간이 포함된다.

목표는 청정구역으로 미생물들의 유입을 최대한 막는 것이다. 가공공정에 꼭 필요하지 않는 모든 작업분야들은 그래서 별도의 공간에서 이루어지도록 조치한다. 그럼에도 청정구역과 오염구역이 접촉하는 곳이 있다. 작업자와 마찬가지로 여러 재료들과 밀크는 가공을 위해 공방으로 들어가야 한다. 또한 포장재들도 청정구역에서 필요로 한다. 여기에 공간계획을 할 때 오염 및 청정구역 사이에 위생통로를 설치한다.

그래서 작업자가 가공공간에 직접 출입하는 것은 금지시켜야 한다. 작업공간 전에 있는 종업원용 위생통로는 종업원이 옷을 갈아입고 손을 씻을 수 있게 한다. 재료 특히 그것의 포장재는 보관 내지 수납공간에서 깨끗한 상태를 점검하고, 필요하면 먼저

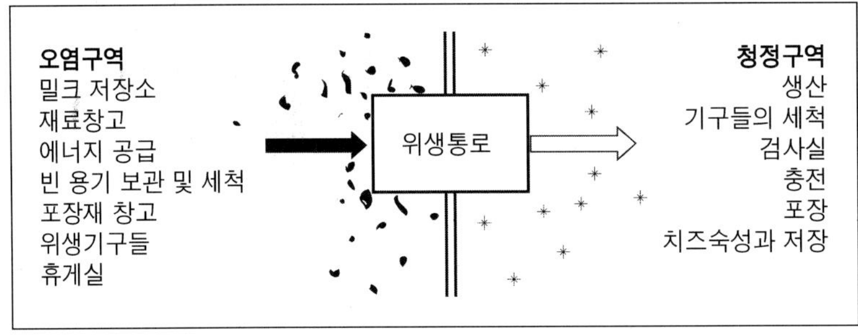

그림 6-6. 오염 및 청정구역의 분리

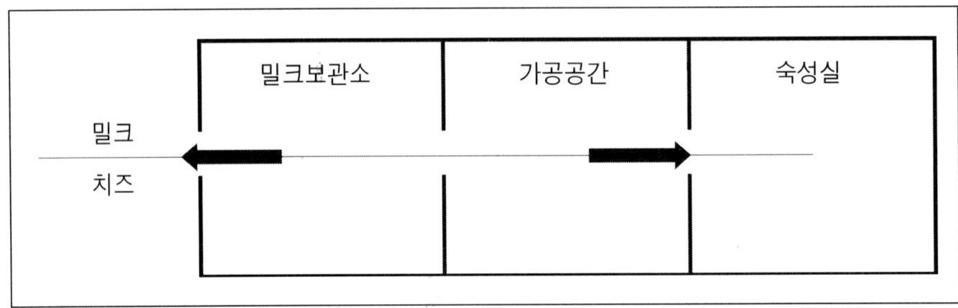

그림 6-7. 오염과 청정구역의 불충분한 분리

세척한다. 포장재 경우도 마찬가지이다. 여러 번 사용하는 포장재는 청정구역에서 사용하기 전에 별도의 공간에서 세척하여야 한다. 그럼 다음에야 비로소 재료와 포장재를 공방에서 사용한다.

이런 조심은 당연히 숙성공간에서도 마찬가지이다. 치즈판자들은 다른 공간에서 세척하여 그곳에서 잘 건조시켜야 한다. 오르지 그렇게 함으로써 존재할지도 모르는 해로운 균으로부터 새 치즈가 계속 감염되는 것을 막을 수 있다.

■ **작업영역들의 분리**: 제품, 처음에는 밀크 그리고 나중에는 치즈가 제조과정에서 수많은 작업영역을 거쳐 간다. 모든 작업순서에서 제품은 기구들이나 작업자와 접촉하게 되고, 거기서 의도적인 것은 아니지만 유해균에 감염된다. 제품이 감염될 리스크는 생산과정이 진행됨에 따라 증가한다. 그렇기 때문에 제품이 한 작업영역을 떠나게 되면 다시 그 영역으로 되돌아와서는 안 된다(그림 6-7 참조). 그림 6-8에서 밀크가 처음 밀크실로 와서 거기서 다시 작업공간에 도달하고, 치즈가 되어 포장실 내지 숙성실로 거쳐 판매 공간으로 가는 것을 체계적으로 보여주고 있다. 밀크가 한쪽으로

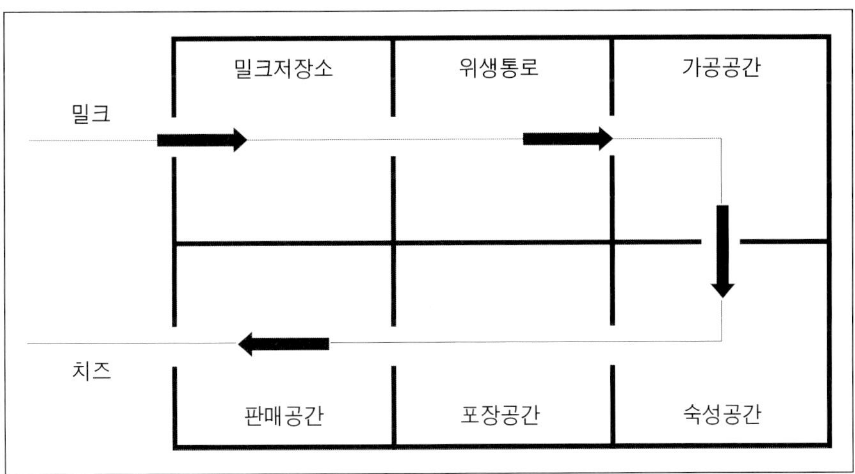

그림 6-8. 일방통행식의 오염 및 청정구역의 모범적인 분리

들어가고, 치즈는 다른 쪽으로 공방을 빠져 나간다. 이 '일방통행'-도식을 공간 배치에서 준수하여야 한다. 이러한 주의수단들을 고려한다고 해서 대부분의 경우 치즈공방의 건축 비용이 그다지 증가하는 것은 아니다.

3.4 기구위생

대부분의 치즈공방 기구들의 표면이 밀크와 제조과정이 진행하면 제품과도 직접 접촉하게 된다. 그래서 치즈기구들의 세척과 소독이 미생물적으로 민감한 식품분야에서 높은 제품 품질을 달성하고 유지하기 위해서는 필수적이다.

■ **위생적인 기구형태**: 기구는 그래서 구조적으로 쉽게 세척할 수 있어야 한다. 유가공목장에서는 대부분 열린 시스템으로 작업이 이루어진다. 파이프 연결이나 밀폐된 치즈벳트는 예외에 속한다. 세척을 위해서는 이런 시스템이 결정적인 장점을 가진다. 왜냐하면 세척하기 어려운 문제영역이 오히려 드물게 있기 때문이다.

가능하다면 피해야 할 것은 구조적인 취약점들이다. 예로서 거친 표면, 나사나 클립 연결, 바닥의 날카로운 굴곡지점(바닥과 벽이 닿는 곳, 직각보다는 곡선으로 된 것이 좋음-역주) 그리고 플랜지 연결, 또한 세척하기 나쁜 각이 진 부위들이다.

세척과 살균 수단들: 제대로 된 세척은 미생물들에서 생존바탕을 제거하여야 한다. 이 뜻은:

① 식품이나 제품 찌꺼기를 완전하게 제거하고

표 6-7. 밀크 구성요소들의 세척에 있어서 차이점

	분해성	사전 열처리 없이 세척가능성	열처리 후 변화
유당	- 물에 잘 녹음	- 쉽게	카라멜화: 세척이 아주 힘들다.
지방	- 물에 거의 녹지 않음 - 알칼리용액에 거의 녹지 않음 - 산성용액에 거의 녹지 않음	- 계면활성제가 있으면 쉽게	폴리머화: 세척이 아주 힘들다.
단백질	- 물에 거의 녹지 않음 - 산성용액에 약간 녹음 - 알칼리용액에는 잘 녹음	- 물로는 어렵다. - 알칼리용액으로는 쉽게	열 변형된 단백질: 세척이 어렵다.
무기물질	- 물에 녹는 것이 물질마다 다르다. - 산성용액에서 잘 녹음	- 상당히 쉽게	침전: 세척이 힘들다.

상자 6-3. 세척-, 살균-물질의 내용물

- 알칼리 구성요소: 잿물 또는 수산화나트륨(NaOH), 수산화칼륨(KOH), 소다는 물에 수용되지 않는 단백질을 분해한다. 지방을 비누로 만든다. 이들은 무기물에 의해서 중성화된다. 환경과 관련된 것은 광물염의 비료효과이다.
- 산성적인 구성요소: 인산, 살페트산, 황산, 또는 황산수소나트륨($NaHSO_4$)와 같은 무기적인 산은 부분적으로 유기적인 산(구연산, 개미산)으로 대체될 수 있다.
- 컴플렉스 형성자(경수연화제): 이들은 물의 경도를 높이는 물질(칼슘이온과 마그네슘이온)을 화학적으로 착화합물로 만들 수 있다. 따라서 세척과정에서 방해를 막는다. 연화제를 쓰지 않으면 60℃에서 석회 침전물이 생긴다.

  과거에 사용되었던 phosphate(인) 대신 현재는 다른 두 물질을 이용한다.

  • EDTA-Ethylendiaminotetraacetat/NTA-Nitrilotriacetat: 이런 아주 어렵게 분해되는 화학물질들은 특히 하천 침전물에서 중금속을 분리시키는 성질로 인해 부정적으로 평가된다.

  • 규산염: 건강상 문제가 없는 것으로 여겨진다(예를 들면, 자가 제조-세척제에 든 경수연화제).
- 세척활동이 강한 물질(계면활성제): 계면활성제는 표면 활력적인(네츠효과적인) 구성요소인데, 이것이 물의 표면장력을 약화시켜 물의 오염분리 능력을 크게 증가시킨다. 계면활성제는 들러붙은 물질들을 파고 들어가는 것을 가능하게 하고, 오염물질을 유탁화시키고 거품이 나지 않도록 한다. 비이온성 및 양이온성 계면활성제는 세균박멸의 성질을 가진다.

계면활성제는 양성적인 전하성질(+및 -전하)에 따라 음이온성, 양이온성, 비이온성으로 표시한다. 그러나 생물학적으로 분해할 수 있는가에 대한 설명은 약간 혼란을 초래한다.

왜냐하면 생물적인 분해에서 무해한 분해성분까지 조사되지 않았고, 오로지 계면활성제의 표면 활력적인 성질의 손실만을 가져오는 첫 분해단계만 조사되었다. 양이온성 계면활성제, 즉 Quaternaer Ammoniumverbindungen(QAV, 4급 암모늄화합물)과 Amphotenside(양면성 계면활성제, Ampholyte, 산성과 염기성에 모두 반응하는 것-역주)는 여기에서 특별히 문제가 되는데, 이는 분해되는 것이 매우 어렵기 때문이다. 하천에서의 나중 분해는 산소 소비가 아주 많다. 그럼에도 불구하고 도구 혹은 기구를 손상시키지 않고, 피부에도 해가 없기 때문에 많이 쓰여진다. 자연적인 비누와 매우 유사한 음이온성 계면활성제는 쉽게 분해되는 성질로 인해서 상대적으로 문제를 일으키지 않는다.

살균요소들:

- (활성)염소: 강하게 산화시키는 효과, 높은 pH에서 세척활동도 있다. 생산 시 환경오염이 크고, 대기를 해치는 할로겐 탄소물질(AOX) 형성 때문에 비난을 받는다. 산과 결합할 때는 염소가스 침해를 받을 수 있다. 통에 담구는 소독에서 스테인리스를 공격하는 염화물이 발생할 수 있다.
- 요오드: 염소와 마찬가지로 온도에 민감하다.
- 과산화수소(H_2O_2): 물과 O-Radical(활성산소)로의 분해에 의해서 산화효과가 있다. 표면소독에 있어서 환경친화적인 수단
- QAV(위 참조)도 역시 살균효과가 있다.
- Peracetic Acid(과초산계): 식초산과 O-Radical로의 분해에 의해서 산화효과가 있다. 사용방법 문제로 인해 전통적인 세척에서는 오랫동안 사용하지 않았다. 소독제로는 문제없는 분해성질 때문에 널리 쓰여지고 있다.

② 붙어 있는 지방과 단백질 성분들을 침투해서 분해하고
③ 다공질의 층, 예로 유석(乳石)을 제거하고
④ 기구를 건조시킴으로써 수분을 제거하고
⑤ 민감한 기구에서는 식품과 관련된 균들을 사멸시킨다.

표 6-7은 오염의 대부분이 물로 제거할 수 없음을 보여준다. 이러한 이유에서 물에 세척제를 첨가한다. 상자 6-3에 언급한 세척제들은 아주 다른 역할을 수행한다. 세척효과는 특히 상자 6-4에 언급한 요소들의 좋은 상호작용에 달려 있다.

만족할 만한 세척을 이루기 위해서 각각의 기구들에 맞는 세척방식을 택하여야 한다. 세척 내지 소독플랜을 작성함으로써(다음에 나오는 기록 참조) 개개의 기구들에 대한 세척방식이 확정되고, 나중에 그 효과를 점검한다. 미생물들을 육안으로 점검하

지 못하므로 기구 표면에 있는 전체 균수들은 접촉테스트(배양액이 칠해진 살레를 검사 대상물에 접촉시키고, 증식로에 넣어 미생물을 배양시켜 그 종류와 숫자를 조사, 오염 정도 검사-역주)로 알아낸다.

최종 제품에서 문제가 생기면 필연적으로 하자규명에 세척방식을 함께 포함시키고 다시금 점검하여야 한다.

4. 기 록

기록은 다양한 목적을 가지는데:

■ **주의 의무의 증명**: 민감한 식품의 생산자가 주의 의무를 제대로 이행했다는 것의 증명이다. 사고 시나리오의 점검은 위험에 민감하게 만들고, 그의 방지를 위한 제안들을 가능하게 한다. 사고가 난다 하여도 기업은 위생당국에 대해 발생하는 결함에 대해 전문가답게 그리고 신속하게 대응할 수 있다는 것을 보여 준다.

■ **결함 규명에서 도움을 준다**: 그밖에도 좋은 기록은 제조공정의 중요한 단계를 서술하고 평가함으로써 기억에 도움을 준다. 이는 수많은 년도의 경험 축적물을 가능하면 일목요연하게 정리해 놓은 자가(自家)의 참고서라 할 수 있다. 그렇지만 문제가 발생한 롯트는 분명하게 서술한 것에 분류할 수 있어야 한다.

■ **업무 경감**: 경험을 모은다는 것은 시간이 많이 걸리는 것이기에 잘 정돈된 기록은 큰 업무 경감을 이룰 수 있게 한다. 치즈공방은 적절한 경험 가치에 도움을 구할 수 있는데, 예를 들어 치즈결함이 발생하면 처음부터 다시 시작하는 결함규명은 하지 않아도 된다.

그러기 위해서 최대한의 광대한 기록은 필요하지 않고, 다만 일목요연하게 정리만 하면 된다. 조사해 놓은 데이터들을 언제나 신속하고 잘 찾을 수 있게 해 놓아야 한다. 최종제품 내지 공정과정 점검의 범위 내에서 롯트와 연관된 기록이 있으면 된다. 보통 생산과정에 직접 연관시킬 수 없는 기초 위생수단에 대해서는 작업자-, 재료-, 기구- 내지 공간관련 기록을 참조한다.

4.1 최종제품 점검의 기록

핵심적인 기록은 치즈 프로토콜(그림 6-4 참조)이다. 제조 시 확인한 모든 데이터들은 이 프로토콜에 기재한다. 예를 들면 검사결과, 관능적 점검 같은 나중에 뽑은 데이터들은 해당하는 롯트에 분명하게 분류시킬 수 있어야 하기 위해 틀림없이 식별할 수 있어야 한다. 하루에 같은 제품을 여러 번 만드는 사업체는 롯트 번호를 부여해야 한다. 하루에 한 번만 해당 제품을 만든다면 제품이름과 제조날짜만 있으면 제품을 분명하게 식별할 수 있다.

치즈 롯트의 표시는 색도장, 카제인 마크, 또는 제품 동행서로 이루어진다(카제인 마크는 생치즈 만들 때 몰드 안쪽에 넣어 치즈에 붙은 카제인으로 된 치즈 식별표식 -역주).

항목 '목표치'에 추구하는 제조 데이터를 기재함으로써 기록비용이 상당히 줄어들 수 있다. 왜냐하면 항목 '수정치'에 목표치와의 오차만 기록하면 되기 때문이다. 제조 데이터 외에 다른 데이터들, 예로 최종제품의 미생물적인 검사결과도 수집한다. 이것

표 6-8. 하자규명의 일람표 형식의 문서작성

순 서	결 과	대응조치
1. 해당 롯트의 사후검사		
2. 다른 롯트도 점검		
3. 제조공정의 점검		
4. 기초위생(재료검사, 세척, 소독)		
5. 다른 롯트도 재검사		
6. 제조공정의 단계적 검사		

표 6-9. 치즈몰드의 세척과 소독의 예

조치	설명	매체	제품명	제조회사	사용량	온도	반응시간
전 세척	치즈 찌꺼기를 흐르는 물 아래서 씻는다.	물				40℃	
세척	세척액으로 솔로 문지른다.	양잿물	Alkalifix CA 27	Sauber-mann GmbH	1% 정도	50℃	담글 때는 2시간 이상
후 세척	흐르는 물에서 헹구다.	물				40℃	
소독	소독액에 담근다.	소독제	Antisept AS 121	Sauber-mann GmbH	0.2% 정도	20℃	5분 이상
후 세척	흐르는 물에서 헹구다.	물				40℃	
건조	건조시키다.						

은 별도의 서류로 연대별로 정리하는 것이 좋다. 롯트 번호, 제조일 그리고 제품이름을 통해 해당하는 치즈 프로토콜에 일목요연한 분류가 가능하다.

치즈결함이 발생하면 감독기관은 사업체가 어떻게 반응하는지에 큰 관심을 가지고 있다. 그래서 확인된 결함들에 대해 대처방안의 기록이 의미를 가지고 있다. 한 걸음 한 걸음 결함 규명의 결과가 기록되고, 점검결과를 덧붙인다. 최종제품 점검에서 이미 서술한 것처럼 결함 규명은 동일한 모델을 따른다. 도표로 만든 서식이 일목요연하고 기술을 용이하게 한다(표 6-8 참조).

해당하는 치즈 프로토콜에 이 프로토콜을 붙이면 사업체 점검에 즉시 쓸 수 있다. 그 결함이 다시 발생한다면 이 같은 결함 프로토콜은 결함의 원인과 제거에 중요한 가르침을 준다. 그래서 필요하면 이것을 즉시 쓸 수 있게 되어야 한다. 따라서 결함 프로토콜을 복사해 놓거나 아니면 결함에 따라 분류하여 별도의 바인더에 두거나, 아니면 롯트 번호 또는 제품이름과 생산날짜가 기입된 결함 기록부에 적어 둔다. 그렇게 해야만 찾는 치즈 프로토콜을 쉽게 발견할 수 있다.

4.2 과정점검의 기록

CPs와 CCPs의 확정과 기록에 대해서도 치즈 프로토콜을 이용하는 것이 무척 도움이 된다. 모든 제품에 대해 다음과 같은 접근이 이루어진다.

1) 위험분석

위험분석은 제품품질에 대한 위험을 산정하고, 이를 방지하는 수단들을 기술한다. 위험분석은 일람표로 기록한다(표 6-10 참조). 이미 일반적인 위생조치를 통해 제거

표 6-10. 위험분석의 문서작성 예

〈베르크 치즈제조의 HACCP-위험분석의 예〉

공정순서	최종제품 에서의 위험	리스크	원 인	〈해결방법〉 기초위생 공정점검 최종제품 점검	〈목표치〉 치즈공방의 프로토콜 에서 원용
원유	Staph. aureas-Enterotoxin	높음	유방염 감염우	매달 수의사에 의한 점검	
밀크처리	Staph. aureas-Enterotoxin	높음	너무 높은 온도	냉각온도를 감시	10℃
판매	Staph. aureas-Enterotoxin	보통	불충분한 기초위생, 공정검사	샘플검사	

되어지는 건강 리스크들은 그에 따라 표시하였다. 이 건강 리스크에 대해 제조공정에서는 목표치를 두지 않는다. 예방적인 위생조치들이 별도의 항목에 기재된다. 제조공정에서 조치로 제어되어지는 건강 리스크에 대해서는 그 조치를 언급하고 목표치를 설정한다.

2) 치즈 프로토콜

Control points는 치즈 프로토콜에서 이루어진다(표 6-11 참조). 설명도(Legend)가 여러 CCPs와 CPs에 대한 정정조치를 나열한다(표 6-12 참조). 치즈 프로토콜과 설명도는 위험분석의 적용에 관한 기록이다.

매일 매일의 기록을 위해서 치즈 프로토콜에 나열한 위생조치들을 점검한다. 만일 추구하는 목표치를 달성하지 못했다면 항목 '수정치'에 실제 조사한 값을 기재하고, 설명도에 있는 대응조치를 취해야 한다.

표 6-11. 보관온도를 공정 파라메타로 하여 위험분석을 치즈 프로토콜에 실현

<종류 : 베르크치즈, 제조날짜 : 13. 08. 2005>

공정순서	파라메타	목표치	수정치	CCP
밀크보관	밀크 종류 밀크 신선도 보관온도	우유 최대 12시간 10℃		 ①
밀크처리	가열온도 지방함량	원유(< 40℃) 자연 그대로		

표 6-12. 목표치에 미달할 때 확립된 해결방안을 가진 치즈 프로토콜의 legend(기호)

CCP	공정순서	파라메타	요구사항	조정수단
1	밀크보관	보관온도	보관온도는 10℃를 초과해서는 안 된다. 미생물의 성장이 유리해지기 때문이다.	밀크를 가공 전에 살균한다. 아니면 롯트를 표시하고, 판매 전에 최종 제품 검사를 한다.

4.3 개인위생의 기록

고용주는 피고용인이 위생교육을 받았다는 증빙서를 비치하여 작업장에서 즉시 보

여줄 수 있어야 하며, 관할 당국의 요구가 있으면 제출하여야 한다. 그밖에도 피고용인이 식품을 통해 감염시킬 수 있는 질병과 관련되면 의사검사 및 매년의 변 검사기록도 비치하여야 한다. 피고용인이 식품위생교육이나 다른 심화교육을 받았다는 증명서 등도 받아서 비치해야 한다. 기록들은 개인별로 하는 것이 좋다.

4.4 재료 위생기록

모든 재료들의 완벽한 상태의 기록이 제품 결함책임의 관점에서 아주 중요하다. 만일 제품이 결함 있는 첨가물에 기인한다고 판명되면 그 공급자도 책임을 져야 한다. 물론 그 첨가물이 분명하게 그 공급자로부터 나온 사실이 전제가 되어야 한다.

제조자 자체의 주의 의무는 상품반입 점검결과(관능적인 검사, 유통기한 확인 그리고 포장재의 온전함 확인 등)를 기록하는 것으로 확실하게 서류로 남겨진다. 점검결과의 빠른 추적은 재료가 연관된 서류철로 가장 잘 이루어진다. 물품 흐름을 잘 되짚어 볼 수 있게 하기 위해서는 모든 반입물품들을 적절한 구입처 명단을 갖춘 목록형태로 작성하는 것이다.

4.5 공간 및 기구 위생기록

때때로 기구와 공간들에서 파손된 곳을 조사해야 한다. 체크리스트를 만드는 것이 좋은데, 이것을 가지고 여러 가지 결함들을 조사할 수 있다.

그밖에도 모든 기구들과 공간들에 대해 세척과 소독조치를 확정하여야 한다. 순서에 따라 적당한 세척수단을 강구한다. 또한 소독이 필요하다고 여겨지면 적절한 소독조치를 확정해야 한다. 이러한 아이디어들을 기록하면 이미 모든 기구들에 대해 잠정적인 세척과 소득플랜을 만든 것이다(표 6-9 참조).

이를 먼저 일상생활에 타당한지를 검토하여야 한다. 초기 주들에는 접촉검사(제6장 3.4 참조-역주) 또는 즉석 테스트키트를 사용할 수 있는데, 이들을 가지고 표면의 박테리아적인 상태를 점검할 수 있다. 검사결과는 해당하는 세척플랜에 철한다.

제 7 장

경제성

독일에서의 유가공은 20세기 초에 이미 대부분 큰 공장에서 이루어졌다. 유가공목장이나 마을 공동 치즈공방은 비경제적이고 살아남을 수 없다고 여겨졌다. 약 30년 전부터 목장유가공이 예기치 못한 호황을 경험하고 있다. 흥미로운 것은 농가 치즈생산자들의 참여가 특히 뚜렷한 경제적인 동기를 가지고 있다는 것이다.

표 7-1. 공헌성과에서 사업이윤까지

수익금	수익금은 제품을 판매하여 얻어진다. 제품과 판매경로에 따라 수익금이 달라진다.
- 변동비용	변동비용은 고정비용과 달라 제품을 생산할 때에만 발생한다. 여기에는 모든 밀크, 렌넷, 컬쳐, 물, 에너지 등 같은 모든 원료와 자재가 포함된다.
= 공헌성과	모든 제품에 대해 각각의 공헌성과를 산출한다. 여기에서도 개별 제품의 판매대금에서 변동비용을 공제하여 이루어진다. 건물시설 및 기계에 대한 투자금액과 인건비용은 공헌성과에 반영되지 않는다. 여러 제품에 대한 공헌성과는 전체 공헌성과로 합쳐진다. 전체 공헌성과는 1년 단위로 작성한다.
- 고정비용	고정비용은 생산과 상관없이 발생하는 비용이다. 특히 건물과 기술적인 시설에 대한 투자금액이 여기에 해당한다. 계획에 있어 이 비용은 여러 해에 나누어지는데, 다른 말로는 감가상각이다. 이렇게 해서 전체 비용의 일부분만이 매년 비용계산에 포함된다. 산출비용(예로 자기자본에 대한 이자)도 실용적인 이유에서 또한 여기에 포함되어야 한다. 협회회비 또는 일반적인 경영비용(예로 장부 기장비용) 같이 생산과 무관하게 발생하는 다른 비용도 고정비용이다.
- 인건비용	인건비는 가족과 외부 노동력에 의해 발생한다. 농업경영 회계에서는 관행인 외부 노동력과 가족 노동력의 분리는 유가공목장에서의 높은 외부 노동력 숫자로 인해 별로 의미가 없다. 외부 노동력에 대한 현실적인 임금수준에 맞춘 계획이 실무에 더 가깝다.
= 기업가 이윤	기업가 이윤은 전체 공헌성과에서 고정비와 인건비를 공제한 금액이다.

표 7-2. 절단치즈에 대한 공헌성과의 계산 예

1. 제품		가우다		
2. 판매경로		농장가게		
3. 공정 : (롯트 크기)	kg	500		
4. 단위 : (100 kg 밀크)	kg	100		
5. 수율 : (밀크량/kg)	kg	10.5		
6. 팔 수 있는 제품량	kg	9.52		
7. 받을 수 있는 제품가격(유로/kg치즈)	Euro	12.70		
		양	가격 Euro	Euro/100 kg
8. 시장 성과	kg	9.52	12.70	120.90
9. 손실을 빼고	%	3		-3.63
10. 부수입(유청)	kg	90.48	0.03	0.90
11. 전체 성과				**118.18**
원 료				
12. 밀크	kg	100	0.38	38.00
부재료				
13. 컬쳐	ℓ	1.5	0.50	0.75
14. 렌넷	mℓ	25	0.02	0.50
15. 소금	kg	0.5	0.40	0.20
16. 향신료	kg		0.80	0.00
17. 세척제	ℓ	0.25	2.10	0.53
18.				0.00
19.				0.00
에너지				
20. 전기	kwh	15	0.12	1.80
물				
21. 물	cbm	0.2	2.60	0.52
기 타				
22. 전화				
23. 포장	kg	9.52	0.30	0.95

(계속)

24. 변동적인 생산비용				**43.25**
25. 전화		1	1.00	1.00
26. 승용차, 운반		1	0.50	
27. 포장		9.52	0.50	
28. 가판대, 부분적 소유		1	1.00	
29. 변동적인 판매비용				**7.26**
30. 변동적인 총 비용				**50.51**
31. 100 kg 밀크당 공헌성과(개당)				**67.67**
32. 롯트당 공헌성과(전체 공정당)				**338.37**
노동시간			롯트	Akh
33. 가공(롯트당)	Akh		500	3.40
34. 치즈케어(롯트당)	Akh		500	6.60
35. 판매(롯트당)	Akh		500	8.40
36. 각 롯트당 총 노동시간	**Akh**			**18.40**
37. 100 kg 밀크당 총 노동시간	**Akh**			**3.68**
38. Akh당 공헌성과	**Euro**			**18.39**

* 역주 : Akh는 성인 노동자 한 사람의 작업시간을 의미하며, 항목 38의 18.39는 항목 31의 67.67을 항목 37의 3.68로 나누어 나온 결과(공헌성과 설명)이며, 한 롯트에 10 kg짜리 절단치즈 5개를 만듭니다.

밀크 구매가격과는 반대로 질적으로 높은 가치의 치즈나 유제품들에서는 지난 연도들에 가격이 안정적이었다. 수많은 농가들로 하여금 밀크가공에 의한 부가가치 창조를 스스로 행할 것을 고려하게끔 만든 상황이다. 그렇지만 조심해야 한다. 목장에서의 유가공이 경제적으로 어려운 상황으로부터 모든 목장이 벗어날 수 있는 길은 더 이상 아니다. 자체 가공에 의한 수입은 과대평가되고, 요구되는 노동시간 잉여나 투자비용은 과소평가되는 경우가 흔하다.

목장 자체의 유가공의 길을 밟으려는 농가는 철저한 예측계산을 꼭 하여야 한다. 기존의 유가공목장도 사업체의 경제성을 회계장부를 바탕으로 규칙적으로 검토하여야 한다.

상자 7-1. 목장 자체의 유가공을 위한 계산프로그램

사단법인 VHM은 목장유가공을 위한 계산프로그램을 계발하였다. 이것을 가지고 목장유가공의 성과를 알아볼 수 있다. 이미 유가공을 하고 있는 사람도 이 프로그램을 아용하면 회계장부를 바탕으로 해서 기존 사업체를 평가할 수 있게 된다.

이 프로그램은 도표계산 프로그램인 '엑셀(Excel)'에 바탕을 두고 있다. 서식은 기호로 설명되어지는데 다만 기입만 하면 된다. 개별 치즈 종류에 따른 공헌성과에서 시작하여 고정비용 산출을 거쳐 기업가 이윤의 계산에 이르기까지의 모든 과정이 설명되어 있다. 그밖에도 기호에는 실무에서의 데이터도 갖추고 있는데, 아무 데이터가 없는 초보자도 이 프로그램으로 작업할 수가 있다. 이 프로그램을 사용하려면 일반 PC면 충분하고 'Excel' 프로그램이 필요하다. PC가 없으면 서식과 기호에 따라 계산을 수작업으로도 할 수 있다.

모든 예측계산에서 기대하는 수익과 거기에 필요한 비용을 비교하여야 한다. 사업체의 이윤과 손실을 계산하는 것이다. 경제성은 특히 다음과 같은 요소들에 의해 영향을 받는다.

① 품목구성과 판매경로에 좌우되는 판매수입
② 원유의 비용
③ 투자액 내지 고정비용 부담
④ 가공량, 롯트 크기(한 번의 작업량) 그리고 작업비용

농가 자체의 유가공이 농업적인 사업 분야이기 때문에 농업회계에서 알려진 공헌성과 계산(Deckungsbeitragsrechnung/DB로 줄여 표시, 각 제품의 판매액에서 변동비를 공제하고 남은 금액, 고정비와 인건비를 이것에서 충당-역주)을 기본적으로 해본다(표 7-1, 7-2).

모든 예측계산의 어려움은 계획시작에 자신의 회계장부로부터 아무런 참조 데이터를 가져올 수 없는 점이다. 일반 농업에서는 자신의 계획상황과 어느 정도 비슷하게 접근할 수 있는 폭넓은 데이터 자료들이 있지만, 농가 자체의 유가공에 대해서는 유가공목장에서의 수입과 비용 상황을 조사해 놓은 것이 별로 없다.

사단법인 VHM은 '목장 자체의 유가공'이란 계산프로그램에 다양한 조사에서 뽑은 참조 데이터를 포함시켰다. 조사한 데이터들은 상당히 차이가 나는 사업체에서 수집한 것인데, 그 때문에 편차도 크다. 따라서 예측계산을 위해서는 추가적으로 비슷한 사업구조를 가진 실제 업소를 방문하여 물어보는 것이 좋다.

1. 공헌성과(Deckungsbeitrag, contribution margin, 한계이익-역주)

모든 제품에 대해서 각각의 공헌성과를 산출하는데, 해당 제품의 매출 수익에서 변동비를 공제하면 된다. 매출 수익은 제품을 판매함으로써 얻어진다.

고정비와는 달리 변동비는 실제 제품을 만들 때만 발생하는 비용이다. 여기에는 모든 사업보조재와 원료, 즉 밀크, 렌넷, 컬쳐, 물, 에너지 등이 포함된다. 건축물 및 기계에 대한 투자비용과 인건비는 공헌성과에 포함되지 않는다. 여러 제품들의 공헌성과는 전체 공헌성과로 합산한다. 전체 공헌성과는 1년 단위로 계산한다.

1.1 시장성과

시장성과는 그 사업영역에서 나오는 모든 수익을 합산한다. 치즈판매 외에도 다른 판매할 것이 있다면 유청 판매가 될 수 있다. 자체 유가공을 확립하는 데 폐기 롯트가 없을 수 없다. 따라서 공헌성과 계산에서 팔지 못하는 상품에 대한 것으로 1~3%를 뺀다.

■ **수익은 제품에 상당히 달려 있다**: 다양한 치즈를 만드는 데 있어 밀크량도 상당히 다르게 필요하다. 단단한 치즈 종류와는 달리 1 kg 치즈 만드는 데 밀크가 적게 드는 신선 내지 소프트 치즈에서는 밀크 리터당 수익도 그래서 많다(2장 3항 참조).

여러 치즈 종류들의 제품가격도 역시 상당히 차이가 난다. 표준제품들, 즉 카망베르나 가우다 같은 것들은 지역적인 그리고 직접 판매에서만 만족할 만한 제품가격을

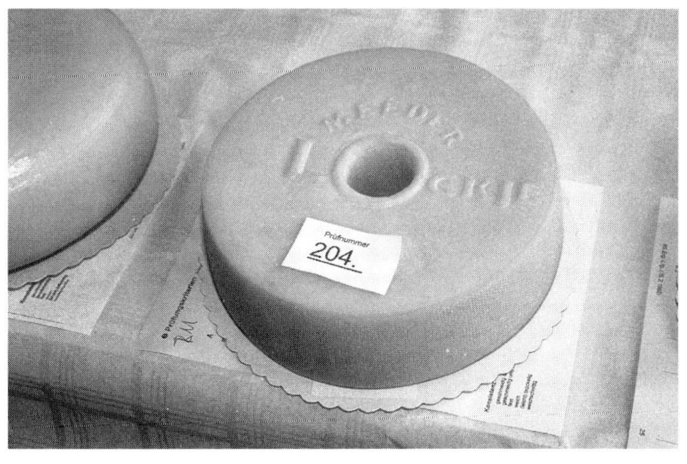

그림 7-1. 시각적으로 눈에 두드러지는 Meeder Lockje 같은 혁신적인 제품은 높은 제품가격을 보장한다.

표 7-3. 제품가격에서의 변동 폭

제 품	판매경로	가격 하한선	가격 상한선	평균 판매가격/유로
크 박	농장에서 중간상	3.75 3.06	4.64 5.05	4.25 3.67
소프트치즈	농장에서 중간상	11.90 9.77	15.24 11.25	13.85 10.55
절단치즈	농장에서 중간상	10.51 8.91	14.32 10.51	12.74 9.82
하드치즈	농장에서 중간상	10.51 9.71	16.20 12.02	12.63 10.94

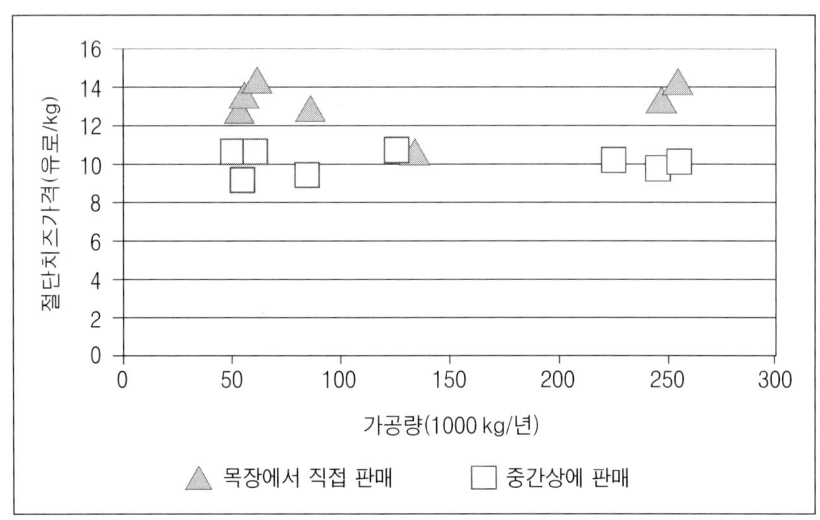

그림 7-2. 목장가게에서 직접 판매할 때와 중간상에 팔 때의 가격

받을 수 있다. 반면에 질적으로 고부가가치의 혁신적인 제품들은(그림 7-1 참조) 높은 가격을 틈새시장에서 이룰 수 있다. 표 7-3은 한 제품 그룹 내에서 차이가 얼마나 큰지를 보여준다.

■ **고객을 찾아가는 수많은 판매경로**: 판매경로도 또한 수익금에 대해 상당한 영향을 미친다. 예나 지금이나 유가공목장은 대부분 직접 판매를 선호한다(농장 또는 장

터에서 등). 여러 단계를 거쳐 팔 때보다 직접 판매에서 높은 수익을 거둘 수 있음은 자명하다. 이 높은 수익에는 그러나 높은 노동비용과 높은 판매비용이 따른다. 그림 7-2가 절단치즈의 서로 다른 판매가격들이 판매경로에 따라 결정됨을 보여준다. 가격들을 각각의 치즈공방에서 가공되는 전체 밀크량에 따라 구분해 놓았다. 흥미로운 사실은 공방이 크나 적으나 가격수준에서 뚜렷한 차이를 보이지 않는다는 것이다.

간접판매(중간상을 통한)에서는 유가공공장과 외국의 싼 제품과 심한 경쟁을 하여야 한다. 그 때문에 간접판매에서는 제품 선택에 더 이상 비중을 둘 수 없다. 교환관계에 있는 제품이 아니라면 가격을 서로 비교할 수 없다.

큰 규모의 또는 시장에서 멀리 떨어진 사업체는 직접 판매가 흔히 불가능하다. 이런 기업은 도매상이나 소매상과 협력하여야 한다. 도매상이나 소매상으로부터 수공업식으로 만든 제품의 질과 가치성을 인정받을 수 있다면 이런 판매경로를 통한 수익은 괜찮은 수준이 된다. 기본 전제는 유가공목장이 그들이 원하는 제품을 지속적으로 또 일정한 품질로 공급해야 하는 것이다.

■ **공동 마케팅 전략을 개발한다**: 가장 중요하고, 현재 증가하는 마케팅 형태가 유가공목장들의 협력이다. 시장 가까이 있는 유가공목장은 수요를 충족시키기에 밀크가 충분하지 못하는 경우가 흔하다. 그들은 품목 다변화를 위해 다른 공방의 제품을 기꺼이 함께 취급한다. 이 전략은 두 가지 아주 결정적인 장점들이 있다.

① 유가공목장들은 시장에서 경쟁자가 아니고 파트너로서 서로 간에 조율된 제품 구색으로 고객욕구를 더 잘 충족시킬 수 있다.

② 제품의 품질과 가치성은 다른 치즈공방에서도 인식되어 있어 이것을 소비자들에게도 전달할 수 있다. 제품교환을 통해 목장 치즈공방은 선택한 제품들에 대한 전문화가 가능하다.

이 두 관점들은 유가공목장의 수익과 비용구조에 상당히 긍정적으로 영향을 미친다. 따라서 꼭 계획에 같이 고려해야 한다.

■ **가격을 그냥 받아들이지 말고 스스로 결정하자**: 경영계획에 있어 곤란한 판매의 어려움을 피하기 위해 현재의 가격수준에 맞추는 것이 어느 정도 의미가 있다. 그러나 새 제품을 시장에 선보일 때는 가격구조를 상향 조정하는 용기를 내어 시도해 보는 것도 좋다.

가격은 어차피 내려가기 마련이다. 경쟁자의 가격을 그냥 따르거나 그 보다 낮게 책정하는 경우가 흔하다. 그래서 제품을 너무 싸게 내놓은 경우, 경험상 보면 나중에 가격을 올릴 수가 없다.

1.2 변동비

변동비는 대부분 원재료 밀크에 대한 비용이다. 다른 비용들은 영업재료, 즉 렌넷, 컬쳐, 약초나 양념, 물, 에너지에 대한 비용이다(그림 7-3 참조).

기업 내부에서 생각하는 원유가격에 대해서 늘 상당한 차이를 볼 수 있다(그림 7-4 참조). 이것은 다음의 두 가지 이유에서 나온다.

① 여러 조사들에서 밀크 생산가격이 업소마다 상당히 차이가 있음이 밝혀졌다. 헤센주의 지역 개발청이 조사한 바로는 이 주의 목장에서 밀크 리터당 0.36~0.60유로 원유 생산비에 차이가 있음을 보여준다.

② 예측계산에서 실제 원유 생산비 아니면 집유회사에서 받는 가격을 적용해야 하는지에 대해 서로 다른 견해가 있다.

실제에 있어 예나 지금이나 많은 업체들이 원유 생산비보다는 집유회사에 우유를 팔고 받는 가격을 적용하고 있다. 이렇게 되면 원유가격이 하락하면 자체 유가공이 계속 수지맞는 것으로 계산된다. 이는 다음과 같은 사실을 간과하게 만든다.

- 유가공에서의 밀크질에 대한 특히 높은 요구사항들이 사료급여, 착유 등등에 보다 높은 비용을 발생시키고,
- 현재 원유가격은 친환경적인 영농비용을 뒤따라주지 않는다.

두 가지 판매경로인 집유업체 내지 자체 유가공을 비교만 하지 않으려면 경제성 계산에 있어 원유비용을 실제 원유 생산비를 근거로 하여야 한다.

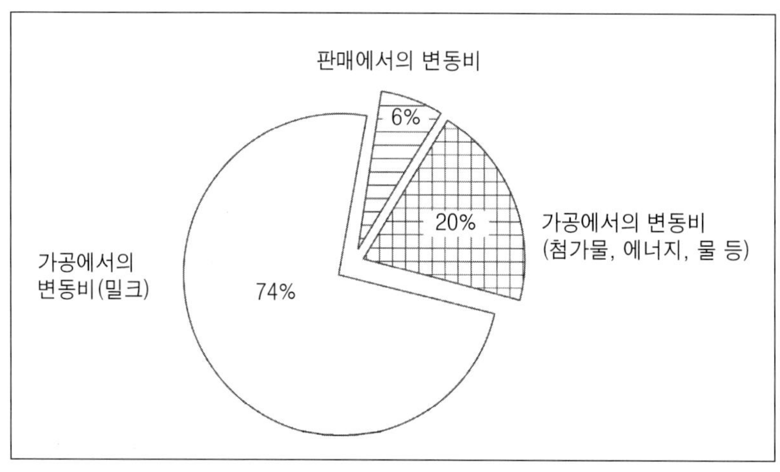

그림 7-3. 제조와 판매에 있어 평균적인 변동비

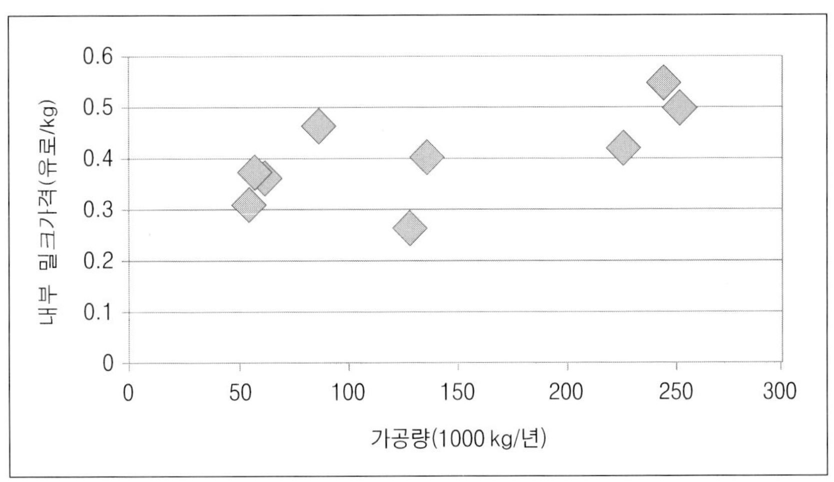

그림 7-4. 가공용 밀크에 대한 원가계산에서 상당한 편차를 보여준다.

2. 인건비

농업상의 회계에서는 인건비를 보통 고정비용로 처리하거나(외부 인력), 아니면 남은 사업 이익에서 가져가는 처리금(가족 노동력)으로 본다. 예측계산에서는 전체 노동시간 수요를 산정하고 적절히 보수를 매기는 것이 더 간단하다. 이렇게 하는 것이 많은 유가공목장의 현실에 더 맞다. 왜냐하면 가족 노동력을 충분할 정도로 쓸 수 있는 경우가 아주 드물기 때문이다. 특히 유가공목장의 창업단계에서 외부 노동력에 상당부분 의지해야 한다.

유감스럽게도 노동시장에 전문인이 많이 나와 있는 것은 아니다. 이러한 이유에서 종업원을 의도적으로 양성하고 계속 교육시키는 치즈공방의 수가 점점 늘고 있다.

■ **노동시간 수요를 과소 평가하지 말자**: 목장 자체 유가공을 위해 필요한 노동시간 수요는 상당하며 흔히 과소 평가된다. 실제 제조과정 뿐만 아니라 기구와 공간들의 세척, 치즈케어, 판매 등의 다른 작업영역도 또한 고려하여야 한다. 100,000 kg/년 밀크를 가공한다면 제조에 온전한 노동력 하나가 필요하다고 보면 된다.

전적으로 직접 판매를 한다면 여기에도 또 다시 온전한 노동력 하나가 필요하다. 제품구성, 판매경로, 공방의 건축과 시설 면에서 공방마다 차이가 상당히 크기 때문에 치즈공방에서 여러 제품들의 노동시간 계산은 그래서 아주 어렵다. 그림 7-5에서 설명한 보커만의 노동시간 계산은 그래서 각각의 경우 비판적인 관점에서 정밀조사

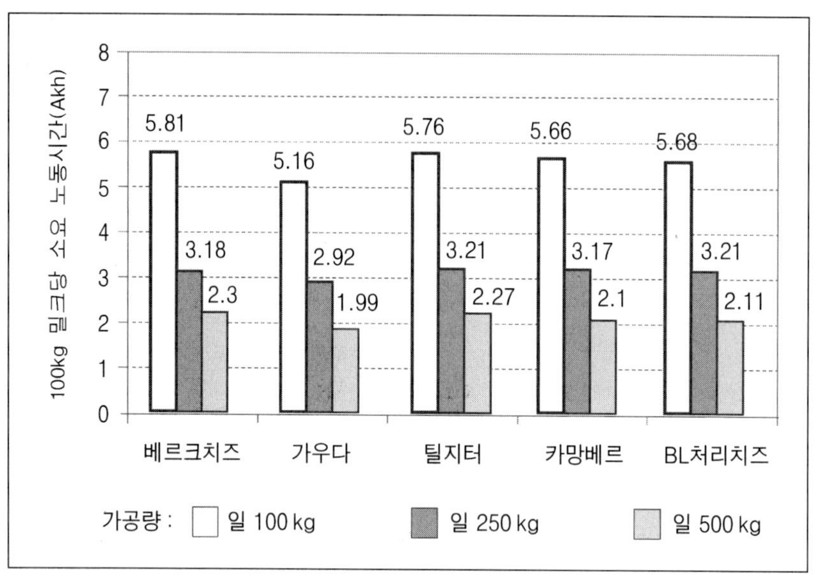

그림 7-5. 100 kg 밀크당 소요되는 노동시간은
롯트 크기가 클수록 줄어든다.

를 하여야 한다.

■ **높은 이용률로 비용을 컨트롤 할 수 있게**: 그림 7-5에 자세히 나타낸 것처럼 롯트 규모가 클수록 100 kg당 밀크를 가공하는 데 드는 상대적인 노동시간은 감소한다. 100 kg 밀크로 가우다치즈를 만들려면 5.16 노동력 시간이 필요하다. 250 kg와 500kg을 가공하는 경우 전체 노동시간은 7.3 내지 9.95 노동력 시간이 각각 든다. 서로 다른 가공량을 비교하기 위해 그림 7-5에서 롯트 250 kg 내지 500 kg에 대한 이 절대 노동시간 투입을 2.5 내지 5로 나누었다. 그런 다음 모든 수치는 100 kg 밀크에 해당하게 된다.

이 같은 롯트 크기에 따른 상당한 노동시간 차이들은 롯트 크기는 다르더라도 제조공정은 거의 같은 시간 내에 이루어진다는 사실에 특히 기인한다. 어느 정도까지 몇몇 제품에 특화하는 것으로 이와 같은 효과를 볼 수 있다.

3. 고정비용

고정비용은 기구나 건물에 대한 투자에서 유발된다. 투자의 규모는 상당히 차이가 나고, 업소 규모, 추구하는 제품구성, 설비의 질, 치즈공방 건축시 자가 노동, 적당한 중고시설 구입 여부 등에 달려 있다(그림 7-6～7-8). 투자액 규모는 감가상각, 지불해야하는 이자, 그리고 발생하는 수리비용을 통해 유가공의 경제성에 영향을 미친다.

■ **투자액의 차이가 상당히 크다**: 현실에 있어 상당히 차이가 나는 금액들이 투자되고 있다. 1993년 Dempewolf가 치즈공방을 조사한 것을 보면 투자액이 5,000에서

그림 7-6. 가스 때는 구리솥

그림 7-7. 온수가열의 홀랜드-치즈벳트

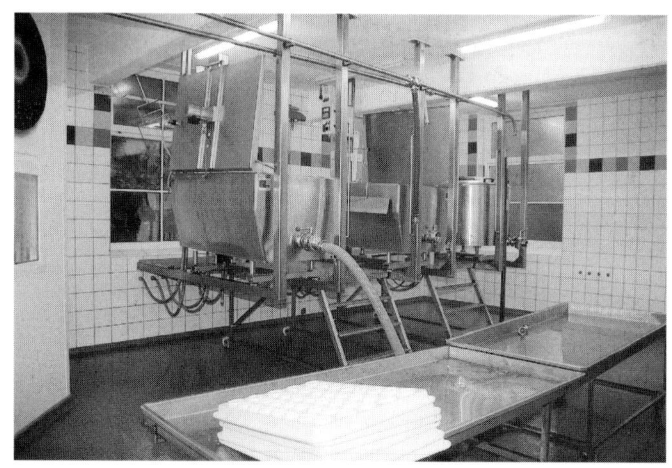

그림 7-8. 높이 위치한 치즈벳트

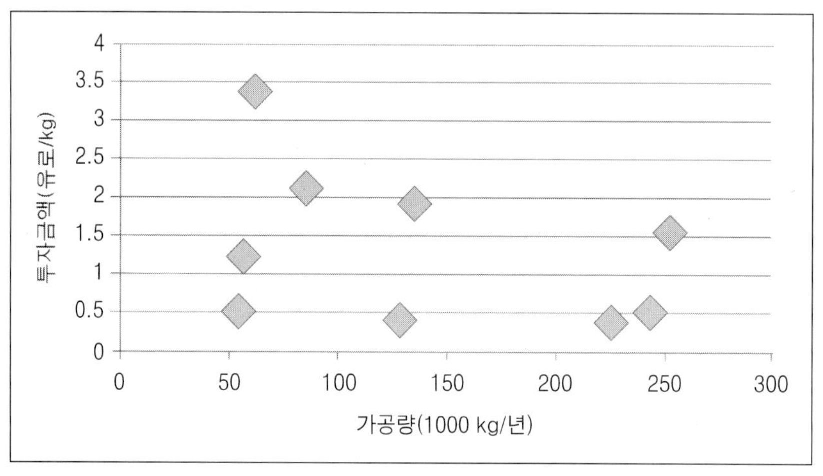

그림 7-9. 여러 치즈공방의 연간 생산량과 대비시킨 투자액

1,000,000유로 사이이고, 2001년에 조사한 것을 보면 55,000에서 750,000유로 사이이다. 그림 7-9를 보면 크거나 작거나 치즈공방들이 가공량을 비교해도 비슷하게 많이 투자함을 볼 수 있다. 연간 가공량에 비추어 가공하는 kg 밀크당 투자액 0.5~2유로를 계획할 때 산정하여야 한다.

연간 밀크 가공량이 100,000 kg이라면 치즈공방의 건물과 시설에 드는 투자액을 50,000~200,000유로라 생각해야 한다. 만일 개별 공방이 이 수치에서 상당히 벗어난다면, 특히 개별 업소의 특수상항, 예로 특별 지원금, 심리치료 목적의 시설물(장애

표 7-4. 인건비를 뺀 전체 비용에 고정비용이 차지하는 의미

	평균적인 고정비용%		고정비용%가 가장 큰 공방		고정비용%가 가장 작은 공방	
	유로	%	유로	%	유로	%
변동비용	0.57	85	0.64	70	0.54	96
고정비용	0.10	15	0.28	30	0.02	4
인건비 제외 전체 비용	0.67	100	0.92	100	0.56	100

인을 위한-역주) 때문이다. 흥미로운 것은 가공량이 증가한다 하여도 kg당 가공하는 밀크의 고정비용이 일반적으로 감소하지는 않는다는 사실이다. 그래서 작은 치즈공방도 적은 투자액을 가지고도 얼마든지 경제적으로 영업할 수 있다.

■ **이용년수를 현실적으로 책정하자**: 투자액에서 이용년수를 감안하면 연간 떨어지는 고정비용을 산출할 수 있다. 여기에 실제에서 보면, 업소가 기구나 건물에 대해 상당히 긴 이용년수를 산정하는 잘못을 범한다. 지난 15년의 경험을 볼 때, 업소들이 기구들은 8년, 건물 등에 대해서는 10~15년의 내구 연한을 산정하여 보통 감가상각하고 있다. 고정비용, 즉 투자는 목장 자체 유가공을 하는데 일반적으로 가장 큰 장애로 받아들여지고 있다. 고정비와 변동비를 비교해 보면 아주 놀라운 사실을 발견할 수 있다. 평균적으로 인건비를 제외한다면 전체 비용에서 고정비는 겨우 15% 정도밖에 안 된다(표 7-4 참조).

이러한 사실은 특히 작업 능률적인 치즈공방 계획 관점에서 고려해야 한다. 왜냐하면 기술과 건물에 대한 너무 적은 투자가 현실에서 보면 얼마 가지 않아 아주 불편하고 갑갑한 작업과정을 초래하기 때문이다.

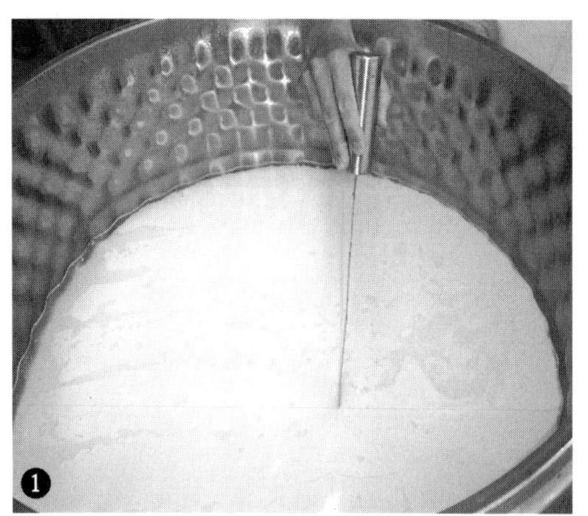

신선치즈의 생산

1. 긴 칼로 묵을 절단
2. 커드를 조심스럽게 뜬다.
3. 층층치즈몰드에 채운다.
4. 분배 테두리를 제거

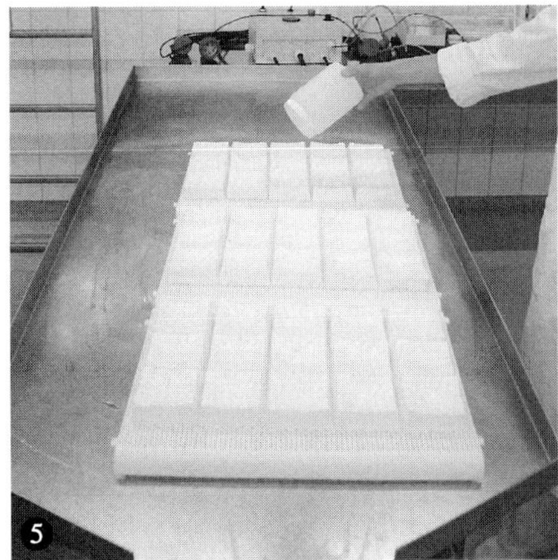

5. 염지
6. 냉장창고에서 유청배출
7. 치즈포장

절단치즈의 생산

1. 밀크를 데워 컬쳐 투입
2. pH-수치 측정
3. 렌넷 넣고
4. 묵의 조직테스트
5. 묵의 절단
6. 커드알갱이 크기 검사
7. 타공판을 이용하여 커드 채우기
8. 치즈반전

(틸지터치즈 만드는 공정 - 역주)

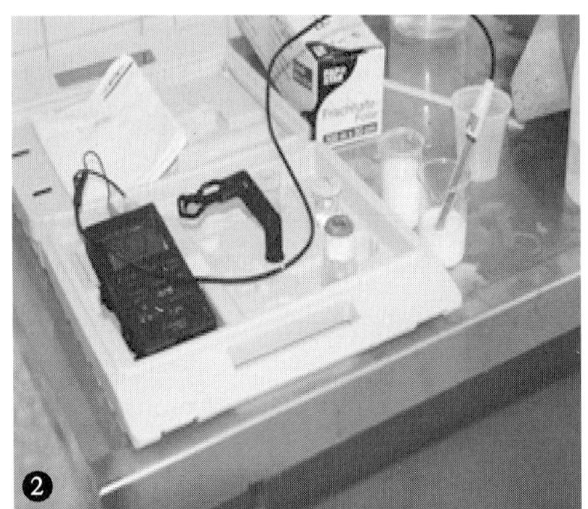

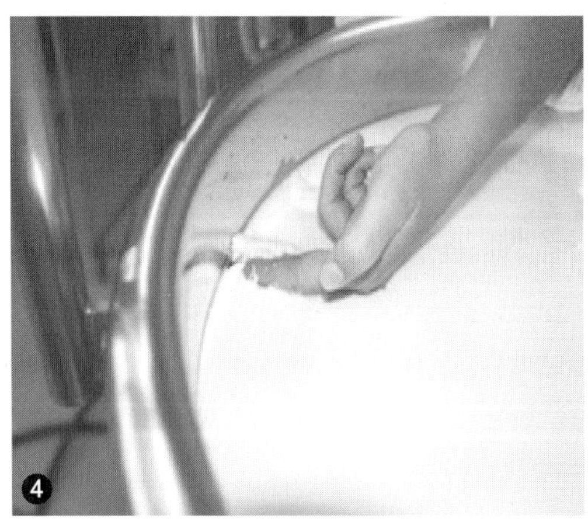

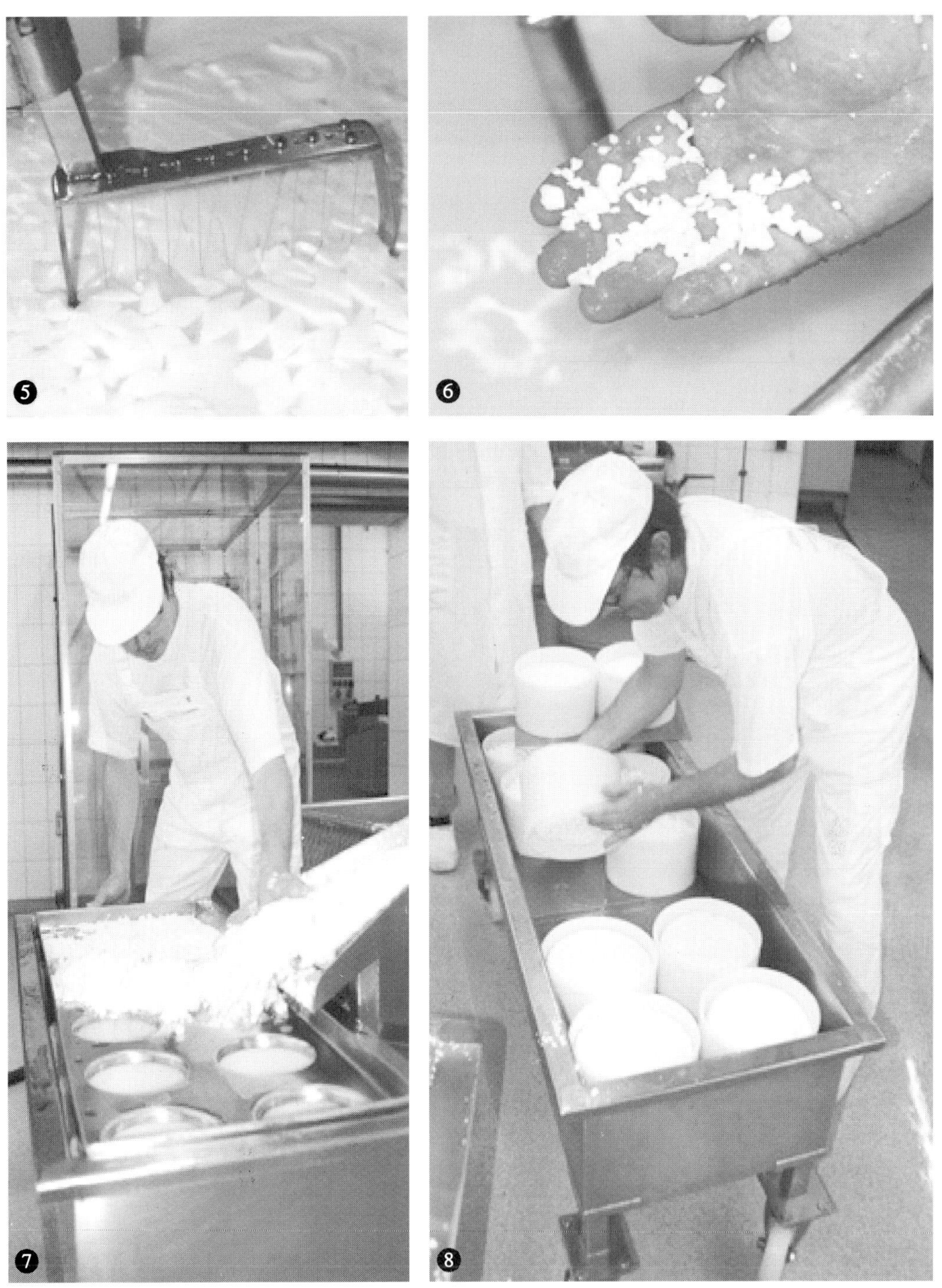
5
6
7
8

제 8 장

치즈 레시피

이미 치즈를 만들어 본 사람은 동일한 레시피에서도 일어나는 변동 폭에 대해서 알고 있다. 이것이 의미하는 것은 해당하는 치즈를 만들기 위해서는 치즈제조에 관한 지식이 얼마나 중요하는가를 보여준다. 치즈제조의 연관성에 대해서 실무적, 그리고 이론적으로 아는 사람만이 치즈공정을 원하는 성과로 이룰 수 있다.

많은 치즈 책들이 치즈를 레시피 대로 복사만 함으로써 배울 수 없다고 지적하고 있다. 그러나 이러한 지적은 초보자에게는 치즈 레시피가 치즈를 처음 만들 때 중요한 길잡이가 된다는 사실을 간과하고 있다. 치즈 레시피는 자신만의 치즈 창작품을 개발하는 데 중요한 원천이 된다. 치즈 만들기는 항상 경험에 의해서 제품이 좌우되는 모험이다. 다음의 치즈 레시피는 유가공목장에서 친절하게 내 준 것인데, 독일 치즈공방의 다양성을 엿볼 수 있게 하며, 특히 치즈 만들기의 첫걸음을 고무시켜 준다.

1. 숙성시킨 신선치즈

종류 : 우유로 만든 연질치즈 날짜 :

시간경과	작업순서	파라메터	목표치	수정치 CP/CCP
하루 전	밀크저장	밀크 종류 밀크 신선도 저장온도	우유 최대 12시간 8~10℃	 ✓ ✓
	밀크처리	가온온도 지방함량	원유(< 40℃) 자연 그대로	
	냉예비숙성 (저녁우유)	컬쳐 종류 컬쳐량 관능적 검사 접종온도 접종시간	스타터(mesophil.) 0.1~0.3% 원유 컬쳐 고유의 8~10℃ 12시간	 ✓

(계속)

시간경과	작업순서	파라메터	목표치	수정치 CP/CCP
당일	온예비숙성 (전체 우유)	컬쳐 종류 컬쳐량 관능적 검사 접종온도 접종시간 예비숙성 후 산도	스타터(mesophil.) 2% 컬쳐 고유의 32℃ 목표 pH에 도달 때까지 pH 6.10～6.20	✓
당일	곰팡이컬쳐 첨가 (컬쳐를 끓여 식힌 물에 녹임)	컬쳐 종류 컬쳐량	Penicillium candidum 제조사 처방에 따름 (우유 1/3. 2/3 뿌림)	
0분	밀크의 응고	렌넷 종류 렌넷 강도 100 ℓ 당 렌넷량 유지온도 공간온도 응결시간 응고시간	송아지위 렌넷 1:15,000 18 ㎖ 32℃ > 20℃ 6～8분 8～9시간	
9시간	채우기, 안 자르고 손삽으로	채울 때 산도 몰드 종류 치즈 크기 치즈무게	pH 4.6～4.7 신선치즈 몰드 직경 8～9 cm 높이 4～5 cm 140 g	
	유청배출	첫 반전 공간온도 배출시간 두 번째 반전	채우고 바로 18～22℃ 12～15시간 뜨고 12시간 후	✓
1일 후	몰드에서 빼기	뺄 때의 산도	pH 4.4～4.6	✓
	건염지하기 (건염지 한 후 포장 하여 신선치즈로 판매해도 무방하다)	공간온도 염지시간 치즈 소금함량	15～17℃ 24시간 1～2%(NaCl)	
2일 후	건조	공간온도 공간습도 건조시간	14～15℃ 상대습도 80～86% 하루	
3일 후	숙성	컬쳐 종류 컬쳐량 공간온도 공간습도 숙성기간	Penicillium candidum 2/3 준비 곰팡이액 12～13℃ 상대습도 90% 8～10일	
11일 후	건조 (곰팡이잔디가 생기면 냉장실에서)	공간온도 공간습도 건조시간	6℃ 상대습도 60～70% 2～4시간	
	포장(건조 후)	포장재	숨쉬는 종이	
	냉장	저장온도 저장기간	4～6℃ 최대 3주	✓

2. 부텐디커 신선치즈

종류 : 우유로 만든 신선치즈 날짜 :

시간경과	작업순서	파라메터	목표치	수정치 CP/CCP
하루 전	밀크보관	밀크 종류 밀크 신선도 보관온도	우유 최대 12시간 < 8℃	 ✓ ✓
당일	밀크처리	가열온도	살균밀크 (63℃에서 30분) 자연 그대로	✓
0분	컬쳐 접종	컬쳐 종류 컬쳐량 관능적 검사 예비 숙성온도 예비 숙성기간	스타터(mesophil.) 1% 컬쳐 고유의 27℃ 0분	 ✓
0분	밀크의 응고	렌넷 종류 렌넷 강도 100ℓ 당 렌넷량 유지온도 공간온도 응고시간	송아지위 렌넷 1 : 15,000 3 mℓ 27℃ > 20℃ 12시간	 ✓
12시간	절단 (치즈하프로)	커드의 크기 절단 전 산도	5 cm < pH 4.60	 ✓
12시간 10분	압착 (슐렌브르크 제조기로)	프레스 압력 프레스 시간 공간온도 압착 전 산도	0.5～5바(bar) (천천히 올림) 6시간 15～20℃ pH 4.50	 ✓
18시간	채우기 (다양한 종류의 기름이나 향신료를 넣어 판매 용기에 담음)	포장재	기름을 잘 견디는 용기	
	냉장	공간온도	< 5℃	✓

3. 리코타(Ricotta)

종류 : 소, 염소, 양젖 유청으로 만든 신선치즈 날짜 :

시간경과	작업순서	파라메터	목표치	수정치 CP/CCP
1일 후	밀크저장	밀크 종류 밀크 신선도 저장온도	소, 염소, 양젖 최대 12시간 < 8℃	✓
	밀크처리	가온온도 지방함량	원유(< 40℃) 자연 그대로	
당일	유청처리	유청 종류 유청 신선도 유청 산도	젖으로 치즈 만들 때 나오는 단 유청 신선한 것(치즈작업 후 즉시 나오는 유청) > pH 6.45	
0분	유청 데우기 (거의 교반하지 않고 증기로 직접하는 것이 최고로 좋음)	온도	75℃	✓
	밀크와 소금 첨가	밀크량 소금량	최대 10% 0.75～1%	
	유청빼기	유청량	1.5～3%	
	산성액 준비하기 (유산이나 구연산 등으로 뺀 유청을 산성화시킴)	유청온도 산성액량 산성액의 산도	70～75℃ 산의 pH 값에 달려 있음(목표 pH 값은 도달해야) pH 2.8～3.0	
15분	유청/밀크 혼합물을 알갱이 형성 때까지	가열온도 가열시간	90℃ 90℃에서 3～5분	
20분	따뜻한 산성액 첨가 (액을 정지된 유청에 천천히 부음. 액은 순간적인 증기유입으로 더 잘 퍼짐. 단백질 알갱이가 생기면 유청을 정지시킴)	산성액 추가 전 산도	pH 6.2～6.3	
	유청/밀크혼합물 보온 (단백질 덩어리가 표면에 뜨고 묵처럼 됨)	산성액 추가 후 유청온도 보온시간 산성액 추가 후 산도	> 85℃ 15～20분 pH 5.6	

시간경과	작업순서	파라메터	목표치	수정치 CP/CCP
40분	채우기 (구멍 난 국자로 묵을 조심스럽게 뜬다)	몰드 형태 치즈 크기 치즈 무게	리코타 몰드 직경 10 cm, 높이 5cm 400～500 g	
50분	유청배출	공간온도 배출시간 배출 후 산도	> 20℃ 2～4시간 pH 5.6～5.8	
4시간	포장 (리코타는 부서지기 쉬워 몰드째 포장이 최선)	포장재	진공포장	
	냉장	공간온도	4～6℃	✓

* 변형으로 Ricotta salata는 여러 달 숙성시킨 치즈이다. 이는 강판에 갈 수 있다. 생산 후 이 치즈를 염지를 많이 하여 건조시킨다.

4. 모짜렐라

종류 : 우유로 만든 파스타 휠라타-치즈 날짜 :

시간경과	작업순서	파라메터	목표치	수정치 CP/CCP
하루 전	밀크보관	밀크 종류 밀크 신선도 보관온도	우유 최대 12시간 < 8℃	
당일	밀크처리	가열온도 지방함량	살균밀크(63℃에서 30분) 3.0%	✓
	예비숙성	컬쳐 종류 컬쳐량 관능적 검사 투입온도 정치시간 예비숙성 후 산도	요구르트나 파스타 휠라타 컬쳐 1.00% 컬쳐 고유의 35~40℃ 30분~1시간 pH 6.50~6.55 (SH 6.8~7.0°)	✓
0분	밀크의 응고	렌넷 종류 렌넷 강도 100 ℓ 당 렌넷량 유지온도 응결시간 응고시간	송아지위 렌넷 1 : 15,000 10~14 mℓ 35~40℃ 10~15분 30~60분	
45분	자르기	커드 크기 커드 작업시간	1.5~3.0 cm 5분	
50분	약하게 교반 (커드덩이가 형성되고 산화됨)	교반시간 침전 전 산도	10~15분 pH 6.40~6.45	
1시간 5분	커드의 침전	시간	4~5분	
1시간 10분	상층의 유청 떠냄 (그 중 일부분 가열 벳에 다시 투입)	유청투입 후 온도	37~42℃	
1시간 20분	덩이가 뭉치고 커드메스의 산성화	시간 숙성도 점검 전 산도	3~8시간 pH 5.1~5.4	
7시간 20분	치데기 전 숙성도 점검 (커드덩이 조금 떼어 수분제거, 뜨거운 물 붓고 치덴다)	조직점검 물 온도 치데기 시간	찢어지지 않는 거의 투명한 막을 형성하는 유연한 메스 형성이 목표 90℃ 2~4분	

시간경과	작업순서	파라메터	목표치	수정치 CP/CCP
7시간 24분	커드매스 치데기 숙성도가 좋으면 매스를 용기에서 꺼내고, 작업대에 두어 유청 배출과 산성화 정지를 시킨다. 메스를 얇게 썰고, 단열 용기에 담고 뜨거운 물로 채운다. 탄력적인 덩이가 될 때까지 치덴다.	산화 정지시 산도 슬라이스 두께 물 온도 치데기 시간	pH 5.1～5.4 1～2 cm 85～90℃ 5～10분	
8시간	나누고 형성하기 (다양한 모양이 가능하다. 직경이 다른 공모양, 조롱박 모양으로 만들어 걸어 숙성시킨다. 줄로 만들어 댕기로 꼬을 수 있다) 찬물에서 식히고, 단단하게 함	덩이 성질 점검 물 온도 시간	뜨거운 탄력적인 덩이에서 두 손으로 엄지와 검지 사이에 밀어 넣어 공모양이 되게 한다. 공은 매끄럽고 구멍이 없어야 한다. 뗄 때 생기는 배꼽도 작고 닫힌 형태 6℃ 10분	
	염지(염지액에서)	염지시간 염지액 온도 염지액 농도 염지액 산도 치즈 소금함량	치즈 무게와 목표 소금함량에 따라 10～12℃ 14～15% pH 5.2～5.4 0.5～1.0%(NaCl)	
1일 후	포장 냉장	포장재 소금물 농도 소금물 산도 냉장온도	통이나 주머니 1～2% pH 5.2～5.4 6℃	✓
변형	변형으로 Provoletta, Provolone 같은 숙성치즈 제조를 위해 건조시킴	온도 건조기간	22～25℃ 2～6시간	
	숙성	공간온도 공간습도 숙성기간	12～14℃ 80% 2～4주	

5. 훼타(Feta) 타입

종류 : 우유로 만든 소금액에 담긴 소프트치즈 날짜 :

시간경과	작업순서	파라메터	목표치	수정치 CP/CCP
하루 전	밀크저장	밀크 종류 밀크 신선도 저장온도	우유 최대 12시간 < 8℃	 ✓ ✓
당일	밀크처리	가열온도 지방함량	살균(63℃, 30분) 3.2～3.3%	✓
	예비숙성	컬쳐 종류 컬쳐량/100 L 접종온도 접종시간 예비숙성 후 산도	Feta용 DVS 1～2 units 34℃ 목표 pH에 도달 때까지 pH 6.55～6.60	
	염화칼슘 첨가	양/100 L	10 g	
0분	밀크의 응고	렌넷 종류 렌넷 강도 100 ℓ 당 렌넷량 유지온도 응결시간 응고시간	송아지위 렌넷 1 : 15,000 20 mℓ 34℃ 15～18분 55～60분	
60분	자르기	커드 크기 자르기 전 산도 커드 작업시간	1.5 cm pH 6.45～6.50 2분	
1시간 2분	휘젓기	휘젓는 시점	15, 30, 45분 후	
2시간	유청배출	양	30%	
2시간 5분	채우기	채울 때 산도 몰드 종류	pH 6.25～6.35 소프트치즈 몰드나 타공의 45×55 cm의 플라스틱틀	
2시간 15분	배출/압착	프레스 시간 프레스 압력 공간온도 첫 반전 다음 반전	약 하루 약한 압착, 틀당 1, 2 kg 23～24℃(첫 5시간) > 20℃(5시간 후) 1시간 후 전체 틀을 2, 3, 5, 8시간 후	 ✓ ✓

시간경과	작업순서	파라메터	목표치	수정치 CP/CCP
1일 후	몰드에서 빼기	뺄 때의 산도	pH 4.8～4.9	✓
	칼로 나누기	치즈 크기 치즈 무게	덩이나 슬라이스 덩이나 슬라이스 크기에 따라	
	건염지 (치즈를 소금으로 힘껏 문지름, 저녁에 반복)	공간온도 염지시간 치즈 소금함량	15～17℃ 1～2일 4～5%(NaCl)	
2일 후	건조	공간온도 공간습도 건조시간	13～15℃ 상대습도 80% 2～3일	
4일 후	포장	포장재	플라스틱통	
	소금액 만들기 (유청, 물, 소금을 섞어 가열)	소금액 구성 신유청의 산도 혼합물 가열온도 혼합물 농도 혼합물 산도	신유청 2 L, 물 7 L, 소금 1 kg pH 4.4 85℃ 10°보메 pH 4.6～4.7	✓
	소금액에 보관 (치즈를 플라스틱 통에 넣고 소금물을 꽉 채움. 공기가 없어야 효모 발생이 일어나지 않음)	보관온도 보관기간	6℃ 여러 달	✓

6. 무살균밀크로 만든 전통적 카망베르

종류 : 우유로 만든 연질치즈 날짜 :

시간경과	작업순서	파라메터	목표치	수정치 CP/CCP
하루 전	밀크보관	밀크 종류 밀크 신선도 보관온도	우유 최대 12시간 < 8℃	 ✓ ✓
	밀크처리 (저녁밀크의 크림을 떠내거나, 아침 밀크 크림 분리)	가열온도 지방함량	원유(< 40℃) 3.0%	
	냉예비숙성 (저녁우유)	컬쳐 종류 컬쳐량 관능적 검사 유지온도 유지기간	스타터(mesophil.) 0.2～1% 컬쳐 고유의 11～14℃ 12시간	 ✓
당일	온예비숙성 (전체 우유)	컬쳐 종류 컬쳐량 관능적 검사 유지온도 유지기간 예비숙성 후 산도	스타터(mesophil.) 0.5～1% 컬쳐 고유의 33～34℃ 목표 pH에 도달 때까지 pH 6.00～6.20	 ✓
	곰팡이 컬쳐 추가 (끓여 미지근한 물에 곰팡이를 푼다)	컬쳐 종류 컬쳐량	Penicillium candidum 제조사 처방에 따름(1/3은 밀크에, 2/3는 스프레 이용으로 보관)	
0분	밀크의 응고	렌넷 종류 렌넷 강도 100ℓ당 렌넷량 유지온도 응결시간 응고시간	송아지위 렌넷 1 : 15,000 10～15 mℓ 33～34℃ 7～9분 35～45분(응결시간의 4～5배)	
45분	절단(선택사항) (유청이 묵 위에 있고, 묵이 벳벽에서 분리되어야 함. 묵의 지방층 제거, 칼로 자르기도 함)	커드 크기 절단 전 산도	10 cm pH 5.9～6.0	

시간경과	작업순서	파라메터	목표치	수정치 CP/CCP
55분	채우기 (400 cm^{3}의 국자로 몰드에 채우기. 커드는 응고시간이 다른 여러 통에서 뜸)	몰드 종류 치즈 크기 치즈 무게 채우는 시간	연질치즈 몰드 직경 10 cm, 높이 3 cm 250 g 1시간 30분~3시간	
3시간	유청배출 (몰드에 붙어 있는 커드조각은 뜨고, 1시간에서 2시간 후에 치즈에 눌러 준다)	공간온도(채우고 3시간까지) 공간온도(채우고 3시간 후 두 번째 돌리기까지) 2회 반전 후 공간온도 첫 번째 반전 두 번째 반전 산도 채우고 1시간 후 채우고 4시간 후 채우고 9시간 후	26~28℃ 24~26℃ 18~20℃ 채우고 4~5시간 채우고 8~10시간 pH 5.60 pH 5.00 pH 4.70	✓ ✓ ✓
1일 후	몰드에서 빼기	뺄 때의 산도 치즈의 고형분	pH 4.6~4.7 40~41%	✓
	건염지	공간온도 건염지시간 치즈 소금함량	15~17℃ 24시간 1.7~1.8%(NaCl)	
2일 후	철사판에서 건조 (곰팡이액을 치즈에 뿌림)	공간온도 공간습도 건조기간 컬쳐 종류 컬쳐량	15~16℃ 상대습도 80~85% 1~2일 Penicillium candidum 2/3 준비된 양	
4일 후	숙성 (철사판에서)	공간온도 공간습도 숙성기간 돌려주기	12~13℃ 상대습도 90~95% 6~8일 2일마다	
10일 후	보관 (철사판에서)	보관온도 보관기간	8~9℃ 2일	
12일 후	포장	포장재 보관온도 포장 후 보관기간	숨쉬는 종이와 얇은 나무상자 8~9℃ 약 9일	 ✓

7. 카망베르

종류 : 우유로 만든 연질치즈 날짜 :

시간경과	작업순서	파라메터	목표치	수정치 CP/CCP
이틀 전	밀크보관	밀크 종류 밀크 신선도 보관온도	우유 최대 12시간 < 8℃	 ✓ ✓
하루 전	밀크처리	가열온도 지방함량	살균밀크(63℃에서 30분) 3.4%	✓
	냉예비숙성 (살균한 전체 밀크)	컬쳐 종류 컬쳐량 관능적 검사 접종온도 접종시간	스타터(mesophil.) 0.2% 컬쳐 고유의 11~13℃ 16시간	 ✓
당일	온예비숙성 (살균한 전체 밀크)	컬쳐 종류 컬쳐량 관능적 검사 유지온도 유지시간 예비숙성 후 산도(배양스타터) 예비숙성 후 산도(DVS)	Streptococus thermophilus 1% 컬쳐 고유의 34℃ 30분(DVS는 1시간) pH 6.40~6.45 pH 6.50~6.57	 ✓
	곰팡이컬쳐 추가 (끓여 미지근하게 식힌 물에 탄다)	컬쳐 종류 컬쳐량	Penicillium candidum과 Geotrichum candidum을 10:1 비율로 제조사 지시에 따라(1/3은 밀크에, 2/3은 스프레이용으로)	
0분	밀크의 응고	렌넷 종류 렌넷 강도 100 ℓ 당 렌넷량 유지온도 응결시간(배양스타터) 응결시간(DVS) 응고시간	송아지위 렌넷 1 : 15,000 20 ㎖ 31~34℃ 10~12분 16~18분 50~60분	
1시간	절단	커드 크기 절단 전 산도(배양) 절단 전 산도(DVS) 커드 작업시간	1~1.5 cm pH 6.30~6.40 pH 6.50~6.55 2분	
1시간 15분	교반	교반시점	15, 30, 45분마다	

시간경과	작업순서	파라메터	목표치	수정치 CP/CCP
2시간	유청배출	양	30%	
2시간 5분	채우기 (커드를 잠시 젓고, 바가지 이용 몰드에 넣음)	채우기 전 산도(배양) 채우기 전 산도(DVS) 몰드 종류 치즈 크기 치즈 무게	pH 6.15~6.25 pH 6.45~6.50 연질치즈 몰드 직경 8 cm, 높이 3 cm 150 g	
2시간 15분	유청배출	공간온도(채우고 6시간까지/배양컬쳐) 공간온도(채우고 6시간까지/배양컬쳐) 처음 반전 그밖의 반전	20~22℃ 24~26℃ 채우고 즉시 1, 2, 3, 5, 8시간 후에	✓ ✓
약 10시간	식힘	목표 pH 수치에 도달하면 냉각 냉각할 때의 pH	15℃ pH 5.2	
1일 후	몰드에서 빼기	제거시 산도(배양컬쳐) 제거시 산도(DVS)	pH 4.8~4.9 pH 5.0~5.1	✓ ✓
	염지 (염지액에서)	염지액 체류시간 염지액 온도 염지액 농도 염지액 산도 치즈 소금함량	75분 12℃ 17°보메 pH 4.8~5.0 1.5~2.5%(NaCl)	
2일 후	건조 (철사판에서) 치즈 표면을 곰팡이액으로 스프레이	공간온도 공간습도 건조시간 컬쳐 종류 컬쳐량	15~16℃ 상대습도 75% 하루 Penicillium candidum과 Geotrichum candidum을 10:1 비율로 남은 곰팡이액 2/3	
3일 후	숙성 (철사판에서)	공간온도 공간습도 숙성기간 돌리기	12~14℃ 상대습도 85~90% 6~8일 2일 마다	
9일 후	보관 (철사판에서)	보관온도 보관기간	8~9℃ 2일	
11일 후	포장	포장재 보관온도 포장 후 보관기간	카망베르종이 8~9℃ 1~2주	✓

8. 뮨스터(Muenster) 타입

종류 : 우유로 만든 연질치즈 날짜 :

시간경과	작업순서	파라메터	목표치	수정치 CP/CCP
하루 전	밀크저장	밀크 종류 밀크 신선도 저장온도	우유 최대 12시간 < 8℃	 ✓ ✓
	밀크처리	가열온도 지방함량	원유(< 40℃) 3.7～4.0%	
	냉예비숙성 (저녁우유)	컬쳐 종류 컬쳐량 관능적 검사 투입온도 투입시간	스타터(mesophil.) 0.2～0.4% 컬쳐 고유의 10～12℃ 12시간	 ✓
당일	온예비숙성 (전체 우유)	컬쳐 종류 컬쳐량 관능적 검사 투입온도 투입시간 예비숙성 후 pH	스타터(mesophil.) 1.50% 컬쳐 고유의 33℃ 목표 pH에 도달 때까지 pH 6.50～6.55	 ✓
	로트슈미르균 첨가	컬쳐 종류 컬쳐량 관능적 검사	Geotrichum candidum, Brevibacterium linens 제조사 지침에 따라 컬쳐 고유의	 ✓
0분	밀크의 응고	렌넷 종류 렌넷 강도 100 ℓ 당 렌넷량 유지온도 응결시간 응고시간	송아지위 렌넷 1 : 10,000 18～22 mℓ 32～33℃ 12～15분 60분	
60분	자르기	커드 크기 커드 작업시간	1.5～2 cm 2～5분	
1시간 5분	휘젓기 (커드받기로 1분간)	휘젓는 시점	40～50분 동안 2～3번	
1시간 55분	채우기	채우기 전 산도 몰드 종류 치즈 크기 치즈 무게	pH 6.2～6.3 연질치즈 몰드 직경 12～15 cm, 높이 3.5～5 cm 500～700 g	

시간경과	작업순서	파라메터	목표치	수정치 CP/CCP
2시간	유청배출	공간온도(채우고 3시간까지) 3시간 후 방온도 첫 반전 추후 반전	26℃ 19~20℃ 30분 후 3, 6, 9시간 후에	✓ ✓
1일 후	몰드에서 빼기	뺄 때의 산도 건물량	pH 4.9~5.1 44~46%	✓
	건염지	공간온도 염지시간 치즈 소금함량	16~18℃ 1일 1.8~2.5%(NaCl)	
2일 후	건조	공간온도 공간습도 건조시간	12~13℃ 상대습도 90% 1~2일	
4일 후	숙성	공간온도 공간습도 숙성기간	14~16℃ 상대습도 95% 3주	
	표면처리 BL액 바르기	BL액 바르기 시작 바르고, 돌리기	Geotrichum candidum, Brevibacterium linens 숙성 첫 날 2일마다	

9. 로마두르(Romadur)

종류 : 우유로 만든 연질치즈 날짜 :

시간경과	작업순서	파라메터	목표치	수정치 CP/CCP
하루 전	밀크저장	밀크 종류 밀크 신선도 저장온도	우유 최대 12시간 < 8℃	 ✓ ✓
당일	밀크처리	가열온도 지방함량	살균유, 63℃/30분 3.2～3.3%	✓
	예비숙성	컬쳐 종류 컬쳐량 관능적 검사 투입온도 투입시간 예비숙성 후 pH	스타터(mesophil.) 1.0% 컬쳐 고유의 30～32℃ 목표 pH에 도달 때까지 pH 6.40～6.50 (SH 7.0～7.2°)	 ✓
	염화칼슘 첨가	100 ℓ 당 양	10 g	
0분	밀크의 응고	렌넷 종류 렌넷 강도 100 ℓ 당 렌넷량 유지온도 응결시간 응고시간	송아지위 렌넷 1 : 15,000 20 mℓ 30～32℃ 12～18분 55～65분	
60분	자르기 (위에서 2×2 cm 자르고 목표 커드 크기가 될 때까지 5분 후 휘저으며 자름)	커드 크기 자르기 전 산도 커드작업시간	1.5 cm pH 6.40～6.45 2～5분	
1시간 5분	휘젓기 (커드받기로 1분간)	휘젓는 시점	1시간에 3～4회	
2시간 5분	유청 빼기	양	30%	
2시간 10분	채우기	채우기 전 산도 몰드형태	pH 6.25～6.35 타공된 플라스틱틀 (45×55 cm)	

시간경과	작업순서	파라메터	목표치	수정치 CP/CCP
2시간 15분	유청배출	공간온도	23～24℃	✓
		첫 반전 다음 반전 산도(채우고 1시간 후) 산도(채우고 3시간 후) 산도(채우고 8시간 후) 공간온도(pH 5.2때)	채우고 즉시 4～5회 pH 6.15 pH 5.7 pH 5.2 17～18℃	 ✓
1일 후	몰드에서 빼기 (칼로 치즈 나눔)	뺄 때의 산도 치즈 크기 치즈 무게	pH 4.8～4.9 5×10 cm 125 g	✓
	염지 (염지액 또는 건염지)	염지액 체류시간 염지액 온도 염지액 농도 염지액 산도 치즈 소금함량	90～100분 12℃ 16° 보메 pH 4.8 1.8～2.5%(NaCl)	
2일 후	숙성	공간온도 공간습도 숙성시간	13～15℃ 상대습도 92～95% 2주	
	표면처리 (BL액으로 바르기)	BL액 바르기 시작 바르고, 돌리기	10% 소금물과 Brevibacterium linens 숙성 첫 날 2일마다	

10. 단비쉬의 보석

종류 : 우유로 만든 푸른곰팡이의 연질치즈 날짜 :

시간경과	작업순서	파라메터	목표치	수정치 CP/CCP
하루 전	밀크보관	밀크 종류 밀크 나이 보관온도	우유 최대 12시간 10~12℃	 ✓ ✓
	밀크처리	가열온도 지방함량 밀크+크림 5%	원유(< 40℃) 4%(밀크 지방함량) 20%(크림 지방함량)	
당일	예비숙성	컬쳐 종류 컬쳐량 관능적 검사 유지온도 유지기간 예비숙성 후 산도	50% mesophil. 컬쳐 50% thermophil. 컬쳐 1% 컬쳐 고유의 34℃ 30분 pH 6.50~6.55	 ✓
	곰팡이 접종	컬쳐 종류 양/100 L	Penicillium roqueforti 제조사의 처방	
0분	밀크의 응고	렌넷 종류 렌넷 강도 100 ℓ 당 렌넷량 유지온도 응결시간 응고시간	송아지위 렌넷 1 : 15,000 23 mℓ 34℃ 20~22분 60분	
60분	절단 (가로, 세로 자르고, 수평으로 5분 정치. 커드가 가라앉게 하고, 5분 후 커드받기로 교반)	커드 크기 절단 전 산도 커드준비시간	1.5~2.0 cm pH 6.45~6.50 약 10분	
1시간 10분	교반 (커드받기로)	교반시점 첫 교반	3회/50분 커드 준비 후 8~10분	
2시간	커드침전	시간	5분	
	유청배출	양	50%	

시간경과	작업순서	파라메터	목표치	수정치 CP/CCP
2시간 5분	담기 (큰 바가지로 작업대 위에 펼쳐 논 크박천 위에 붓는다. 2~5분 후 충분히 유청이 빠지면 몰드에 부수어 채움)	담기 전 산도 몰드 종류 치즈 크기 치즈 무게	pH 6.35~6.45 망 없는 카도바 몰드 직경 27cm 2 kg	
2시간 15분	유청배출	공간온도 첫 반전 그 다음에는	22~24℃ 채우고 즉시 30분, 2, 4, 5, 8시간	✓
1일 후	몰드에서 빼기	뺄 때의 산도	pH 4.85~4.90	✓
	염지 (염지액에서)	염지시간 염지액 온도 염지액 농도 염지액 산도 치즈 소금함량	8시간 14℃ 17° 보메 pH 4.9~5.1 2~3%(NaCl)	
2일 후	숙성	공간온도 공간습도 숙성기간 돌리기	14℃ 상대습도 95% 2주 매일	
8일 후	구멍내기 (곰팡이 성장을 위해 긴 침으로 공기구멍 만듦)	시점 침 직경 침 간격	한 번(숙성 6일 후) 4 mm 15 mm	
12일 후	표면처리 (솔로 함)	칠액 시점 돌리기	Geotrichum candidum 한 번(숙성 시작 10일 후) 2일마다	
14일 후	포장/냉숙성	포장재 보관온도 돌려주기 포장 후 숙성기간	구멍 없는 알루미늄 호일 8℃ 2일마다 4~6주	✓

* 커드받기: 식품용 재질의 쓰레받기 모양의 도구를 사용할 때 손잡이까지 넣어 먼 쪽에서 앞으로 당기면 위아래로 교반됨. 치즈공방의 필수품-역주

11. 고르곤졸라(Gorgonzola)

종류 : 우유로 만든 푸른곰팡이의 반경질치즈 날짜 :

시간경과	작업순서	파라메터	목표치	수정치 CP/CCP
하루 전	밀크보관	밀크 종류 밀크 신선도 보관온도	우유 최대 12h <8℃	 ✓ ✓
당일	밀크처리	가열온도 지방함량	살균우유(63℃에서 30분) 3.3～3.6%	✓
	예비숙성	컬쳐 종류 컬쳐량 관능적 검사 유지온도 유지기간 예비숙성 후 산도	Streptococcus. thermophius, Lacto. bulgaricus(thermo.) 1～2% 컬쳐 고유의 30℃ 30분 pH 6.50～6.55	 ✓
	곰팡이 컬쳐 투입	컬쳐 종류 100ℓ당 양	Penicillium roqueforti 제조사 처방 참조	
0분	밀크의 응고	렌넷 종류 렌넷 강도 100ℓ당 렌넷량 유지온도 응고시간	송아지위 렌넷 1 : 10,000 20～22 ㎖ 30℃ 45분	
45분	첫 절단 (치즈 칼로) 커드 가라앉힘	커드 크기 첫 절단 전 산도 커드 준비시간	10 cm pH 6.4 커드를 유청이 4～5 cm 덮을 때까지	
1시간 10분	두 번째 절단 (하프로)	커드 크기 커드 준비시간	1.5 cm 약 10분	
1시간 20분	커드 가라앉힘	시간	15～20분	
1시간 40분	유청배출	양	가능하면 많이	
1시간 45분	채우기 (전체 커드를 평평한 배출통에 담고, 덮어 유청이 빠지게 한다)	배출시간	45분	
2시간 30분	분배 (커드를 잘라 몰드에 넣음)	몰드 종류 치즈 크기 치즈 무게	절단치즈 몰드 직경 25～30 cm, 높이 16～20 cm 6～13 kg	

시간경과	작업순서	파라메터	목표치	수정치 CP/CCP
2시간 40분	유청배출	공간온도 첫 반전 다음 반전	20∼22 cm 1시간 후 3, 8, 16시간 마다	✓
1일 후	몰드에서 빼기	뺄 때의 산도	pH 4.9∼5.0	✓
	건조	공간온도 공간습도 건조시간	10∼15℃ 상대습도 80∼85% 1∼2일	
3일 후	건염지	공간온도 건염지시간 치즈 소금함량	10∼15℃ 2∼3일 3%(NaCl)	
6일 후	숙성 (냉장창고에서) 옆으로 뉘여 숙성	공간온도 (첫 2∼3일) 공간온도(3일 후) 공간습도 반전(굴리기) 숙성기간	8∼10℃ 2∼4℃ 상대습도 90∼95% 매일 2달	
	표면처리	컬쳐 종류 세척 칠	없음 소금물로(구멍 내고는 하지 않음) 2일마다	
34일 후	구멍내기 (푸른곰팡이의 성장을 위해 구멍을 낸다)	시점 침의 직경 구멍 간격	한 번(숙성시작 후 20∼30일) 4 mm 15 mm	
61일 후	포장/냉장보관	포장재 보관온도 포장 후 보관기간	구멍 난 알루미늄 호일 2∼4℃ 약 2달	 ✓

12. 탈레지오(Taleggio)

종류 : 우유로 만든 반경질 절단치즈 날짜 :

시간경과	작업순서	파라메터	목표치	수정치 CP/CCP
하루 전	밀크저장	밀크 종류 밀크 신선도 저장온도	우유 최대 12시간 < 8℃	 ✓ ✓
	밀크처리	가온온도 지방함량	원유(< 40℃) 3.6~3.8%	
당일	예비숙성	컬쳐 종류 컬쳐량 관능적 검사 투입온도 투입시간 예비숙성 후 pH	St. thermophilus, Lac. bulgaricus(thermophil.) 2~3% 컬쳐 고유의 35℃ 목표 pH에 도달 때까지 pH 6.30	 ✓
0분	밀크의 응고	렌넷 종류 렌넷 강도 100 ℓ 당 렌넷량 유지온도 응고시간	송아지위 렌넷 1 : 10,000 25~30 mℓ 35℃ 20분	
20분	첫 절단 (아주 연한 묵)	커드 크기 절단시간	1.5~2 cm 약 5분	
	커드 가라앉힘	두는 시간	묵이 유청으로 덮일 때까지	
30분	두 번째 절단 (하프로) 커드 다시 가라앉힘	커드 크기 절단과 두는 시간	1 cm 약 10분	
40분	채우기 (손삽으로 몰드에 넣고 천으로 덮음)	채우기 전 산도 몰드 종류 치즈 크기 치즈 무게	pH 6.1~6.2 연질치즈 몰드 20×20, 높이 10cm 1.7~2.2 kg	
60분	유청배출 (배출동안 덮어 치즈가 식고 마르지 않게 해야 함)	공간온도 첫 반전 추후 반전	25~27℃ 10분 후 2, 6, 10시간 후에	✓

시간경과	작업순서	파라메터	목표치	수정치 CP/CCP
1일 후	몰드에서 빼기	뺄 때의 산도	pH 5.0~5.2	✓
	염지 (소금액)	염지액 체류시간	10~12시간	
		염지액 온도	10~12℃	
		염지액 농도	18~20°보메	
		염지액 산도	pH 5.0~5.2	
		치즈 소금함량	1.5~2.5%(NaCl)	
2일 후	숙성 (냉장실에서)	공간온도	6~8℃	
		공간습도	상대습도 90%	
		반전	2일마다	
		숙성시간	7일	
	표면처리 (문지르기만)	컬쳐 종류	없음	
		처리시작	1주에 두 번	
		문지르고 돌리기	2일마다	
9일 후	포장/냉숙성	포장재료	파치먼트종이	
		저장온도	6~8℃	✓
		반전	2일마다	
		포장 후 숙성기간	약 30일	

* 팔기 전에 포장 제거하고, 혹시 있는 곰팡이나 점질액을 문질러 없애고 다시 포장한다.

13. 헤브로숀(Reblochon) 타입

종류 : 우유로 만든 반경질치즈 날짜 :

시간경과	작업순서	파라메터	목표치	수정치 CP/CCP
하루 전	밀크보관	밀크 종류 밀크 신선도	우유 신선한 우유	 ✓
	밀크처리	가열온도 지방함량	원유(< 40℃) 자연 그대로	
당일	예비숙성 (원유 플로라에 의해)	컬쳐 종류 컬쳐량 관능적 검사 유지온도 유지시간 예비숙성 후 산도	전통적으론 순수한 원유 플로라(mesophil.과 thermophil. 혼합균) 0.3～0.5% 컬쳐 고유의 33℃ 15～20분 pH 6.60～6.65 (SH 6.4～6.6°)	 ✓
0분	밀크의 응고	렌넷 종류 렌넷 강도 100 ℓ 당 렌넷량 유지온도 응고시간	송아지위 렌넷 1 : 10,000 22.5 mℓ 33℃ 45분	
45분	자르기	커드 크기 절단 전 산도 커드 준비시간	0.5～1 cm pH 6.60～6.65 10분	
55분	교반	교반시간 약간 가열(커드-유청-혼합물이 식으면)	10분 32～34분	
1시간 5분	커드 정치	시간	약 10분	
1시간 15분	채우기 (커드를 치즈포로 벳트에서 모두 꺼냄. 손으로 뜯어 몰드에 넣음. 포를 몰드 위에 놓고 다시 커드를 포에 넣고 약하게 압착)	채우기 전 산도 몰드 종류 치즈 크기 치즈 무게	pH 6.50～6.55 치즈포를 가진 바닥 없는 절단치즈 몰드 직경 14 cm, 높이 3.5 cm 450～550 g	

시간경과	작업순서	파라메터	목표치	수정치 CP/CCP
1시간 25분	프레스/유청배출 각 치즈 위에 나무판 놓고 무거운 것 올림. 포를 제거한다	공간온도 첫 반전 2차 반전 프레스 압력 3차 반전 그 다음 반전 배출시간	18~20℃ 채우고 즉시 채우고 20분 후 2 kg/치즈 채우고 1시간 20분 4~5회 7~8시간	✓
9시간 30분	몰드에서 빼기	뺄 때의 산도	pH 5.7~5.8	
	건염지 (미세한 소금으로)	공간온도 공간습도 건염지시간 치즈 소금함량	14℃ 상대습도 90% 24시간 1.6~2.0%(NaCl)	
1일 후	건조	공간온도 공간습도 건조기간	14~15℃ 상대습도 90% 5~8일	
8일 후	숙성	공간온도 공간습도 숙성기간	13~15℃ 상대습도 95% 3~4주	
	표면처리 (찬 물로 세척)	컬쳐 종류 케어시작 세척과 반전	찬물(13℃) 첫 숙성일 2일마다	

14. 헤겔바커의 쉬브리(Schibli)

종류 : 우유로 만든 반경질 절단치즈 날짜 :

시간경과	작업순서	파라메터	목표치	수정치 CP/CCP
하루 전	밀크저장	밀크 종류 밀크 신선도 저장온도	우유 최대 12시간 < 8℃	 ✓ ✓
당일	밀크처리	가열온도 지방함량	살균우유(63℃, 30분) 자연 그대로	✓
	예비숙성	컬쳐 종류 컬쳐량 관능적 검사 투입온도 투입시간 예비숙성 후 산도	스타터(mesophil.) 2% 컬쳐 고유의 34℃ 30분 pH 6.55~6.60	 ✓
0분	밀크의 응고	렌넷 종류 렌넷 강도 100 ℓ 당 렌넷량 유지온도 응고시간	송아지위 렌넷 1 : 15,000 20 mℓ 32℃ 30분	
30분	자르기	커드 크기 자르기 전 산도 커드 준비시간	0.5~1.0 cm pH 6.5 10분	
40분	전 치즈작업	교반	20분	
60분	커드세척 후가열 (커드 씻으면서 물 첨가로)	유청배출 물 첨가 물 온도 씻은 후 산도 후가열온도	-25% +50% 50℃ pH 6.4 36℃	
	교반	교반시간(커드 씻는 것 포함해서)	30분	
1시간 30분	채우기	몰드 종류 치즈 크기 치즈 무게	절단치즈 몰드 직경 27.5 cm, 높이 4 cm 2.5 kg	
1시간 40분	유청배출	공간온도 첫 반전 다음 반전들 배출기간	28~30℃ 채우고 즉시 30분, 100분 약 1시간	✓

시간경과	작업순서	파라메터	목표치	수정치 CP/CCP
1일 후	몰드에서 빼기	뺄 때의 산도	pH 5.15~5.2	✓
	소금에서 염지	염지소금물 체류기간 소금물 온도 소금물 농도 소금물 산도 치즈 소금함량	3시간 17℃ 17~20°보메 pH 5.1 1~2%(NaCl)	
	숙성	공간온도 공간습도 숙성기간	16~18℃ 상대습도 90% 3주	
	표면처리 (BL액으로)	BL액 바르기 시작 바르고, 뒤집기	10% 소금물에 BL 첫 숙성일 매일	

15. 상 넥타르(Saint Nectaire) 타입

종류 : 우유로 만든 반경질의 절단치즈 날짜 :

시간경과	작업순서	파라메터	목표치	수정치 CP/CCP
하루 전	밀크저장	밀크 종류 밀크 신선도	우유 신선우유	 ✓
	밀크처리	가열온도 지방함량	원유(< 40℃) 자연 그대로	
당일	예비숙성	컬쳐 종류 컬쳐량 관능적 검사 투입온도 투입시간 예비숙성 후 산도	스타터(mesophil.) 0.3～0.7% 컬쳐 고유의 32℃ 30분 pH 6.55～6.60 (SH 6.8～6.9°)	 ✓
0분	밀크의 응고	렌넷 종류 렌넷 강도 100 ℓ 당 렌넷량 유지온도 응결시간 응고시간	송아지위 렌넷 1 : 15,000 22 mℓ 32℃ 15～20분 45～60분	
35분	자르기	커드 크기 자르기 전 산도 커드 준비시간	5～7 mm pH 6.5 10～15분	
50분	전 치즈작업	교반시간	15～20분	
1시간 10분	채우기 (커드를 벳트에서 가라앉혀 유청 밑에 커드케익 되게 함. 커드를 나누어 몰드에 담음)	채우기 전 산도 몰드 종류 치즈 크기 치즈 무게	pH 6.5 소프트치즈 몰드 직경 17～19 cm, 높이 5 cm 1.7 kg	
1시간 30분	프레스/유청배출	프레스 압력 프레스 시간 공간온도 첫 반전 그 다음 반전 12시간 후 산도	0.1바(bar) 10～12시간 20℃ 20분 후 수차례 pH 5.6	 ✓

시간경과	작업순서	파라메터	목표치	수정치 CP/CCP
1일 후	몰드에서 빼기 (양면을 건염지 하고 몰드에 다시 넣음)	뺄 때의 산도 공간온도 건염지시간 치즈 소금함량	pH 5.2~5.3 14~16℃ 24시간 1.5~2%(NaCl)	✓
2일 후	숙성 (오지리널 제품은 동굴속의 짚 위에서 숙성. 야생 미생물에 의해 오렌지에서 회색의 껍질 형성)	공간온도 공간습도 숙성기간	12~13℃ 상대습도 90~95% 5주	
3일 후	표면처리 (BL액 바르기)	BL액 바르기 시작 바르고, 돌리기	10% 소금물과 BL 숙성 2일째 2일마다	

16. 하클렛

종류 : 우유로 만든 절단치즈 날짜 :

시간경과	작업순서	파라메터	목표치	수정치 CP/CCP
하루 전	밀크저장	밀크 종류 밀크 신선도 저장온도	우유 최대 12시간 < 8℃	 ✓ ✓
당일	밀크처리	가온온도 지방함량	원유(< 40℃) 3.5%	
	예비숙성	컬쳐 종류 컬쳐량 관능적 검사 투입온도 투입시간 예비숙성 후 산도	스타터(mesophil.) 0.5~1% 컬쳐 고유의 32℃ 30분 pH 6.45~6.50	 ✓
0분	밀크의 응고	렌넷 종류 렌넷 강도 100 ℓ 당 렌넷량 유지온도 응결시간 응고시간	송아지위 렌넷 1 : 15,000 22 mℓ 32℃ 8~10분 20분	
20분	자르기	커드 크기 절단 전 산도 커드 준비시간	5 mm pH 6.45~6.50 5~8분	
28분	전 치즈작업	교반	10~12분	
40분	커드세척	유청배출 물 첨가 물 온도 커드세척 후 산도	30~35% 빼고 30~35% 추가 32~38℃ pH 6.45	
45분	추후 가온	추후 가온온도 교반시간	37~38℃ 15분	
1시간	채우고/예비압착	예비압착 예비압착시간 프레스 압력	예비압착통 20분 0.06바(bar)	
1시간 20분	나누기	몰드 종류 치즈 크기 치즈 무게	절단치즈 몰드 직경 28~36 cm, 높이 5.5~7.5 cm 4.5~7 kg	
	프레스	공간온도 프레스 압력 프레스 시간 첫 번째 반전 다음 반전	20~22℃ 0.15~0.2바(bar) 12시간 30분 후 1.5, 4, 8시간 후	✓

시간경과	작업순서	파라메터	목표치	수정치 CP/CCP
1일 후	몰드 제거	시점 제거시 pH	목표 pH에 도달하면 pH 5.30~5.40	✓
	염지 (소금물에서)	염지통 체류시간 염지액 온도 염지액 농도 염지액 산도 치즈 소금함량	12~24시간 10~12℃ 20~22° 보메 pH 5.30~5.40 1.8~2.2%(NaCl)	
2일 후	숙성	공간온도 공간습도 숙성기간	13~15℃ 상대습도 85~95% 2개월	
3일 후	표면처리 (BL액으로)	BL액 바르기 시작 바르고, 돌리기	10% 소금물과 Brevibacterium linens 숙성 이튿날 2일마다	

17. 도텐휠더 뫼렌라이브헨(Moehrenlaibchen) 〈 작은 당근덩이란 뜻, 상표 〉

종류 : 우유로 만든 절단치즈 날짜 :

시간경과	작업순서	파라메터	목표치	수정치 CP/CCP
하루 전	밀크저장	밀크 종류 밀크 신선도 저장온도	우유 최대 12시간 8～10℃	 ✓ ✓
	밀크처리	가열온도 지방함량	원유(< 40℃) 자연 그대로	
당일	예비숙성	컬쳐 종류 컬쳐량 관능적 검사 투입온도 투입시간 예비숙성 후 산도	스타터(mesophil.) 0.8～1% 컬쳐 고유의 28℃(나중에 33℃ 올림) 20분(28℃에서 컬쳐 넣을 때) pH 6.65	 ✓
	당근즙 첨가	양	0.8%(자가 제조시) 1.0%(구입액)	
0분	밀크의 응고	렌넷 종류 렌넷 강도 100 ℓ 당 렌넷량 유지온도 응결시간 응고시간	송아지위 렌넷 1 : 15,000 22.5 ㎖ 33℃ 20분 40분	
40분	자르기	커드 크기 자르기 전 산도 커드 작업시간	3～5 mm pH 6.60 10분	
50분	전 치즈작업	교반시간	20～25분	
1시간 10분	커드세척	유청빼기 물 첨가 물 온도 커드세척 후 산도	-40% +20% 35～40℃ pH 6.55	
1시간 20분	후가온	후가온온도 교반시 가온시간	37℃ 15분	
1시간 35분	후 치즈작업	교반시간	10분	
1시간 45분	유청배출	유청배출	-30%	
1시간 50분	채우기 (계량컵으로 몰드에)	채우기 전 산도 몰드 종류 치즈 크기 치즈 무게	pH 6.50～6.55 절단치즈 몰드 직경 15 cm, 높이 7 cm 1.2 kg	

시간경과	작업순서	파라메터	목표치	수정치 CP/CCP
2시간	유청배출 (치즈를 덮어 식는 것과 샛바람 막음)	공간온도 첫 반전 추후 반전	20∼24℃ 채우고 즉시 30분, 1, 2시간, 몰드 빼기 30분 전에	✓
1일 후	몰드 제거 (소금물에 염지)	제거시 산도 소금물 체류시간 염지액 온도 염지액 농도 염지액 산도 치즈 소금함량	pH 5.25 약 15시간(10시간/kg) 14℃ 17°보메 pH 4.9 1.5∼2%(NaCl)	✓
2일 후	숙성	공간온도 공간습도 숙성기간	14∼16℃ 상대습도 90% 6주	
6일 후	표면처리 (BL액으로)	BL액 바르기 시작 바르고, 돌리기	10% 소금물과 Brevibacterium linens 숙성 5일째 2일마다	

18. 호헨하이머 트라피스텐치즈

종류 : 우유나 염소젖으로 만든 절단치즈 날짜 :

시간경과	작업순서	파라메터	목표치	수정치 CP/CCP
이틀 전	밀크보관	밀크 종류 밀크 신선도 보관온도	우유 최대 12시간 8~10℃	 ✓ ✓
하루 전	밀크처리	가열온도 지방함량	살균유(63℃에서 30분) 3.0%	✓
	냉예비숙성 (살균한 전체 우유를)	컬쳐 종류 컬쳐량 관능적 검사 투입온도 투입기간	스타터(mesophil.) 0.1% 컬쳐 고유의 10~12℃ 16시간	 ✓
당일	온예비숙성 (살균한 전체 우유를)	컬쳐 종류 컬쳐량 관능적 검사 투입온도 투입기간 예비숙성 후 산도	스타터(mesophil.) 0.8~1.0% 컬쳐 고유의 31℃ 30분 pH 6.55(SH 6.9°)	 ✓
0분	밀크의 응고	렌넷 종류 렌넷 강도 100 ℓ 당 렌넷량 유지온도 응결시간 응고시간	송아지위 렌넷 1 : 15,000 22 ㎖ 31℃ 20분 50분	
50분	자르기	커드 크기 자르기 전 산도 커드 준비시간	5 mm pH 6.50 5분	
55분	전 치즈작업	교반시간	15~20분	
1시간 10분	커드세척	유청빼기 물 첨가 물 온도 커드세척 후 산도	-30% +10~15% 30~35℃ pH 6.48	
1시간 20분	후가온	후가온온도 교반시간	39℃ 20분	
1시간 40분	교반	교반시간	5분	
1시간 45분	유청빼기	유청빼기	-0~30%	

시간경과	작업순서	파라메터	목표치	수정치 CP/CCP
1시간 50분	채우기 (호스를 사용하여 몰드에 바로 붓거나, 채로 건져 몰드에 채우기도 한다)	채우기 전 산도 몰드 종류 치즈 크기 치즈 무게	pH 6.40 절단치즈 몰드 직경 17~19 cm, 높이 7 cm 1.7~1.8 kg	
2시간	유청배출	공간온도 첫 반전 다음 반전	20~24℃ 채우고 바로 30분, 1, 2, 3, 5, 8시간마다	✓
1일 후	몰드에서 빼기	뺄 때의 산도	pH 5.15~5.20	✓
	염지 (염지액에서)	염지시간 염지액 온도 염지액 농도 염지액 산도 치즈 소금함량	30시간 12~14℃ 17°보메 pH 5.10~5.20 1.5~2%(NaCl)	
2일 후	숙성	공간온도 공간습도 숙성기간	13~15℃ 상대습도 85~90% 3주	
3일 후	표면처리 (BL액으로 바름)	BL액 바르기 시작 바르고, 돌리기	10% 소금물 + BL 숙성 이틀째 2일마다	
21일 후	포장 (세척, 건조, 파라핀 처리)	포장재 보관온도 돌려주기 포장 후 보관기간	파라핀 6℃ 1주에 한 번 5주	

19. 볼하이머 호프 가우다

종류 : 우유로 만든 절단치즈 날짜 :

시간경과	작업순서	파라메터	목표치	수정치 CP/CCP
하루 전	밀크보관	밀크 종류	우유	
		밀크 신선도	최대 12시간	✓
		보관온도	< 8℃	✓
당일	밀크처리	가열온도	살균우유(63℃, 30분)	✓
		지방함량	3.8～4.0%	
	예비숙성	컬쳐 종류	스타터(mesophil.)	
		컬쳐량	0.8～1%	
		관능적 검사	컬쳐 고유의	✓
		투입온도	20℃(나중에 34℃로 올림)	
		투입기간	90분(20℃에 컬쳐 접종)	
		예비숙성 후 산도	< pH 6.60	
0분	밀크의 응고	렌넷 종류	송아지위 렌넷	
		렌넷 강도	1 : 15,000	
		100 ℓ 당 렌넷량	25 mℓ	
		유지온도	32℃	
		응고시간	30분	
30분	자르기	커드 크기	5 mm	
		커드 준비시간	5～10분	
35분	전 치즈작업	교반시간	20분	
55분	커드세척	유청배출	-40%	
		물 첨가	+30%	
		물 온도	50℃	
		커드세척 후 산도	< pH 6.50	
		물 첨가 후 온도	36℃	
1시간 10분	후 치즈작업	교반시간	5～15분	
1시간 25분	채우기 (유청의 일부분을 예비압착통에 넣고 커드를 잘 휘저어 통에 양동이나 펌프로 넣음)	예비압착 전 산도	pH 6.40	
		유청배출	-30%	
1시간 40분	예비압착	압착시간	20분	
		프레스 압력	0.06바(bar)	

시간경과	작업순서	파라메터	목표치	수정치 CP/CCP
2시간	나누기 (유청 빼고 나눔)	크기 몰드 종류 치즈 크기 치즈 무게	20×20 cm 카도바 몰드 직경 25 cm, 높이 10 cm 3.5~4 kg	
2시간 10분	압착 (망을 갖춘 몰드에서)	공간온도 프레스 압력 프레스 시간 첫 반전 다음 반전	20~24℃ 0.1 bar(담고 즉시) 0.15 bar(10분 후) 0.2 bar(70분 후) 1시간 30분 10분 후 70분 후	✓
3시간 40분	유청배출 (망 없이 몰드에서)	공간온도 (pH 5.25에 도달할 때까지) 배출시간	20~24℃ 18시간	✓
1일 후	몰드에서 빼기	뺄 때의 산도	pH 5.0	✓
	염지 (염지액)	염지시간 염지액 온도 염지액 농도 염지액 산도 치즈 소금함량	48시간 12~14℃ 18°보메 pH 5.0 1.8~2.0%(NaCl)	
3일 후	건조	공간온도 공간습도 기간	12~14℃ 상대습도 85~90% 7일	
10일 후	치즈 표면세척	온수로 씻고, 솔질하고 건조	곰팡이 없게	
11일 후	숙성	공간온도 공간습도 숙성시간	12~14℃ 상대습도 65% 최소 5주	
	표면처리 (치즈코팅제로)	코팅 코팅 시작일 코팅 마감일 돌려주기	각 면에 두 번씩 숙성 첫 날 숙성 4일째 2일마다	

20. 부텐디커 라우흐(Butendieker Rauch) 〈 라우흐는 연기라는 뜻 〉

종류 : 우유로 만든 절단치즈 날짜 :

시간경과	작업순서	파라메터	목표치	수정치 CP/CCP
하루 전	우유저장	밀크 종류 밀크 신선도 저장온도	우유 최대 12시간 10℃	 ✓ ✓
	밀크처리	가열온도 지방함량	원유(< 40℃) 자연 그대로	
당일	예비숙성	컬쳐 종류 컬쳐량 관능적 검사 투입온도 투입시간	스타터(mesophil.) 1% 컬쳐 고유의 20℃ 1시간	 ✓
0분	밀크응고	렌넷 종류 렌넷 강도 100 ℓ 당 렌넷량 유지온도 응고시간	송아지위 렌넷 1 : 15,000 20 mℓ 30℃ 45분	
45분	자르기	커드 크기 커드 작업시간	7 mm 5분	
50분	전 치즈작업	교반시간	10분	
1시간	커드세척	유청빼기 물 첨가 물 온도 물 첨가 후 온도	-20% +20% 75℃ 37℃	 ✓
1시간 15분	후 치즈작업	교반	5분	
1시간 20분	채우기	유청빼기 몰드 종류 치즈 크기 치즈 무게	커드가 보일 때까지 카도바 몰드 직경 22 cm, 높이 8～10 cm 3.0～3.5 kg	
1시간 30분	프레스	공간온도 프레스 압력 프레스 시간 첫 반전 그 다음 반전	20℃ 0 bar(채우고 즉시) 1 bar(채우고 10분) 1.5～2 bar(채우고 40분) 1시간 10분 10분 후 40분 후	✓
2시간 40분	몰드제거	제거시 산도	pH 5.0	✓
	유청배출	공간온도 시간	15～20℃ 15시간	

시간경과	작업순서	파라메터	목표치	수정치 CP/CCP
1일 후	염지 (염지액에서)	염지액 체류시간 염지액 온도 염지액 농도 염지액 산도 치즈 소금농도	3일 10℃ 11°보메 pH 5.0 1%	
4일 후	건조	공간온도 습도 시간	12℃ 상대습도 75% 1일	
5일 후	훈연 첫 훈연	훈연캐비넷에서 훈연톱밥재료 시간	8일 동안 너도밤나무, beech 2일	
7일 후	첫 정치	시간	2일	
9일 후	두 번째 훈연	시간	2일	
11일 후	두 번째 정치	시간	2일	
13일 후	숙성	공간온도 공간습도 숙성시간 반전 표면처리	12℃ 상대습도 75% 3주 2일마다 없음	

21. 라이덴너 농부 치즈(Leidener Bauernkaese)

종류 : 우유로 만든 저지방절단치즈 날짜 :

시간경과	작업순서	파라메터	목표치	수정치 CP/CCP
하루 전	밀크저장 (저녁우유를 지방 잘 뜨게 치즈벳에 저장)	밀크 종류 밀크 신선도 저장온도	우유 최대 12시간 < 8℃	 ✓ ✓
당일	밀크처리 (아침에 저녁우유 크림을 뜬다)	가열온도	원유(< 40℃)	
0분	컬쳐접종	컬쳐 종류 컬쳐량 관능적 검사 투입온도 투입시간	Butter milk 1～4% 컬쳐 고유의 29℃ 30분	 ✓
	밀크응고	렌넷 종류 렌넷 강도 100 ℓ 당 렌넷량 유지온도 응고시간	송아지위 렌넷 1 : 15,000 25 ㎖ 29℃ 30분	
30분	자르기	커드 크기 커드 작업시간	1.5 cm 15～20분	
50분	커드정치	시간	10분	
1시간	커드세척/후가온	유청빼기 물 첨가 물 온도 목표 온도	-30% 목표 온도 도달 시까지 75℃ 32℃	
1시간 15분	후 치즈작업	교반시간	15～30분	
1시간 45분	채우기 (껍질에 카룸이 없도록 커드 약간 을 따로 둠. 살균한 카룸을 손이나 교반기로 섞음. 커드를 먼저 깔고 카룸 섞은 것, 다시 앞의 커드를 위에 깐다)	유청빼기 커드량 카룸량 (향신료) 몰드 종류 치즈 크기 치즈 무게	약 -80%(커드, 유청 혼합물 이 저을 수 있어야 함) 약 20% 50～75 g/100 L 우유 둥근 치즈몰드(전에는 천과 몰드, 지금은 카도바 몰드) 직경 40 cm, 높이 11 cm 6～20 kg	

시간경과	작업순서	파라메터	목표치	수정치 CP/CCP
2시간 15분	프레스	공간온도 프레스 압력 프레스 시간 첫 반전 그 다음 반전	20℃ 0.2바(bar) 14~24시간 20분 후 여러 번	✓
1일 후	몰드제거	제거시 산도	pH 5.0~5.2	✓
	프레스 (인식판으로) (몰드 없이 인식판으로 치즈를 누름. 두 판의 간격장치로 치즈 눌림을 방지, 외피가 약간 튀어나오게 됨	공간온도 공간습도 시간	15℃ 상대습도 60~70% 12시간	
2일 후	염지 (염지액에서)	염지시간 염지액 온도 염지액 농도 염지액 산도 치즈 소금함량	4일까지 12~14℃ 20°보메 pH 5.0~5.2 1.0~1.5%(NaCl)	
6일 후	건조	공간온도 공간습도 시간 돌리기	12~14℃ 상대습도 60% 6일 매일	
12일 후	숙성	공간온도 공간습도 숙성기간 돌리기	12~14℃ 상대습도 60% 4~12달 2일마다	
	표면처리 (전통적으로 붉은 코팅으로 함)	코팅 코팅 시작 코팅 종료	각 면을 두 번씩 숙성 첫째 날 숙성 4일 째	

22. 아시아고(Asiago)

종류 : 우유로 만든 하드치즈 날짜 :

시간경과	작업순서	파라메터	목표치	수정치 CP/CCP
하루 전	밀크저장	밀크 종류 밀크 신선도 저장온도	우유 최대 12시간 10～12℃	 ✓ ✓
당일	밀크처리 (저녁우유를 평평한 통에서 10～12℃ 저장 아침에 크림 제거)	가열온도 지방함량	원유(< 40℃) 2.6～2.7%	
	예비숙성	컬쳐 종류 컬쳐량 관능적 검사 투입온도 투입시간 예비숙성 후 산도	Latto innesto 0.5～1% 컬쳐 고유의 33～35℃ 목표 pH에 도달 때까지 pH 6.40～6.50	 ✓
0분	밀크의 응고	렌넷 종류 렌넷 강도 100 ℓ 당 렌넷량 유지온도 응고시간	송아지위 렌넷 1 : 15,000 25 mℓ 33～35℃ 20～25분	
25분	자르기	커드 크기 자르기 전 산도 커드 준비시간	3～5 mm pH 6.40 5분	
30분	전 치즈작업	교반시간	10분	
40분	가열	후가열온도 교반시간	40℃ 10분	
50분	가열	후가열온도 교반시간	42～46℃ 20분	
1시간 10분	커드 침전시킴	시간	20분	
1시간 30분	채우기 (커드를 천으로 떠서 공모양으로 만들고, 배출판 에서 5 cm 크기 입방체로 자르고, 가루소금 한 주먹 쥐어 뿌리고 천과 함께 몰드에 넣음)	채우기 전 산도 몰드 형태 치즈 크기 치즈 무게	pH 6.40 베르크치즈 몰드 직경 35～40 cm, 높이 10 cm 무게 8～12 kg	

시간경과	작업순서	파라메터	목표치	수정치 CP/CCP
1시간 40분	프레스	공간온도 압력 프레스시간 첫 반전 다음 반전	20℃ 치즈당 40 kg 6~8시간 20분 후 2~3회	✓
9시간	배출 (저녁에 프레스에서 빼서 식힘)	공간온도	16~18℃	
1일 후	몰드에서 빼기	뺄 때의 산도	pH 5.30	✓
	염지 (염지액에서)	염지시간 염지액 온도 염지액 농도 염지액 산도 치즈 소금함량	8~10일 12~14℃ 17°보메 pH 5.30 1.0~1.5%(NaCl)	
10일 후	숙성	공간온도 공간습도 숙성기간	14℃ 상대습도 85% 6~12개월	
	표면처리 (필요하다면)	소금액 세척 반전	소금 10% 곰팡이 생기면 2일마다	

23. 뷘데너 베르크치즈(안데어러 고메)

종류 : 우유로 만든 베르크치즈 날짜 :

시간경과	작업순서	파라메터	목표치	수정치 CP/CCP
하루 전	밀크보관	밀크 종류 밀크 신선도 보관온도	우유 최대 12시간 10℃	 ✓ ✓
	밀크처리	가열온도 지방함량	원유(< 40℃) 자연 그대로	
당일	예비숙성	컬쳐 종류 산도/컬쳐 관능적 검사 컬쳐량 투입온도 투입시간	유청컬쳐(thermophil.) SH 25~32° 컬쳐 고유의 0.3% 25℃ 40분	 ✓ ✓
0분	밀크의 응고	렌넷 종류 렌넷 강도 100ℓ당 렌넷량 유지온도 응고시간	송아지위 렌넷 1 : 20,000 12 mℓ 31.5℃ 30분	
30분	자르기	커드 크기 커드 작업시간	5 mm 5분	
35분	전 치즈작업	교반시간	25분	
1시간	후가온 (난방으로)	후가온온도 교반시간	40℃ 20분	
1시간 20분	후가온 (물로)	유청제거 물 추가 물 온도 후가온온도 교반시간	안함 +10% 70℃ 44℃ 5분	
1시간 25분	후가온 (난방으로)	후가온온도 교반시간	47℃ 2분	
1시간 27분	냉각	냉각온도 냉각시간	45℃ 10분	
1시간 37분	후 치즈작업	교반시간	10분	
1시간 47분	채우기 (예비압착통에)	유청배출	-10%	
	예비압착	압착시간 압력	10분 0.06바(bar)	
1시간 57분	나누어 몰드에 담기	몰드 종류 몰드 크기 치즈 무게	베르크치즈 몰드 직경 27.5 cm, 높이 8~9 cm 5~5.5 kg	

시간경과	작업순서	파라메터	목표치	수정치 CP/CCP
2시간	압착	공간온도 프레스 압력 프레스 시간 첫 반전 두 번째 반전 2시간 후 산도 8시간 후 산도 8시간 후 치즈온도	>20℃ 0.12 bar(채우고 즉시) 0.2 bar(채우고 20분 후) 20시간 20분 후 8시간 후 < pH 5.90 < pH 5.20 > 33℃	✓ ✓ ✓ ✓
1일 후	몰드의 빼기	염지 전 치즈산도	pH 5.15	✓
	염지 (염지액에서)	염지시간 염지액 온도 염지액 농도 염지액 산도 치즈 소금함량	24시간 12℃ 22°보메 pH 5.15 1.0～1.5%(NaCl)	
2일 후	숙성	공간온도 공간습도 숙성기간	12～13℃ 상대습도 85～90% 4개월	
3일 후	표면처리 (BL액으로)	BL액 바르기 시작 바르고, 돌리기	10% 소금물에 BL 숙성 2일째 매일(2주까지) 2주 후에는 2일마다	

24. 하르쩌 치즈(Harzer Kaese)

종류 : 우유로 만든 신밀크치즈 날짜 :

시간경과	작업순서	파라메터	목표치	수정치 CP/CCP
이틀 전	밀크저장	밀크 종류 밀크 신선도 저장온도	우유 최대 12시간 < 8℃	 ✓ ✓
하루 전	밀크처리 (분리기로 크림 제거)	가열온도 지방함량	살균유(63℃, 30분) 0.03~0.05%	✓
	냉 산성화 or	컬쳐 종류 컬쳐량 관능적 검사 산화온도 산화시간 목표산도	Lac. lactis, Lac. cremoris, Lac. diacetylactis(강하게 산성화시키는 mesophil.균) 1~2% 컬쳐 고유의 20~22℃ 16~18시간 pH 4.30~4.50	 ✓ ✓
당일	온 산성화	컬쳐 종류 컬쳐량 관능적 검사 산화온도 산화시간 목표산도	요구르트균(thermophil.) 2~5% 컬쳐 고유의 40~42℃ 1.5~2.5시간 pH 4.10~4.30	 ✓ ✓
0분	자르기 후가온 (선택사항) 커드 수축	커드 크기 커드 작업시간 후가온온도 교반시간 커드 크기	25~30 mm 5분 40~45℃ 35분 15~25 mm	
40분	커드정치	시간	10분	
50분	배출자루에 채우기	유청배출	-100%	
	배출/프레스 (자루를 포개고 자주 뒤집음)	공간온도 배출시간 치즈커드의 건물량	25~30℃ 약 5~7분(목표 건물 도달 때까지) > 35%	
5~7시간	식히기 (크박덩이를 나누고, 사이에 공간을 두어 치즈벳트에 쌓고 식힘)	속 온도 치즈 크기	13℃ 2 kg	

시간경과	작업순서	파라메터	목표치	수정치 CP/CCP
1일 후	크박을 부수어 소금 첨가 (소금이 녹을 때까지 기다리고 유청제거)	맛 조직 작업 전 산도 소금량	그저 시다 부드럽거나 약간 알갱이 있는 pH 4.1~4.3, SH 105~110° 2~3%	
	카룸 첨가	카룸량	0.1~1.0%	
	효모컬쳐 첨가 (약간 숙성된 신우유크박을 첨가하는 것도 숙성에 좋음)	컬쳐 종류 컬쳐량	Geotrichum candidum, Candida ssp. 제조사 처방에 따라	
	BL컬쳐 첨가	컬쳐 종류 컬쳐량	Brevibacterium linens 제조사 처방에 따라	
	산성화 조정 (숙성염 첨가로)	숙성염 첨가량	Natriumhydrogencarbonat & Calciumcarbonat 0.5~1.5%	
	크박을 세세히 갈음 (그리고 잘 섞음. 너무 건조하면 물을 첨가)			
	나누기 (몰드 집게로 해서 철사판에 둔다)	몰드 종류 치즈 크기 치즈 무게	납작한 덩이 직경 4~5 cm, 높이 1~2 cm 25~50 g	
2일 후	땀 흘림 (기름막이 생길 때까지)	공간온도 공간습도 숙성시간	23~30℃ 상대습도 90~95% 1~3일	
5일 후	숙성	공간온도 공간습도 숙성기간	13~15℃ 상대습도 90~95% 3일	
	표면처리 (BL액으로)	BL액 바르기 시작 바르고, 돌리기	10% 소금과 Brevibac. linens 첫 숙성일 매일	
8일 후	건조	공간온도 공간습도 시간	5~10℃ 상대습도 70% 2시간	
	포장 (건조 후)	포장재	공기 통하는 호일	
	냉장	공간온도	4~6℃	✓

25. 코흐 치즈(Koch kaese, Cup cheese) 〈 코흐란 말은 끓인다는 뜻 〉

종류 : 우유로 만든 신밀크치즈 날짜 :

시간경과	작업순서	파라메터	목표치	수정치 CP/CCP
이틀 전	밀크저장	밀크 종류 밀크 신선도 저장온도	우유 최대 12시간 < 8℃	 ✓ ✓
하루 전	밀크처리 (분리기로 크림 제거)	가열온도 지방함량	살균우유(63℃, 30분) 0.03～0.05%	✓
	냉 산성화 or	컬쳐 종류 컬쳐량 관능적 검사 산화온도 산화시간 산화 후 산도	Lac. lactis, Lac. cremoris, Lac. diacetylactis(강하게 산성화시키는 mesophil. 컬쳐) 1～2% 컬쳐 고유의 20～22℃ 16～18시간 pH 4.30～4.50	 ✓ ✓
당일	온 산성화	컬쳐 종류 컬쳐량 관능적 검사 산화온도 산화시간 산화 후 산도	요구르트컬쳐(thermo. 컬쳐) 1～2% 컬쳐 고유의 40～42℃ 2～4시간 pH 4.10～4.30	 ✓ ✓
0분	자르기 후가온 (선택사항) 커드수축	커드 크기 커드 준비시간 후가온온도 교반시간 커드 크기	25～30 mm 5분 42～44℃ 35분 15～25 mm	
40분	커드정치	시간	10분	
50분	채우기 (배출자루에서) 배출/프레스 (자루를 쌓고, 자체 무게로 자주 자리바꿈)	유청빼기 공간온도 배출시간 치즈커드의 고형분	-100% 25～30℃ 약 5～7시간(목표 건물이 될 때까지) > 35%	

시간경과	작업순서	파라메터	목표치	수정치 CP/CCP
5~7시간	숙성 (스테인리스 통에서 커드를 납작하게 펴고 열이 발생 시 자주 섞어 줌. 숙성이 다 되면 치즈가 유리광의 노란 겉모양을 가지게 된다)	공간온도 커드덩이의 높이 공간습도 숙성시간 숙성 후 산도	22~24℃ 최대 5~8 cm 상대습도 90~95% 2일 pH 5.40~5.50	
2일 후	버터 첨가 (버터는 지방함량과 고형분 높임)	버터량 첨가시점	좋은 만큼 끓이기 전	
	가공염 첨가	가공염 종류 가공염량 첨가시점	Citrate 0.5~0.8% 끓이기 전	
	끓임 (계속 저으면서)	끓이는 온도 끓이는 시간	90~95℃ 3~5분	✓
	식염 첨가	식염량 첨가시점	식염 0.8~1% 끓인 후	
	카룸 첨가	카룸량 첨가시점	좋은 만큼 끓인 후	
	포장	포장재	유리나 플라스틱통	
	냉각	공간온도	8℃	✓

26. 로크포르치즈 타입

종류 : 양젖으로 만든 푸른곰팡이의 반경질치즈 날짜 :

시간경과	작업순서	파라메터	목표치	수정치 CP/CCP
하루 전	밀크저장	밀크 종류 밀크 신선도 보관온도	양젖 최대 12시간 8~10℃	 ✓ ✓
	밀크처리	가열온도 지방함량	원유(< 40℃) 자연 그대로	
당일	예비숙성	컬쳐 종류 컬쳐량 관능적 검사 투입온도 투입기간 예비숙성 후 산도	스타터(가스 형성하는 mesophil.) 0.1~0.6% 컬쳐 고유의 30~33℃ 20~30분 pH 6.50~6.55	 ✓
	곰팡이 첨가	컬쳐 종류 100 ℓ 당 투입량	Penicillium. roqueforti 제조자 권장량	
0분	밀크의 응고	렌넷 종류 렌넷 강도 100 ℓ 당 렌넷량 유지온도 응결시간 응고시간	송아지위 렌넷 1 : 10,000 25~35 mℓ 30~33℃ 13~17분 110~135분	
2시간 15분	자르기	커드 크기 커드 준비시간	1.5~3 cm 5분	
2시간 20분	교반	교반시간	20~70분	
3시간 30분	채우기 (유청-커드-혼합 물을 치즈포에 부어 커드만 남게 하여 몰드에 채움)	몰드 종류 치즈 크기 치즈 무게	절단치즈 몰드 직경 19~20 cm, 높이 8.5~10 cm 2 kg	
2시간 30분	유청배출	공간온도 배출시간 첫 반전 그 후 반전	18~20℃ 48~96시간 채우고 즉시 매일 3~5번	✓
3일 후	냉각	냉각온도 냉각시간	10~12℃ 24시간	
4일 후	몰드에서 빼기	뺄 때의 산도	pH 4.70~4.85	✓
	염지 (거친 소금으로)	공간온도 건염지시간 치즈 소금함량	10~15℃ 5~6일(매일 1~2번) 4~5%(NaCl)	

시간경과	작업순서	파라메터	목표치	수정치 CP/CCP
10일 후	숙성 (치즈를 좁은 면 쪽으로 나무판에 세운다. 전통적으로 이 치즈는 자연동굴에서 옆으로 세워 숙성)	공간온도 공간습도 굴리기 포장 전 숙성기간	8~10℃ 상대습도 90~95% 매일 20~30일	
19일 후	표면처리 (생기는 끈끈막을 긁어내기 위해)	칠액 바르기 시점 돌리고 긁어내고	Geotrichum candidum 숙성시작 후 한 번 2일마다	
29일 후	구멍내기 (푸른곰팡이의 성장을 위해 구멍을 냄)	시점 침의 직경 침 간격	한 번(숙성시작 20~30일 후) 4 mm 15 mm	
61일 후	냉 숙성 (상대적인 혐기성 상태를 유지하기 위해 아연호일에 쌈)	포장재 보관온도 돌려주기 포장 후 숙성기간	아연 호일 2~10℃ 2일마다 4~12달	✓
	포장	포장재	알루미늄 호일	

27. 페코리노 타입(로바노 치즈-역주)

종류 : 양젖으로 만든 경질치즈 날짜 :

시간경과	작업순서	파라메터	목표치	수정치 CP/CCP
하루 전	밀크저장	밀크 종류 밀크 신선도 저장온도	양젖 최대 12시간 10℃	 ✓ ✓
	밀크처리	가열온도 지방함량	원유(< 40℃) 자연 그대로	
당일	예비숙성	컬쳐 종류 컬쳐량 관능적 검사 투입온도 투입시간 예비숙성 후 산도	스타터(mesophil.) 0.8～1% 컬쳐 고유의 31℃ 원하는 pH 수치에 도달 할 때까지 pH 6.50～6.60	 ✓
0분	밀크의 응고	렌넷 종류 렌넷 강도 100 ℓ 당 렌넷량 유지온도 응고시간 응결시간	송아지위 렌넷 1 : 15,000 15 mℓ 31℃ 15～20분 40～45분	
45분	자르기	커드 크기 절단전 산도 커즈 작업시간	3 mm pH 6.45～6.50 5분	
50분	전 치즈작업	교반시간	15분	
1시간 5분	커드세척	유청배출 물 추가 물 온도 세척 후 산도 교반	15～20% 빼고 10～15% 추가 30～35℃ pH 6.45 5분	
1시간 10분	추가 가온	추가 가온온도 교반시간 (온도 올리는 시간)	39～40℃ 20분	
1시간 30분	후 치즈작업	교반시간	10분	
1시간 40분	예비압착통 넣기	예비압착통	예비압착통	
	예비압착	예비압착시간 프레스 압력	20분 0.06바(bar)	

시간경과	작업순서	파라메터	목표치	수정치 CP/CCP
2시간	나누기	몰드 종류	절단치즈 몰드	
		치즈 크기	직경 15 cm, 높이 7 cm	
		치즈 무게	1~1.5 kg	
	프레스	공간온도	20~22℃	✓
		프레스 압력	0.2~0.3바(bar)	
		프레스 시간	4시간	
		첫 반전	20분 후	
		다음 반전	1, 2, 3, 4시간마다	
		2시간 후 산도	< pH 5.90	✓
		8시간 후 산도	< pH 5.20	✓
		8시간 후 치즈온도	> 33℃	✓
1일 후	몰드에서 제거	뺄 때의 산도	pH 5.20~5.30	✓
	염지 (소금액에서)	염지시간	20시간	
		염지액 온도	12~14℃	
		염지액 농도	17° 보메	
		염지액 산도	pH 5.20~5.30	
		치즈 소금함량	1.0~1.5%(NaCl)	
2일 후	숙성	공간온도	13~15℃	
		공간습도	상대습도 85~90%	
		숙성기간	2달	
3일 후	표면처리 (BL액으로)	BL액	10% 소금액과 Brevibac. linens	
	바르기	바르기 시작	숙성 이튿날	
		바르고, 돌리기	2일마다	

28. 니하이머 치즈(Nieheimer Kaese)

종류 : 우유로 만든 신밀크(saur milk) 치즈 날짜 :

시간경과	작업순서	파라메터	목표치	수정치 CP/CCP
하루 전	밀크저장	밀크 종류 밀크 신선도 저장온도	우유 최대 12시간 < 8℃	 ✓ ✓
당일	밀크처리 (분리기로 크림 분리)	가열온도 지방함량	살균우유(63℃, 30분) 0.1~0.2%	✓
0분	온 산성화	컬쳐 종류 컬쳐량 관능적 검사 산화온도 산화시간 목표산도	요구르트컬쳐+Lb. bulgaricus (thermophil.) 2~5% 컬쳐 고유의 39~40℃ 3~4시간 pH 4.7~4.8	 ✓ ✓
4시간	교반	커드 크기 커드 작업시간	25~30 mm 20~25분	
4시간 25분	후가온	후가온온도 교반시간	41~42℃ 20~30분	
5시간	채우기 (배출망이나 예비압착통으로)	유청빼기	-100%	
	배출/프레스 (망을 포개 쌓음. 자체 무게로. 자주 자리바꿈)	공간온도 배출시간 건물덩이	22~25℃ 목표 건물이 될 때까지 > 33%	
1일 후	크박을 갈고 숙성 (납작한 숙성 상자)	공간온도 공간습도 숙성기간	20~22℃ 상대습도 90~95% 3~4일	
5일 후	소금 첨가	소금량	3%	
	카룸 첨가	카룸량	1.5%	
	혼합 (잘 치뎀)			
	나누기	치즈 몰드 치즈 무게	가래떡 뽑는 기계로 절단 35~50 g	
	건조	공간온도 공간습도 건조기간 건물량	약 20℃ 상대습도 60~70% 목표 건물덩이가 될 때까지 40~50%	

29. 할러타우어 염소크박(Hallertauer Ziegentopfen)

종류 : 염소젖의 신선치즈 날짜 :

시간경과	작업순서	파라메터	목표치	수정치 CP/CCP
하루 전	밀크저장	밀크 종류	염소밀크	
		밀크 신선도	최대 12시간	✓
		저장온도	< 8℃	✓
당일	밀크처리	가열온도	살균유(63℃, 30분)	
		지방함량	자연 그대로	
0분	컬쳐 첨가	컬쳐 종류	스타터(mesophil.)	
		컬쳐량	1~2%	
		관능적 검사	컬쳐 고유의	✓
		투입온도	22~24℃	
		투입시간	90분	
1시간 30분	밀크응고	렌넷 종류	송아지위 렌넷	
		렌넷 강도	1 : 15,000	
		100 ℓ 당 렌넷량	4 mℓ	
		유지온도	22~24℃	
		공간온도	> 20℃	✓
		응고시간	7시간 30분	
9시간	자르기	커드크기	10~20 cm	
		공간온도	> 20℃	
1일 후	채우기	채우기 전 산도	약 pH 4.50	✓
		몰드 종류	신선치즈 몰드	
		치즈 크기	직경 6 cm, 높이 3~4 cm	
		치즈 무게	100~150 g	
	유청배출	공간온도	> 20℃	
		배출시간	7시간	
1일 후+7시간	건염지/배출	치즈의 소금함량	1~2%	
		첫 반전	7시간 후	
		첫 반전 후 배출시간	14시간	
2일 후	몰드빼기	제거시 산도	pH 4.40	✓
	냉각	공간온도	< 5℃	✓

30. 숙성 염소신선치즈(Gereifte Ziegenfrischkaese)

종류 : 염소젖으로 만든 소프트치즈 날짜 :

시간경과	작업순서	파라메터	목표치	수정치 CP/CCP
하루 전	밀크저장	밀크 종류 밀크 신선도 저장온도	염소젖 최대 12시간 < 8℃	 ✓ ✓
	밀크처리	가열온도 지방함량	원유(< 40℃) 자연 그대로	
당일	예비숙성	컬쳐 종류 컬쳐량 관능적 검사 여름의 투입온도 겨울의 투입온도 투입시간 예비숙성 후 산도	스타터(mesophil.) 1~2% 컬쳐 고유의 21~23℃ 22~25℃ 2~4시간 pH 6.30~6.40	 ✓
	곰팡이균 첨가 (끓여 식힌 물에 균을 섞음)	컬쳐 종류 컬쳐량	Penicillium. candidum 제조사 처방대로 1/3 우유, 2/3 분무용	
0분	밀크의 응고	렌넷 종류 렌넷 강도 100 ℓ 당 렌넷량 첨가시 온도 공간온도 응결시간 응고시간	송아지위 렌넷 1 : 15,000 4~6 mℓ 21~25℃ > 20℃ 1시간 18~36시간	
1일 후	자르기 (뜨기 전 커드를 육면체 모양으로 자름. 유청이 나오기를 기다림)	자를 때 산도 커드 크기 공간온도 시간	pH 4.6 10~20 cm 22℃ 30분	
1일 후+30분	채우기 (떠 있는 유청은 제거. 커드를 조심스레 국자로 떠서 천에 놓음)	채우는 용기	아마포천	
1일 후+40분	유청배출	공간온도 몰드에 넣을 때까지 배출시간	18~20℃ 3~8시간	✓

시간경과	작업순서	파라메터	목표치	수정치 CP/CCP
1일 후+8시간	몰드 채우기 (천의 커드를 수저로 몰드에 담음)	몰드 종류 치즈 크기 치즈 무게 첫 반전 몰드에 넣고 배출시간	신선치즈 몰드 직경 8~9 cm, 높이 4~5 cm 140 g 채우고 1시간 후 12~18시간	
2일 후	첫 번째 염지 (한 면에)	첫 염지시점 염지시간	두 번째 반전 전 30분	
2일 후+30분	몰드 제거	제거시 산도	pH 4.4~4.6	✓
	두 번째 염지 (다른 면에)	두 번째 염지시점 염지시간 치즈 소금함량	몰드에서 빼고 2시간 1~2%	
2일 후+2시간 30분	검조 (철망 위에서)	공간온도 공간습도 건조시간	12~15℃ 상대습도 75~85% 2~3일	
5일 후	철사판에서 숙성 (숙성 시작시 곰팡이액을 뿌림)	컬쳐 종류 컬쳐량 공간온도 공간습도 숙성시간	Penicillium candidum 2/3 준비 곰팡이액 12~13℃ 상대습도 90% 8~10일	
16일 후	철사판에서 건조 (곰팡이잔디가 형성되면 냉장실에서 건조)	공간온도 공간습도 건조시간	6℃ 상대습도 60~70% 4~10시간	
	포장 (건조 후)	포장재	까망베르종이	
	냉각	공간온도 저장기간	4~6℃ 최대 3주	✓

31. 염소카망베르(Ziegencamembert)

종류 : 염소밀크로 만든 카망베르 날짜 :

시간경과	작업순서	파라메터	목표치	수정치 CP/CCP
하루 전	밀크저장	밀크 종류 밀크 신선도 저장온도	염소젖 최대 12시간 < 8℃	 ✓ ✓
당일	밀크처리	가열온도 지방함량	살균유(63℃, 30분) 자연 그대로	✓
	예비숙성	컬쳐 종류 컬쳐량 관능적 검사 투입온도 투입시간 예비숙성 후 산도	스타터(mesophil.) 1% 컬쳐 고유의 31~33℃ 목표 pH 도달 때까지 6.40~6.45%	 ✓
	곰팡이균 첨가 (곰팡이균을 미즈근한 물에 푼다)	컬쳐 종류 컬쳐량	Penicillium candidum 제조사 처방에 따라 1/3 밀크, 2/3 스프레이용	
0분	밀크의 응고	렌넷 종류 렌넷 강도 100 ℓ 당 렌넷량 유지온도 응결시간 응고시간	송아지위 렌넷 1 : 15,000 16~18 mℓ 31~33℃ 6~12분 60분	
1시간	자르기	커드 크기 자르기 전 산도 커드 작업시간	1~3 cm pH 6.25~6.40 5분	
1시간 5분	커드 휘젓기	휘젓는 시점	10, 20, 30, 40, 50분	
1시간 55분	유청빼기	양	-30%	
2시간	채우기 (커드를 잠시 휘젓고 골고루 국자로 몰드에 채운다)	채우기 전 산도 몰드 종류 치즈 크기 치즈 무게	pH 6.10~6.25 소프트치즈 몰드 직경 8 cm, 높이 3 cm 150 g	

시간경과	작업순서	파라메터	목표치	수정치 CP/CCP
2시간 5분	유청배출	공간온도 (채우고 6시간까지)	20~22℃	✓
		공간온도 (채우고 6시간 후)	18~20℃	✓
		첫 반전	채우고 즉시	
		다음 반전	1, 2, 3, 5, 8시간 후	
1일 후	몰드에서 제거	제거시 산도	pH 4.80~4.90	✓
	염지액에 염지	염지액 체류시간 염지액 온도 염지액 농도 염지액 산도 치즈 소금함량	75분 12℃ 17°보메 pH 4.80~5.00 1.5~2.0%(NaCl)	
	건조(철망에서)	공간온도 공간습도 기간	15~16℃ 상대습도 75% 1~2일	
	(치즈표면 곰팡이 액으로 스프레이)	컬쳐 종류 컬쳐량	Penicillium candidum 2/3 준비 곰팡이액	
3일 후	숙성(철사판에서)	공간온도 공간습도 숙성시간 반전	12~14℃ 상대습도 85~90% 6~8일 2일마다	
11일 후	건조(철망에서) (곰팡이잔디가 형성되면 냉장실에서)	공간온도 공간습도 기간	4~6% 상대습도 70% 2~3시간	
	포장	포장재	공기 통하는 종이와 얇은 두께의 나무곽	
		저장온도	8℃	✓
		포장 후 저장시간	1~2주	

32. 염소가우다(Ziegengouda)

종류 : 염소유로 만든 절단치즈 날짜 :

시간경과	작업순서	파라메터	목표치	수정치 CP/CCP
하루 전	밀크저장	밀크 종류 밀크 신선도 저장온도	염소유 최대 12시간 < 10℃	 ✓ ✓
	밀크처리	가열온도 지방함량	원유(< 40℃) 자연 그대로	
당일	예비숙성	컬쳐 종류 관능적 검사 투입온도 투입시간 예비숙성 후 산도	스타터(mesophil.) 컬쳐 고유의 31℃ 30분 pH 6.60~6.65	 ✓
0분	밀크의 응고	렌넷 종류 렌넷 강도 100 ℓ 당 렌넷량 유지온도 응결시간 응고시간	송아지위 렌넷 1 : 15,000 22~25 ㎖ 31℃ 20분 40~50분	
50분	자르기	커드 크기 자르기 전 산도 커드 작업시간	3 mm pH 6.55~6.60 5~8분	
58분	전 치즈작업	교반시간	15분	
1시간 13분	커드씻기	유청빼기 물 첨가 물 온도 커드세척 후 산도	-30% 20~25% 추가 30~35℃ pH 6.45~6.50	
1시간 20분	후가온	후가온온도 교반시간	39~40℃ 20분	
1시간 40분	후 치즈작업	교반시간	5분	
1시간 45분	채우기 (커드를 정치. 손으로 덩이 형성. 20분 후 유청 속에서 나누어 카도바 몰드에 담음. 아니면 예비 압착통에 넣어 누르고, 나누어 담음)	채우기 전 산도 예비 압착시간 몰드 종류 치즈 크기 치즈 무게	pH 6.40~6.45 20분 카도바 몰드 직경 15 cm, 높이 7 cm 1 kg	

시간경과	작업순서	파라메터	목표치	수정치 CP/CCP
2시간 10분	프레스	공간온도 프레스 시간 프레스 압력 첫 반전 다음 반전	20~22℃ 4시간 0.1~0.2바(bar) 30분 후 1, 2, 3, 4시간	✓
6시간 10분	유청배출 (누르지 않고)	공간온도 (pH 5.4 도달할 때까지) 공간온도 (pH 5.4 도달한 후)	20~22℃ 13~15℃	
1일 후	몰드에서 제거	제거시 산도	pH 5.20~5.30	✓
	염지액에서 염지	염지액 체류시간 염지액 온도 염지액 농도 염지액 산도 치즈 소금함량	20시간 12~14℃ 16~17°보메 pH 5.20~5.30 1.0~2.0%(NaCl)	
2일 후	숙성	공간온도 공간습도 숙성기간 반전	13~15℃ 상대습도 85~90% 최소 5주 2일마다	
	표면처리	경우에 따라 온수로 닦고, 솔질하고 건조	곰팡이 없도록	

* 일본 치즈들에 훈제한 것이 상당히 많아 횡성의 최한종 선생님에게 그 이유를 물어 보았는데 스모그 하면 치즈의 누린 맛이 덜 하다고 합니다. 그리고 훈연재료는 송진 냄새가 치즈에 배지 않는 벚나무가 좋으나 이것이 없는 경우 차선책으로 왕겨로 하면 된다고 합니다.

제 9 장

치즈결함

치즈결함이란 넓은 의미에서 추구하는 품질 표준에서 바람직하지 않게 멀어짐을 뜻한다. 결함을 다음과 같이 다섯 그룹으로 나눌 수 있다.

① 커드결함
② 생치즈 덩어리조직의 결함
③ 표피의 결함
④ 냄새와 맛의 결함
⑤ 미생물적인 결함

치즈결함은 부적절한 재료들, 제조결함, 부적절한 숙성, 보관, 포장 등으로 인하여 야기된다. 위의 요소가 복합적으로 나타나는 경우 결함의 원인을 찾기가 아주 어렵다. 또한 결함이 대부분 여러 요인에 기인하는 경우가 많기 때문에 결함원인을 없애는 것도 아주 어렵다.

1. 묵의 결함

1.1 산성화 과정 장애(신선치즈)

신선치즈의 묵은 원하는 pH 수치가 도달하였을 때(4.6 이하) 비로소 국자로 떠야 한다. 충분히 산성화되지 않는 묵에서는 커드가 수프 같고, 축축하고 응결력(cohesion)이 없다. 몰드에서 흰색의 유청이 나오고, 그 속에 수많은 작은 단백질 입자가 들어 있다. 그래서 치즈수율도 낮다. 몰드에서 빼는 탈형작업에서 치즈가 몰드에 달라붙어 몰드세척이 무척 어렵고 치즈도 잘 부서진다.

? 밀크에 항생물질이 있다.

! 밀크를 치즈생산에 쓸 수 없다. 항생제 치료 중인 젖소는 일정한 기간 내에는 무리에서 격리시켜야 한다. 첫 착유에서 밀크에 이상물질이 있나 검사한다.

? **세척 내지 소독물질 등이 밀크에 유입된다.**

! 착유기, 배관, 히터 등 밀크와 접촉하는 모든 기구들을 사용 전에 깨끗한 물로 세척한다. 여기서 모든 배관부품들도 잘 헹구어야 한다는 것이다.

? **컬쳐를 박테리오파아지가 공격했다.** 처음 2시간에는 산성화 과정이 정상적으로 이루어진다. 컬쳐의 어떤 균주들이 있는지 그리고 어떤 균주가 공격받았는지에 따라 이 과정이 방해받거나 중지된다.

! 파아지가 증식하려면 유산박테리아균을 숙주로 필요하다. 생산이 끝날 때마다 유청을 공방 밖으로 퍼내고, 모든 것을 철저히 세척하고, 공기로 건조시키고, 원유와 유청은 공방 밖에서 보관한다. 항상 예비 컬쳐를 준비하여 의심이 조금이라도 들면 대체시킨다. 파아지가 특정한 균주만 공격함으로 다른 균주로 새 컬쳐를 만들어 밀크를 다시 산성화시킨다.

? **생밀크 박테리아들이 개별적으로 유산균의 성장을 교란시키는 물질을 만들 수 있다.**

! 착유기와 냉각기를 잘 세척하고 원유는 하루 이상 저장하지 않는다.

? **밀크 또는 실내온도가 너무 낮다.** 겨울철과 밤의 실내온도 저하에 주의하여야 한다. 치즈통이 단열되어 있지 않거나 렌넷 첨가시 온도가 높을 때 특히 주의해야 할 점이다.

! 실내온도를 조절기로 조절하거나 난방한다.

? **컬쳐가 활발하지 않다.** 너무 오래된 것이거나 너무 자주 배양한 것이 이유이다.

! 신선한 컬쳐를 사용한다.

? **컬쳐가 활발하지 않다**(direct culture). DVS용 포장단위는 보통 농가가 한 번에 사용하기에는 너무 많다. 내용물을 나누는 것은 제조회사가 절대 금지하는데, 그 이유는 그렇게 하면 성분이 균일하지 않게 되기 때문이다. 균주는 원래 따로따로 배양하여 농축시키고, 그 후에 혼합한다. 한 균주가 덜 농축되었다면 포장에는 더 많이 들어있다. 따라서 포장에는 무게가 명시되지 않고, 단위 즉 한 단위에서의 살아있는 유산균의 숫자만이 표시된다. 포장의 일부분만 사용하면

혼합비율이 달라지고, 처방량도 맞지 않다. 포장을 사용한 후 밀봉이 되지 않으므로 컬쳐의 오염 위험성이 아주 높다.

! 많은 제조회사가 목장유가공에 맞는 단위를 제공하고 있다(100～500 L).

? **산성화가 잘 안 되는 밀크.** 봄철에 생풀을 먹이기 시작할 때 사료를 급격히 바꾸면 흔히 산성화가 지연된다.

! 사료를 천천히 바꾼다. 균형 잡힌 사료배합과 광물질이나 미세원소 공급에 주의한다.

1.2 묵 형성 결함 투성이(신선치즈)

? **묵이 많이 갈라져 있다.** 밀크가 엉기는 동안 움직여졌다. 치즈솥이 흔들렸다. 엉기고 난 후 둥근모양의 갈라짐이 생겨 그 곳에서 유청 배출이 너무 일찍 시작되었다. 커드가 고르지 못하고, 갈라진 곳의 근방에서는 커드가 건조해지고, 다른 곳은 유청을 아직 많이 함유하고 있다.

! 렌넷을 넣은 다음에는 밀크흐름을 파쇄장치나 국자로 정지상태로 만든다. 엉기는 동안 치즈솥에 충격을 가하는 것은 피해야 한다.

? **푸딩 같은 묵.** 렌넷량이 많거나, 렌넷 첨가시 pH 수치가 너무 높고, 산성화가 되기 전에 렌넷이 영향을 미치고, 산성화가 너무 늦게 시작한다. 커드가 단단하나 유청 배출은 조금만 일어나고, 몰드에 커드가 달라붙고, 치즈의 상부가 움푹 패고, 치즈가 알갱이 씹는 것 같고, 아로마가 없다.

! 렌넷량을 줄이고, 늦게 투입하며(pH가 6.1～6.3이 될 때), 낮은 온도에서 오래 하는 것이 높은 온도에서 짧은 시간에 엉기게 하는 것보다 낫다.

? **묵이 너무 연하고, 부서지고, 유청으로의 손실이 너무 많다.**

! 렌넷이 더 이상 활성적이지 못하다. 너무 오래 되었거나, 보관을 잘못하였다. 밀크의 단백질이나 칼슘함량이 너무 낮다. 렌넷을 교환, 사료배합을 적절히 하고, 밀크에 5～15 g/100 L 염화칼슘을 첨가한다.

1.3 묵이 부풀고, 스폰지 같으며, 유청 안에 떠있고, 속에 많은 작은 구멍들이 있다(신선치즈)

부풀은 묵을 가공하는 것은 어렵다. 응집력(cohesion)이 없고, 빨리 부서지고, 유청으로의 손실(치즈먼지)이 크다. 묵이 정상적으로 산화되었지만 치즈는 드라이하고,

백묵 같다. 만일 팽화가 잘못된 산성화 과정을 동반한 것이라면 특히 무살균밀크 치즈 경우 병원성 세균이 증식되었을 위험성이 아주 높다.

? **대장균들에 의한 심한 오염**(9장 2항의 생덩어리 상태의 결함에서 '생덩어리에서의 바람직하지 않는 구멍' 항목 참조)

! 치즈제조의 처음 3～4시간에는 유산균과 대장균과의 싸움이 진행된다. 만일 유산균들이 우세하면 대장균들의 증식은 제한된다. 그러나 산성화가 지체되면 대장균이 퍼지게 되고, 초기 팽화가 일어난다.

- 치즈제조 시 산성화가 빨리 일어나야 한다.
- 무살균밀크를 가공할 때에는 오직 신선한(최대 두 번의 착유작업 한 것) 밀크만을 쓴다.
- 치즈제조 과정에서의 재감염은 특히 살균밀크에서 더욱더 주의해야 한다.
- 낮은 렌넷 첨가 온도가 좋다. 높은 온도는 유산균에 비해 대장균에게 더 유리하다.

? **이상발효**(heterofermentative)**하는 유산균의 너무 강한 번식**. 이 균들의 발효과정에서 탄산가스를 형성하는데, 이것이 밀크 내에 녹는다. 탄산가스의 침투(diffusion)는 응고된 밀크에서는 어렵다. 또한 이 박테리아의 과도한 증식은 묵에 발효구멍을 만든다. 이 구멍은 대장균에 의한 것보다 더 크다.

! 동질발효(homofermentative)균들의 비율을 높인다. 그러나 가스를 형성하는 유산균들은 아로마와 치즈의 조직에 긍정적인 효과를 미친다. 따라서 순수 동질발효균 등을 선택하는 것은 응급처방인 경우에 한 한다. 렌넷 첨가시 온도를 낮춘다. 산성화 컬쳐의 가스형성 문제는 밀크가 너무 빨리 응고하기 때문에 일어나는데, 이는 렌넷 첨가시 온도가 너무 높거나, 너무 많은 렌넷을 넣기 때문에 일어난다. 높은 렌넷 첨가 온도(27～29℃)는 박테리아의 가스발생을 도와준다. 짧은 응고시간이 가스침투를 막고, 연약한 커드는 아주 빠르게 부수어진다.

2. 덩어리 상태

2.1 모래 같은 덩어리(신선치즈)

"모래 같다"는 표현은 신선치즈를 맛볼 때 혀에서 느끼는 거칠고 좋지 않은 감촉을 뜻한다.

? **덩어리가 모래 같은 것은 너무 일찍, 또는 너무 많은 렌넷을 넣거나, 산성화가 지체되거나 방해받았을 때 생긴다.** 높은 지방함량의 치즈에서 이 결함이 더 자주 일어난다.

! pH 수치가 6.3 이하일 때 비로소 렌넷을 넣고, 렌넷량 줄이고, 산성화 과정이 일정하게 진행되도록 주의한다. 28～30℃의 높은 렌넷 첨가 온도로 신선치즈를 생산하면 알갱이 상태의 치즈덩이가 생겨 이것이 모래 같은 성질을 가진다. 20～22℃의 첨가 온도에서 오래 응고시키는 것이 치즈가 더 곱게 되는 바탕이 된다.

2.2 짧고, 부서지기 쉽고, 백묵 같은 덩어리

'짧은 덩어리'란 표현은 절단 내지 하드치즈에서 일어나는 결함을 말한다. '백묵 같은 부서지기 쉬운' 덩어리는 소프트치즈 내지 고급 곰팡이치즈에 해당하는 표현이다. 이는 단백질 골격의 결함 있는 응집(cohesion)을 표현하는데, 이의 발단은 과도한 산성화로 단백질 골격을 형성하는데 있어 '시멘트' 역할을 하는 칼슘이 씻기어져 나간 것에 기인한다. 산성화가 또한 카제인의 물결합 능력을 감소시킨다.

? **밀크가 렌넷 넣을 때 너무 시어졌다.** 컬쳐 첨가량이 너무 많았고, 렌넷 첨가시 온도가 너무 높았다.

! 렌넷 첨가시 pH 수치를 높게 하고, 컬쳐를 적게 넣는다. 렌넷 첨가 온도가 35℃ 이상이 되면 제조과정이 짧은 시간에 이루어지나, 그 대신 렌넷과 산성화 성질 사이의 균형이 너무 빨리 깨어진다. 이렇게 되면 과도한 산성화가 일어나거나, 아니면 반대로 너무 강한 렌넷응고가 다음과 같은 위험을 동반하며 일어난다. 즉 생치즈의 치밀한 구조가 유청배출을 어렵게 하고, 치즈가 숙성실에서 추후 산성화된다.

? **산성화가 너무 약하거나 너무 늦게 일어난다.** 커드와 생치즈가 주로 렌넷 겔의 성질을 가진다. 즉 상대적으로 유청이 빠져 나가지 못하는 단백질 골격이 형성되었다. 그 속에 높은 유당비율의 덜 산성화된 유청이 갇혀져 있다. 이 유당이 숙성과정에서 무제한적으로 계속 발효한다. 이것이 덩어리의 탈산(脫酸)을 방해한다. 소프트치즈는 추가적으로 수분을 배출하는데, 즉 숙성하는 동안 계속 유청이 나온다. 그 결과 곰팡이가 잘 안착하지 못하는 그리고 축축하고 미끈거리는 붉은 점질액 층을 초래한다. 절단치즈에서는 분리된 유청이 가두어지게 된다. 이 유청이 커드 틈에 자리 잡아 그곳에서 추후 산성화 된다. 치즈를 자르

면 치즈에서 젖은 희고, 윤이 나는 부분이 들어난다. 치즈 맛이 흔히 쓰다. 이 추후 산성화는 DVS 컬쳐로 하는 치즈에서 흔히 나타난다.

! 컬쳐를 바꾼다. 유청 배출실의 온도가 너무 낮다. 커드 작업시간이 너무 짧다. 또한 추후 산성화는 커드를 너무 빨리 가온하는 경우에도 일어난다. 이 경우 너무 빨리 가온한 커드입자(커드껍질)에 막이 생겨 유청이 빠져 나가는 것을 방해한다. 다이렉트 컬쳐를 사용하는 경우 커드를 더 많이 씻어야 한다(제5장 2.1 DVS 사용 참조).

2.3 너무 단단하고 건조한 덩어리

치즈가 너무 드라이하고, 콤팩트하고, 숙성 플로라가 제대로 발달하지 않았다. 치즈의 아로마가 밋밋하다.

? **Syneresis 너무 강하다. 밀크가 너무 시어졌을 때 렌넷을 넣었거나, 커드작업이 과도했거나, 커드를 너무 강하게 또는 너무 오래 후가온했거나, 유청 배출온도가 너무 높았거나 하면 이런 현상이 생긴다.** 치즈는 숙성실에서도 마르는데, 숙성실의 습도가 너무 낮거나 공기순환이 너무 강하면 이렇게 된다.

! 유산균을 적게 넣고, 너무 신 상태에서 렌넷을 넣지 말고 렌넷 첨가 온도를 약간 내린다. 커드를 좀더 크게 자르고, 더 많이 씻고, 더 낮은 온도에서 열처리한다. 숙성실의 습도를 올린다.

2.4 연약한 덩어리

신선치즈와 소프트치즈에서 나오는 결함이다. 치즈가 수분이 많고, 덩어리가 유리질 같고, 처음에는 고무 같고, 숙성이 너무 빨리 진행된다. 몰드에서 뺄 때 치즈가 몰드에 달라붙어 있다. 신선치즈는 상부에 패이게 되는데, 그곳에 유청이 고이기도 한다. 숙성과정에서 모양이 변하는데 납작하게 된다. 철사받침대에 둔 경우 누른 자국이 깊게 난다.

? **밀크와 치즈가 덜 시어졌다.** 밀크에 장애물질이 있고, 물이 첨가되어 있으며, 너무 세게 가온되었고, 렌넷 첨가 온도가 너무 낮다. 렌넷 첨가량이나 렌넷 강도가 너무 약하다. 밀크의 칼슘함량이 낮고, 유청 배출실의 온도가 너무 낮다.

! 산성화가 너무 약하면 밀크에 억제물질이 있는지, 물이 첨가되었는지, 산성화 컬쳐가 활발하지 않는지가 밝혀져야 한다. 구입한 밀크를 가지고 산성화 테스트를 해보면 산성화 장애가 밀크 또는 컬쳐에 있는지 그 원인이 밝혀진다.

- 온도계를 검사하고, 공간 온도를 조절하여 응고할 때의 밀크, 그리고 작업할 때의 커드가 너무 차지 않도록 조치를 취한다.
- 이 모든 것이 정상이라면 렌넷 첨가 온도를 약간 올리거나 더 많은 컬쳐를 쓴다. 유청 배출실의 온도를 높인다.
- 산성화가 정상으로 진행된다면 렌넷의 질을 조사한다. 탁하거나 냉장된 상태에 오래 있었거나, 빛에 노출되었다. 너무 오래 되었으면 바꾸어야 한다.
- 커드를 자를 때 너무 연약하면 다음 밀크에 0.1～0.15 g/L 염화칼슘을 첨가해서 한다. 그렇지 않으면 유청배출을 용이하게 하고 강하게 하는 수단, 즉 잘게 썰거나, 커드를 오래 강하게 작업하는 방법들을 시도한다.

2.5 외피가 약한 치즈(소프트치즈)

껍질 아래에서 치즈가 너무 빨리 숙성이 되고, 덩어리가 아주 연하고, 거의 흐를 정도이다. 치즈 속은 덩어리가 백묵 같고 시다. 결함 '외피 연약'은 우선적으로 소프트치즈에서 나타나지만, 반경질의 절단치즈에서도 자주 나타난다.

? 치즈에서 유청배출 시간이 짧고, 유청배출실에서 차가운 상태를 거친 후 숙성실로 오면 치즈에 너무 수분이 많게 된다.

! 지방이 없는 덩어리의 수분함량은 낮아져야 한다. 이를 위해서는 응고시간을 늘리거나, 커드를 잘게 자르거나, 많이 젓거나, 오래 커드작업하거나 한다. 유청배출시간도 늘린다.

? 치즈가 불충분하게 염지되고 건조되었다.

! 치즈를 보다 많이 염지한다. 치즈를 소금용액에서 염지하는 경우 오래 하는 대신 소금농도를 올린다. 소금농도를 올리고 염지통에 머무는 시간이 짧을수록 낮은 농도의 염지액에서 오랫동안 염지하는 것보다 유청이 더 잘 빠진다.

? 숙성실의 온도가 너무 높다.

! 또 하나의 해결방안이 숙성실의 온도를 낮추는 것이다.

2.6 덩어리의 원하지 않는 구멍

각이 지고 불규칙적인 커드구멍과 둥글고 거의 비슷하게 큰 발효구멍으로 구분한다. 틸지터, 트라피스텐치즈, 에스롬은 커드구멍을 가지고 있다. 베르크치즈, 가우다 같이 압착하는 치즈에서는 커드구멍은 바람직하지 않는 것으로 결함 있는 프레스(약한 압력, 너무 빠른 압착) 작업이나, 제대로 합쳐지지 않은 커드를 원인으로 한다. 후자는 커드가 껍질을 가지고 있거나, 몰드작업에서 공기가 덩어리에 갇혀 있거나, 압착할 때 커드가 너무 드라이하기 때문에 일어난다. 발효구멍은 치즈 속의 가스를 형성하는 미생물에 의해 생긴다. 가스는 전혀 용해되지 않거나, 또는 불충분하게 용해되어 치즈 덩이에 작은 구멍을 만들고, 치즈가 위로 부풀고, 부피가 커지고, 많은 경우 껍질이 터진다. 이를 "치즈 팽화"라 부른다.

? **팽화는 대장균의 오염으로부터 발생한다**(제9장 5항 참조). 무살균밀크로 만드는 경우에 보통 발생하지만, 살균밀크를 비위생적으로 취급하는 경우에도 발생한다. 대장균은 밀크나 커드에서 치즈제조 초기에 아주 빨리 증식하는 전형적인 오염박테리아이다. "초기 팽화"라고 말하기도 한다. 탄산가스와 물에 녹지 않는 수소가 형성되는데, 이들은 신선치즈 커드와 치즈에 수많은 구멍들을 유청배출에서도 남게 한다. 오염이 아주 심하다면 치즈가 스펀지 같다. 이 결함을 몰드에서 뺄 때 다음 특징들로 알 수 있다.

- 치즈가 몰드에서 잘 빠져 나오지 않는다.
- 상부가 흔히 볼록하다.
- 치즈를 두드리면 빈 것처럼 들린다.
- 보통 때보다 더 큰 것처럼 보인다.
- 치즈를 잘랐을 때 고정핀 머리 크기의 구멍을 잘 볼 수 있다(Nissler).

대장균에 심하게 오염된 절단치즈를 잘라 시식할 때 혀에 쏘는 듯한 불쾌한 느낌이 오는데, 이는 높은 수소함량 때문에 오는 것이다.

! 대장균을 막으려면 무결점의 빈틈없는 위생이 해결책이다. 무살균밀크를 쓸 때에는 착유에서의 위생에 특히 유의하여야 한다. 신선한 최대 24시간 내의 밀크를 쓰는 것이 대장균의 증식을 막는다. 치즈 제조시에는 청결과 빠른 산성화가 필수적이다. 살균한 밀크에서 대장균이 나온다는 것은 밀크살균 후에 대장균에 재차 감염되었다는 것을 의미한다. 왜냐하면 대장균은 살균과정에서 죽기 때문이다. 오염원은 즉 치즈공방 내에 있다. 다음의 원인들이 흔히 일어난다.

- 다공질의 박킹, 호수, 밀크관이나 밸브에서의 오염소굴들
- 치즈 작업자의 손
- 컬쳐나 렌넷을 담은 용기의 더러움
- 오염된 첨가물(향신료 등)
- 몰드와 작업기구들의 부적절한 세척

- 오래 사용하지 않은 몰드
- 바닥, 벽, 작업대의 정체되고 말라붙은 유청

대장균은 산성화된 밀크에서는 잘 증식하지 못한다. 소프트치즈에서의 빠른 산성화에서 몰드에 넣었을 때의 치즈의 pH 수치는 6 이하로 되어야 한다.

? **팽화가 효모오염으로 일어난다**. 이 결함은 드물게 일어난다. 신선한 소프트치즈에 수많은 작고, 둥근 구멍들이 있다.

! 공방의 위생을 개선하고, 치즈제조를 마칠 때마다 공방을 건조하게 하는 것이 효모의 과도한 증식을 막는다.

? **유산균의 바람직하지 않는 구멍**. 이상발효(heterofermentative)의, 가스형성의 유산균들이 잦은 팽화의 원인이 된다.

- 혼합균주에서의 박테리아 균주들의 비례가 재배양 또는 냉동 건조한 컬쳐의 부적절한 나눔이 이상발효 박테리아를 유리하게 하는 쪽으로 이동되었다.
- 밀크가 산화되기 전에 렌넷응고가 시작되었다(신선치즈).

! 오랜 산성화(24시간)와 낮은 렌넷첨가 온도(20~23℃)를 선택한다(신선치즈).

- 신선한 컬쳐를 사용한다.
- 이상발효 박테리아가 적게 들은 컬쳐를 사용한다.

? **가스를 내는 포자 형성자에 의한 바람직하지 않는 구멍(후기 팽화)**. 3주 후 숙성에서야 숙성중인 치즈에서 팽화가 나타나면 '후기 팽화'라 한다. 후기 팽화는 특히 절단치즈와 하드치즈에서 나타나지만, 큰 소프트치즈나 반경질 절단치즈에서도 나타날 수 있다. 가스형성은 억제할 수 없고, 치즈에 수없이 많은 큰 구멍들이 생긴다. 흔히 표피가 갈라진다. 해당치즈는 낙산 같은 불쾌한 맛을 가진다. 이 결함은 포자를 형성하는 박테리아에 의해, 특히 *Clostridium tyrobutyricum*에 의해 일어난다. 이 균은 잘못 만들어진 사일레지에서 대량으로 발견된다. 사일레지를 통하여 이 균이 축사로 들어오고, 유방이나 착유기의 오염으로 밀크에 들어온다. 50~100포자/L 밀크의 작은 오염이라도 팽화를 초래한다. 이 균은 유당을 먹지 않지만 그 대신 젖산칼슘은 먹는다. 그래서 이를 낙산과 가스(탄산가스와 수소)로 분해한다. 열에 견디는 균들이다. 밀크의 살균에도 살아남으며, 숙성한 절단 내지 하드치즈에서 이 균들은 이상적인 환경을 발견한다. 충분한 젖산칼슘, 5.3을 넘는 pH, 산소의 부재 등의 조건에서 이들은 급속도로 증식한다.

! 사일레지를 먹이지 않는다.
- Lysozyme을 사용한다(제5장 2.3참조).

? **과도한 커드구멍**(**절단치즈**). 커드에 껍질이 생겼고, 몰드에 담을 때 너무 건조하다.

! 커드를 너무 빨리 열처리했고, 열처리 온도가 너무 높고, 너무 오래 저었다.

? **너무 적은 커드구멍**(**절단치즈**). 몰드에 넣을 때 커드가 너무 축축하다. 너무 많은 유청이 몰드에 같이 들어갔다.

! 커드를 너무 빨리 몰드에 담았고, 유청을 체로 몰드에 담기 전에 제거한다.

? **너무 많거나 너무 적은 발효구멍**(**절단 내지 하드치즈**). 초기 또는 후기 팽화에 상관없이 가스 형성하는 미생물은 순수하게 산을 만드는 박테리아와 균형이 잡혀야 한다.

! 가스 형성자/산 형성자의 적절한 비율의 새 컬쳐를 사용한다. 높은 숙성실의 온도가 팽화를 조장한다.

? **과도한 구멍**. 에멘탈러, 큰 구멍치즈, 흔하게 베르크치즈에서의 결함. 과도한 그리고 대개 불규칙적인 콩알에서 체리씨 크기의 구멍(Vielsatz).

- 공기유입
- 고르지 않는 커드상태
- 프레스 압이 너무 약함
- 이 결함은 초기 팽화 후에 잘 나타남.
- 과도한 가스형성의 유산균, 컬쳐가 너무 오래 되었거나, 박테리오파아지로 인해 산 형성자가 방해를 받아서

! 원심분리기, 밸브, 배관, 박킹을 점검한다.

- 산성화를 제대로 조절하며, 커드의 마무리교반을 잘 하고, 프레스 압을 제대로 맞춘다. 과도한 치즈먼지는 치즈에서의 유청배출을 나쁘게 한다.
- 위생을 개선하며, 산성화 과정을 제어한다.
- 컬쳐를 바꾼다.

2.7 각각의 덩어리색깔 - 축축하고 흰 유청 둥지(절단치즈 내지 하드치즈)

유청 둥지는 커드입자의 각기 다른 수분함량에 의해 형성된다. 젖은 커드입자가 이

미 건조한 치즈덩이 안에 가두어지고, 과도하게 시어지고, 하얗게 남아 있고, 또한 흔히 쓰다.

? **묵을 너무 오래 잘랐다, 그래서 커드입자들이 수분함량에서 제각각이다.**

- 커드 크기에 있어 제각각이다.
- 커드 알갱이가 껍질을 가지고 있다.
- 저을 때 뭉친 덩어리가 생겼다.
- 몰드에 과도한 치즈먼지가 같이 들어갔다. 축축한 치즈먼지가 외피 안에 일방적으로 모였다(randnestig).

! 절단을 5~7분 안에 끝나야 한다.

- 후가온을 천천히 한다.
- 몰드에 넣기 전에 덩어리를 으깬다.

3. 껍질에서의 결함

이질곰팡이에 의해 망가진 흰곰팡이 외피를 가진 치즈에서 나타나는 결함은 항상 두 가지 원인에 기인한다. 하나는 공기, 물, 기구, 또는 원유에 의한 오염이고, 다른 하나는 제조에서의 오류나 숙성조건의 변동으로 인해 나머지 숙성 플로라가 최적상태로 성장하지 못할 때 비로소 이질곰팡이가 치즈에 퍼지게 된다. 치즈를 공격하는 곰팡이 종류는 많다. 흰곰팡이치즈는 주로 다른 *Penicillium* 종류와 *Mucoraceae* 패밀리에 속하는 곰팡이에 의해 해를 입는다.

? **바람직하지 않은 *Penicillium* 종류에 의한 감염**. 이 곰팡이는 각기 다른 색을 보여준다. 알려진 것으로는 푸르고, 흰곰팡이 종류 외에도 wild *Penicillium* 종류로는 녹색, 회색, 또는 갈색을 띠고 있다. 이들 대부분은 특히 효소적인 활동이 특징적이다. 이러한 균들에 감염되면 분해과정이 촉진되는데, 단백질 분해는 흔히 암모니아 형성까지 가고, 또한 지방분해가 강하게 나타난다. 지하 광에 불쾌한 냄새가 생긴다. 많은 곰팡이들이 색소를 형성하는데, 이것이 덩어리에 침입하여 제거할 수가 없게 된다. *Penicillium* 종류는 특히 건조한 공기에서 잘 퍼진다. 또한 땅에서 그리고 곰팡이 낀 나무에서 나오고, 사일레지에서도 나온다. 오염이 제조공간에서는 바닥이나 벽들에 달라붙어 마른 유청, 또는 오랫동안 사용하지 않은 기구나 몰드에서 널리 퍼진다. 축축한 천장, 통풍이 잘 안 되는 구석이 이질곰팡이가 서식할 수 있는 이상적인 장소이다. 오염은 제조공간

에서 숙성실로의 운송에서도 일어나며, 또는 포장종이에서도 올 수 있다.

! 치즈가 체류하거나 운송되어지는 모든 공간의 규칙적인 세척

- 판, 매트, 판자들의 철저한 세척에 유의한다.
- 염지하기 전의 pH 수치를 4.8∼5.0으로 맞춘다. 흰곰팡이는 예를 들면 *Penicillium glaucum*보다 낮은 pH 수치를 견딘다. 탄산마그네슘을 분리목적(separating agent)으로 넣은 소금을 사용하는 경우에 이런 결함이 나타난다. 이 알칼리성의 분리 물질은 치즈 표면의 pH 수치를 올려 푸른곰팡이의 성장을 돕는다. 산성화가 불충분하게 일어난 생산에서도 이런 잘못이 나타난다.
- 작은 푸른곰팡이 콜로니는 치즈를 밤 사이에 기울어지게 놔두지 않는 경우에도 증식한다. 유청이 제대로 흘러내리지 않아 산소가 없는 상태에서 탄산가스를 만드는 효모가 밑부분에 증식한다. 흰곰팡이는 방해받지만, 푸른곰팡이는 방해받지 않는다.
- 염지한 후에 치즈를 잘 말린다.
- 소금용액을 가열, 세균학적으로 문제가 없는 품질의 소금을 사용한다.
- 뚜렷한 효소플로라는 방해자들에게는 불리한 숙성 플로라를 조장한다.
- 곰팡이 종류의 선택은 치즈의 특별한 성질에 맞춘다. 커드를 세척하는 치즈, 또는 염소치즈는 아주 적은 유당에서도 견디는 균주가 좋다.
- 곰팡이를 치즈뿐 아니라 숙성실 전체에도 뿌린다. 곰팡이용액 일부분을 밀크에도 넣는다.
- 곰팡이 양을 늘린다.
- 포장지를 건조하고, 깨끗한 장소에 둔다.

? **Mucoracceae(검은머리 곰팡이) 계열의 이질곰팡이에 의한 감염**. Mucoracceae에는 *Mucor, Rhizopus, Absidia*속들이 포함되는데, 여기에서 *Mucor*속이 치즈공방에서 가장 많이 나타난다. 뮤코 곰팡이는 작은머리 곰팡이라고도 하는데, 대부분 높고, 회색의 균사체(mycelium)에서 쉽게 알아 볼 수 있다. 공기 균사체 끝에 검은머리(Sporangium)가 형성된다. 이 Sporangium은 일종의 용기 같은 것인데, 1000∼3000포자가 모여 있으며, 개개의 포자가 새로운 콜로니를 만들 수 있다. 뮤코 곰팡이는 폭넓게 퍼져있는 미생물인데 땅, 공기, 물에 존재한다. 이 미생물은 특히 습한 공간에서 잘 증식하는데 20∼25℃ 사이에서 가장 잘 성장하고, 6∼8℃ 같은 낮은 온도에서도 성장할 수 있다. 뮤코균들은 pH에 상대적으로 덜 민감하다. 이들은 치즈에서 아주 빠르게, 흔히 흰곰팡이보다 더 빠르게 증식한다. 포자들은 흰곰팡이치즈에게 판매를 어렵게 하는 회색을

가져다준다. 뮤코(*Mucor*) 균주는 야생 페니실리움 균주와는 반대로 아주 적은 효소적 활동성을 가지고 있다. 그렇지만 이들은 급속한 증식과 많은 숫자 때문에 치즈에 쓴맛을 줄 수 있다. 뮤코의 침입에는 두 가지 형태가 있다.

- 별로 문제되지 않는 일시적인 형태, 이는 2~3주 후면 잡아낼 수 있다. 흰곰팡이 잔디에 회색을 띠는 '머리털 같은' 또는 '양모 같은' 콜로니가 여러 개 자리잡고 있다. 생산된 치즈의 일부분만이 감염되었다.
- 훨씬 더 나쁜 것이 일시적인 형태로 예고하고 나서 닥치는 대규모 오염이다. 유해균이 전체 치즈에 퍼지면 전체 생산이 감염된다. 숙성실이 감염되면 뮤코(*Mucor*)를 박멸시키지 않는 한 숙성실에 들어오는 모든 새 치즈도 역시 감염된다. 뮤코 곰팡이는 건강을 해치는 것이 아니며, 이 곰팡이는 거의 모든 치즈공방에 존재한다. 보통은 이 곰팡이는 유용한 미생물과 균형 상태에서 살고 있다. 이 균형이 깨지면 이 곰팡이가 우세하게 되고 감염을 유발시킨다.
- 겨울 휴식 후(염소와 양치즈) 치즈생산을 재개하는 것은 항상 문제가 있다. 유용한 미생물이 아직 강하게 존재하지 않아 뮤코(*Mucor*)가 우세하게 된다.
- 갑작스런 기후 변화가 역시 이 균형을 깨뜨릴 수 있다. 뮤코(*Mucor*)는 찬 것을 감당하기 때문에 새 환경에 아주 빠르게 적응한다.
- 공방의 습기가 뮤코(*Mucor*)의 증식을 도와준다. 벽, 천장의 결로, 바닥에 고인 물, 개방되어 있는 유청 용기 등이 흔히 오염원이다. 고압세척기가 포자 대포처럼 역할을 해 전체 공방에 이 포자를 퍼뜨린다.
- 축축한 치즈에 뮤코 곰팡이가 잘 달라붙는다. 산성화 잘못, 몰드에서 나올 때 너무 높은 pH 수치, 불충분하게 작업된 커드, 너무 높은 물 결합능력(밀크를 너무 세게 가온을 했고, 단백질함량이 높다) 등이 뮤코의 확산을 조장한다.
- 뮤코(*Mucor*)가 치즈에서 흰곰팡이보다 더 빠르게 성장한다. 지하수 또는 다공질의 호수가 이 곰팡이에 오염되어 있으면 세척수를 통해 치즈에 유입될 수 있다.
- 뮤코(*Mucor*)가 염지액에서는 증식하지 않는다. 포자는 높은 소금농도도 견딘다. 용액을 규칙적으로 교체하거나 가온하지 않으면 용액에 모인다.
- 숙성실에서도 곰팡이 성장이 조장되는데, 염지 후 치즈를 잘 건조시키지 않거나, 습도가 너무 높거나, 치즈에 산소가 너무 적게 닿거나 하면(곰팡이 냄새가 나는 광, 불충분한 공기흐름) 잘 성장한다.

! 뮤코(*Mucor*)의 처치는 복합적으로 이루어져야 한다. 공간과 기구들을 세척하고 멸균하여야 한다. 공기와 치즈에서 습기를 줄이는 것과 흰곰팡이 성장을 더

욱 조장하는 것도 병행해서 하여야 한다.

- 판, 매트, 공방기구들의 세척: 치즈 찌꺼기를 제거하고 이어서 살균한다.
- 공간의 세척: 세척은 생산 공간에서 시작하고 염지실, 숙성실로 이어진다. 특히 포장실의 세척에 유의해야 한다. 왜냐하면 포자의 확산이 가장 많이 이루어지는 곳이기 때문이다. 그리고 모든 통로와 통행 공간, 배수관과 환기구들도 세척하여야 한다.
- 감염된 치즈는 세척한 공간에 다시 들여와서는 안 된다. 철저히 청소한 후에는 아주 심하게 뮤코 침입을 받은 공간만 살균하여야 한다. 'Fumispore'(곰팡이 제거 연막탄-역주)로 처리하는 것은 뮤코 포자의 선별적인 박멸을 가능하게 한다.
- 오염된 공간에 있었으면 손을 씻고 복장도 바꾸어야 한다.
- 공간의 습도를 낮춘다: 뮤코 균주는 90~95% 상대습도를 증식을 위해 필요하다. 흰곰팡이는 85~90% 정도만 벽이나 천장의 결로를 없앤다. 그래서 공간은 세척한 다음 통풍을 잘 시키고 건조시켜야 한다. 뮤코 사태가 생겼다는 것은 외부보다 공방 안에 더 많은 균이 있다는 것을 의미한다.
- 숙성실의 환기를 개선한다: *Penicillium candidum*은 산소를 많이 소모한다, 뮤코는 산소가 아주 적거나 거의 없어도 성장한다. 너무 많은 치즈가 저장되지 않도록 주의한다. 치즈층 사이로 공기가 순환되도록 한다.
- 치즈 건물량을 높인다: 다음과 같은 점에서 제조방식을 개선한다. 즉 산성화 과정의 최적화, 제조시간, 특히 유청 배출시간(작업대에서)을 늘린다. 유청 배출실의 온도를 여름철에는 15℃ 이하, 겨울철에는 18~20℃ 이하로 내려가지 않도록 한다. 염지하기 전 pH 수치를 4.75~4.85 사이에 맞추고(뮤코를 낮은 pH로 억제한다), 치즈를 더 자주 돌려준다. 그리고 마지막 반전에는 비스듬히 둔다(유청 뺄 때). 염지를 더 많이 한다. 염지액을 가온하거나 교체한다. 염지 후 14~18℃와 65~75% 상대습도에서 더 오래 말린다. 숙성온도를 12~14℃, 상대습도는 85%로 맞춘다.
- 흰곰팡이 성장을 개선한다: 흰곰팡이 포자의 수가 뮤코 포자수보다 훨씬 많아야 한다. 그래서 뮤코가 문제되면 보통의 생산 때보다 투입량을 3배로 한다. 빠르고 촘촘한 성장을 뚜렷이 보여주는 *Penicillium candidum*을 택한다. 흰곰팡이가 뮤코에 앞서 성장하여 질식시켜 죽여야 한다. 특수한 안티뮤코 *Penicillium* 균주를 선택한다. 오염문제가 해결되면 지금까지 사용한 균주를 사용한다.
- 헹구는 물, 특히 지하수를 사용하는 경우 뮤코 포자가 있는지 검사한다.

3.1 밀크곰팡이의 침입으로 주름살이 잡혀 쭈글쭈글한 표피

? **이 결함은 곰팡이 내지 BL처리의 치즈에서 나타난다.** BL과 흰곰팡이가 제대로 성장하지 못한 대신 밀크곰팡이(*Geotrichum candidum* 또는 *Oidium lactis*라고도 함)가 퍼졌다. 과도한 밀크곰팡이의 성장은 노랗고, 뚜렷한 코팅으로 표시되는데, 이것이 잘 마르고 줄어든다. 이 '껍질' 밑에는 밀크곰팡이의 강한 단백질 분해로 거의 흐르다 싶이하는 층이 생긴다. 그러나 치즈 속은 숙성되지 않는다. 이 껍질은 아주 예민하여 아주 작은 접촉에도 찢어져 버린다. 만일 유청 배출실과 염지실의 온도가 아주 높다면 유청배출의 마지막 단계에서 특히 이 밀크곰팡이가 증식한다. 소금에 아주 민감하다. 숙성과정에서 과도한 증식이 있으면 염지가 불충분하다는 것을 의미한다. 절단치즈도 주름이 생길 수 있는데 다음과 같은 경우이다.

- 치즈가 숙성과정에서 유청을 너무 많이 잃을 때
- 치즈 표면의 습도와 공기 중의 습도가 너무 차이가 날 때
- 염지용액의 농도가 약할 때

! 유청배출을 보다 많이 하고, 15~16℃ 이상의 온도에서는 염지를 안 한다. 소금농도 2~3%에서 벌써 *Geotrichum candidum*이 억제된다. 그래서 치즈를 좀 더 빨리 그리고 강하게 염지한다. 치즈를 숙성 전에 건조를 잘 한다. 또한 밀크곰팡이의 오염은 위생적인 문제이다. 특히 제조공간과 유청배출 공간을 철저히 세척한다.

- 커드가 껍질을 가지지 않도록 마무리교반에서 주의를 기울인다.
- 숙성실의 상대습도를 제대로 맞추고, 너무 큰 변동은 피한다.
- 염지액 농도를 진하게 하고, 더 오래 염지하고, 오랜 염지액은 교체한다.

3.2 곰팡이 성장이 아주 없거나 아주 약하다(흰곰팡이치즈)

? **치즈가 너무 건조하다. 너무 강하게 염지했고, 숙성실의 온도가 너무 낮다**(10℃ 이하). **공기순환이 너무 강하고, 곰팡이 뿌리는 것을 잊었고, 곰팡이가 너무 오래 되었고, 너무 약하게 투입되었다. 치즈를 너무 일찍 포장했다.**

! 마무리교반작업을 약하게 한다. 소금농도를 점검한 후 봐서 낮춘다. 숙성조건들을 최적화하고, 곰팡이 컬쳐를 새 것으로 바꾸고 강하게 투입한다. 치즈를 늦게 포장한다.

3.3 효모 냄새가 난다(소프트치즈)

치즈가 효모의 강한 공격을 받았다. 곰팡이가 고르지 않게 성장했고, 치즈가 미끈거리고, 불쾌한 효모냄새가 난다.

? **제조 공간의 결함 있는 위생, 바닥, 벽, 몰드, 매트, 기구들에 유청 찌꺼기가 붙어 있고, 발효되어 있다.** 염지통이 효모의 강한 엄습을 받았다. 흰곰팡이가 더 이상 활동적이지 않다.

! 철저히 세척한다. 효모는 특히 유청탱크, 유청관, 배수구 등에서 잘 증식한다. 이들을 규칙적으로 세척한다. 염지액을 가열하고, 교체하고, 곰팡이컬쳐를 바꾼다.

3.4 곰팡이가 잘 들러붙지 않는다(흰곰팡이치즈)

? **잘 붙지 않는 곰팡이는 보통 두 가지 원인에서 기인한다.**

- 곰팡이잔디가 형성되는 동안 치즈가 땀을 흘린다. 따라서 곰팡이가 잘 자라지만 배출되는 유청에 치즈와 결합되지 않는다(특히 산성화 결함의 경우).
- 치즈를 너무 강하게 마무리교반을 하였다. 치즈 껍질이 절단치즈 같이 되어버려 콤팩트하고 치밀하다. 곰팡이에게 필요한 수분, 유당, 유산이 부족하다. 성장이 아주 시원찮고 그래서 치즈에 붙을 수 없다.

! 후기 산성화를 피하고, 치즈를 염지 후 더 잘 말리고, 커드의 마무리교반을 너무 세게 하지 않는다.

3.5 곰팡이가 포장지에서 누렇게 되다(흰곰팡이치즈)

곰팡이가 종이 안에서 질식한다. 누렇게 되고, 치즈가 꿉꿉한 냄새가 난다.

? **곰팡이가 포장 안에서 산소 부족으로 사멸한다.** 포장지가 숨쉬기에 부적절하다. 포장지 안에 결로가 생겨 곰팡이가 축축해지고 사멸한다.

! 종이가 산소와 탄산가스는 자유로이, 수증기는 제한적으로 통과시켜야 한다. 치즈를 1~2시간 전에 냉장 공간에서 식히면 결로가 종이 안에서 생기지 않는다. 냉장체인을 계속 유지한다.

3.6 BL처리한 치즈외피에 특별한 결함. BL처리 치즈에 이종곰팡이

? **시간 간격을 너무 두고 불규칙적으로 치즈를 보살피면** BL**처리의 치즈는 이종곰팡이의 엄습을 당한다**. 곰팡이는 특히 표피가 고르지 않는 곳, 갈라진 틈, 구멍 표면에 쉽게 자리잡는다. 덩어리 표피가 잘 닫혀져 있지 않으면(틸지터 경우) 치즈 속까지도 번진다. 오염원은 흰곰팡이치즈와 동일하다. 판자를 충분히 건조하지 않거나, 구멍이 있거나, 충분히 건조시키지 않는 목재로 만들었을 때 곰팡이는 치즈판자를 통해 번진다. 또한 포장재가 곰팡이포자로 오염되었을 수도 있다.

! 흰곰팡이치즈에서처럼 위생적인 조치. 치즈는 더 자주 칠해져야 한다, 심한 오염에는 미지근한 물로 씻고, 말리고, 다시 칠한다. BL처리의 치즈는 매끄럽게 닫힌 외피를 가져야 하는데, 이것은 누르지 않는 절단치즈에서는 어려울 수 있다. 따라서 커드는 몰드에 넣을 때 너무 드라이하지 않아야 한다. 치즈는 몰드 채우기가 끝나면 즉시 돌려 주어야 한다. 그래도 만일 외피가 고르지 않으면 치즈를 부드러운 솔로 문지른다. 그렇게 하면 치즈 쪼가리가 떨어져 나와 구멍을 채운다. 아니면 약간의 스타터를 점질액 용액에 첨가하면 액이 더 끈끈하게 된다. 그렇게 하면 치즈에 더 잘 달라붙는다. 치즈판자는 뜨거운 물로만 세척한다. 양잿물 성격의 세척제는 나무를 구멍이 있게 하여 곰팡이의 공격을 받기 쉽게 한다. 숙성실에 제대로 말리지 않는 목재판자는 절대 사용하지 않아야 한다. 플라스틱판이 목재판 대신에 고려해 볼만하다. 포장재를 차고 건조한 상태로 보관한다. 종이가 치즈에 잘 달라붙지 않으면 종이 밑에 곰팡이가 성장할 수 있다. 포장할 때 치즈가 약간 축축해야 한다.

3.7 너무 축축하고, 들러붙는 껍질-축축하게 미끈거림

특히 염소치즈에 잘 나타난다. 염소치즈는 숙성할 때 우유치즈보다 유청을 더 많이 배출한다. 치즈는 축축해지고 미끈거린다.

? **치즈가 너무 시다.**

- 치즈에서 유청배출과 건조가 불충분하다. 치즈가 추후 산성화된다.
- 치즈가 너무 일찍, 너무 약하게 염지되었다. 하드나 절단치즈에서 껍질의 염분함량이 너무 높다.
- 숙성실의 습도가 너무 높다.

! 커드가 껍질을 가지지 않도록 주의한다.

- 치즈가 유청 배출실에서 너무 차지(온도가 내려감을 의미) 않도록 한다.
- 염지를 최적화한다.
- 밀크곰팡이 컬쳐를 투입한다.
- 숙성실의 습도와 온도를 낮춘다.

3.8 흰 점질층

점질층이 희고 마르지 않는다. BL층이 형성되지 않는다.

? **너무 축축한 치즈, 불충분한 커드작업, pH가 너무 낮다.**

- 농도가 아주 약하고 너무 찬 염지액에서 너무 강하게 아니면 너무 약하게 염지한다.
- 숙성온도가 너무 차다.

! 커드작업을 개선하고, 염지하기 전의 pH를 제대로 맞춘다.

- 점질액 용액을 바꾼다.

3.9 너무 마른 껍질

치즈가 너무 드라이하다. 점질액 층이 형성되지 않았거나 아주 약하다. 치즈가 전형적인 노랗고 붉은 색을 띠지 않는다.

? **치즈가 너무 드라이하고, 너무 강하게 염지되었다.** 염지 후 너무 강하게 건조했고, 숙성실의 습도가 약하다. 만일 치즈를 너무 찬 공간에서 건조시키고, 또는 공기순환이 너무 강하면 습기가 통할 수 없는 아주 건조한 껍질이 치즈에 형성된다. 치즈는 축축한 상태로 남아 있고, 속은 시다. 껍질은 말라 갈라진다. 치즈는 포장재 안에서도 마를 수 있다.

! 커드작업을 짧게 하고, 후가온을 적게 한다. 치즈의 소금농도를 줄이고, 치즈를 염지 후 덜 말린다. 건조와 숙성의 조건들을 최적화하고, 적절한 포장재를 사용한다.

3.10 거친 표면(절단치즈)

치즈 표면에 작은 요철이 있으며, 여기에 이종곰팡이가 아주 쉽게 증식할 수 있다.

? 커드를 너무 드라이한 상태에서 몰드에 넣는다.

- 처음 반전을 너무 늦게 한다.

! 마무리교반을 너무 오래 하지 않는다.

- 몰드에 채우고 즉시 돌려준다.

3.11 파라핀이 떨어져 나감(절단치즈)

파라핀 작업(왁스)을 제대로 안 하면 파라핀이 치즈에 붙지 않고, 틈새와 빈 공간이 왁스와 치즈 사이에 생겨 그 안에 이종곰팡이와 부패균이 증식한다.

? **파라핀 작업하기 전에 껍질을 잘못 씻거나 또는 전혀 씻지 않았다. 그리고 마르지 않았다.** 치즈를 너무 일찍 왁스 작업을 하였다. 유청이 계속 나와 왁스밑에 자리를 잡는데, 이 왁스는 아주 예민하고, 조금만 부주의해도 금방 터진다. 파라핀 층이 너무 이른 또는 부주의한 취급으로 인해 피해를 입었다.

! 치즈를 왁스 작업을 하기 전에 세심하게 씻고 충분히 말린다. 치즈는 왁스하기 전에 약간 땀을 흘려야 한다(유청이 약간 나옴을 의미). 치즈를 숙성 10일 지난 후(더 좋기는 3주 후에) 왁스 작업을 한다. 유청이 나오면 안 되고, 왁스 후에 치즈를 조심히 다룬다. 치즈를 냉장실에 넣기 전에 왁스가 단단해질 때까지 기다린 다음 일정한 온도에서 보관한다.

4. 냄새와 맛에 있어서의 결함

4.1 '염소냄새'가 나는 맛(염소치즈)

전형적인 염소젖 맛이 형성되는 것은 지방이 lipase에 의해 분해되고, 지방산이 방출되기 때문이다. 특히 Capron, Caprin, Capryl산들은 아로마가 있다. 이 독특한 맛이 염소젖, 염소치즈의 특징이다. 이 맛이 너무 진하기 때문에 부정적으로 "bockig(숫염소 냄새 같은)"으로 표현한다. 그 뿐만 아니고 유리 지방산은 특히 산화(oxidation)와 비누화에 아주 민감하다. 지방분해는 밀크 자체 그리고 미생물적인 지방분해에 의해 유발된다.

유형별로 나누어 보면:

① 밀크 자체 효소에 의한 자발적인 지방분해: 외부의 영향이 없이 일어난다.

② 유발된 지방분해: 기계적인 그리고 온도적인 부하에 의해 촉진된다.

③ 미생물적인 지방분해: 원유에서는 주로 내냉성균에 의한 지방분해이다.

본래의 지방분해는 밀크의 가열로 무력화된다. 염소젖의 지방분해는 산유 중기에 아주 강하다. 주목할 만한 것은 유리 지방산이 많은 살균밀크로 가공할 때 염소 냄새가 숙성치즈보다 신선치즈에서 더 뚜렷하다는 것이다.

? 밀크지방의 지방분해는 다음과 같은 원인으로 촉진된다.

- 밀크의 심한 교반 또는 펌핑에 의한 원인
- 온도 변동이 자주 일어나거나
- 밀크의 높은 세균오염, 특히 내냉성균에 의한 오염
- 원유의 오랜 냉장
- 착유기의 오작동 등의 원인이 있다.

! 신선한 밀크의 가공

- 원유의 높은 미생물적인 품질
- 밀크의 펌핑 배제
- 착유기에 의한 밀크로의 공기유입 배제

4.2 쓴맛

카제인의 불충분하고 결함 있는 분해에 의해 치즈가 주로 쓴맛을 가진다. 특히 카제인과 α_{S1}과 β-카제인, 유청단백질로 구성된 특정 펩타이드가 엄밀히 말해 쓴 물질이다. 분해과정이 진행되면서 이들이 더 작은 펩타이드와 암모니아 산으로 나누어진다. 염소치즈는 우유치즈보다 쓴 경우가 드문데, 이는 염소젖이 α_{S1} 카제인을 적게 함유하기 때문이다.

? 단백질 분해과정에 참여하는 모든 요소들이 쓴 물질 형성에 영향을 준다.

- 특히 렌닛 투입량이 많으면 습한 치즈에서 쓴맛을 유발한다. 너무 시어진 상태에서 렌닛을 넣으면 치즈에 렌닛이 남아 있어 오히려 쓰게 된다. 유전자 변형이나 식물성 렌닛이 송아지위 렌닛보다 쓴 물질을 형성한다.
- 쓴 것은 착유와 가공에서의 불충분한 위생에서 초래하기도 한다. 대장균의 증식, *Enterococcus*와 내냉성균들이 그 원인이다.
- 우선적으로 유산균을 방해하는 방해물질들이 치즈에서의 미생물들의 균형을, 또한 숙성과정을 깬다.
- 너무 강하게 염지한 치즈도 흔히 쓰다(소금 쓴맛).
- 이종곰팡이, 예로 Mucor 등 많은 효모균주들이 쓴 물질을 형성한다. 흰곰팡

이도 너무 촘촘하고 너무 빨리 자라면 그 원인이 될 수 있다.

- 추후 산성화가 일어나고, 절단치즈에서 과도하게 스타터 컬쳐가 투입되고, 치즈가 너무 낮은 pH 수치를 가질 경우에는 '과도하게 신' 결함과 같이 쓴맛이 발생한다.
- 너무 빠른 숙성은 숙성실 온도가 너무 높아서 또는 치즈가 너무 축축하거나 염지가 덜 되었거나 하면 이런 현상이 일어나는데, 이 증상이 쓴 물질의 형성을 촉진한다.
- 초유나 유방염 밀크가 사용되거나, 또는 사료로부터 쓴 물질이 밀크에 들어가면 치즈가 쓰다.

! 원유를 짧은 시간만 차게 저장하고, 착유나 가공에서 위생에 유의한다.

- 밀크의 살균온도를 과도하게 하지 않는다.
- 컬쳐 접종량을 감소시킨다.
- 펩타이드 분해 효과가 탁월한 추가 컬쳐를 사용하는 것도 도움이 된다. 이 컬쳐는 산성화시키는 것이 아닌 *Lactococcus*로 구성되어 있으며, 스타터 컬쳐와 동시에 넣는다.
- 흰곰팡이균주를 바꾼다.
- 염화칼슘을 적게 넣는다.
- 렌넷량을 줄인다. 가급적 송아지위 렌넷을 사용한다.
- 커드의 마무리교반을 잘 한다. 산성화를 잘 조절하여 추후의 산성화를 막는다. 숙성이 최적상태로 이루어질 수 있도록 지방을 뺀 건물량(fat-free in dry matter)을 조절한다.
- 소금량을 최적화한다.
- 숙성시간을 늘리고, 숙성온도를 낮춘다.
- 치즈 표면의 플로라가 포장지에서 질식해서는 안 된다.

4.3 신맛

숙성된 치즈가 너무 신맛이 나면, 이는 대부분 '짧고, 부서지는' 덩어리와 관련이 있다(덩어리상태의 결함 참조). 또한 이 결함은 바람직하지 않는 박테리아의 증식으로 인한 초산 형성이 이루어지면 일어난다(식초같이 시다).

? **초산 박테리아나 대장균에 의한 오염**(주로 신선치즈에서). 에멘탈러 치즈의 숙성실에서의 치즈숙성 중에 초산의 형성

! 위생을 개선한다. 프로피온산 발효를 보다 더 지원한다.

4.4 비누 같고 산패한 맛

지방의 바람직하지 않는 과도한 가수분해로 비누 같고 산패한 상태(악취가 나는)가 된다.

? **Psychrotrophic 박테리아(내냉성)가 아주 많이 존재한다.** 원유에 있는 psychrotrophic 박테라아 균주에서 가장 큰 속(屬)인 *Pseudomonas*는 뚜렷한 지방분해 활동을 보여준다. 이들이 유리 지방산들과 지방의 다른 분해물질들을 형성하는데, 이들이 바로 산패된 맛을 불러온다. 밀크의 자연적인 lipase와는 반대로 미생물적인 지방분해효소는 밀크의 가온 후에도 활동한다.

- 약간 산패한 것 같은 맛을 가지는 유리 지방산의 형성은 카망베르, BL처리의 치즈 또는 블루치즈 같은 많은 치즈들의 숙성과정에 속한다. 이렇게 하여 이 치즈들의 맛이 깊고 진한 성질을 가진다. 비누 같고 산패한 것 같은 맛은 치즈가 너무 숙성될 때 비로소 나타난다.
- 지방 함유량이 많은 치즈일수록 산패한 것 같은 맛이 나타난다.
- 치즈가 마일드할수록 산패한 것 같은 맛을 더 빨리 알아차릴 수 있다.
- 절단 내지 하드치즈는 땀을 흘릴 때(유청이 나중에 배출) 산패한 것 같다. 표면에 나타난 지방이 산소의 공격을 받아 산패한 것 같이 된다. 이 반응은 빛이 있으면 힘을 더 받는다. 같은 이유에서 절단된 치즈를 오래 햇볕에 두면 맛이 변한다. 이 결함은 절단면에만 한정되어 있으므로 그 부위를 잘라버리면 괜찮다.

! 원유의 세균수를 가능한 최소화하고, 저장기간을 줄이고, 밀크를 온전하게 펌핑하고 교반한다.

- 숙성시간을 줄이고, 숙성온도를 낮춘다.
- 밀크에서 부분적으로 지방을 뺀다(특히 절단 내지 하드치즈에서).
- 치즈를 높은 온도(22℃를 넘지 않게)에 노출시키지 않는다.
- 특히 치즈의 자른 면을 빛과 산소로부터 보호한다.

4.5 산화(oxidation) 맛

이질적 맛은 금속 같은 또는 끈적거리는 등으로도 표현한다.

? **빛에 의한 산화: 투명한 종이로 싼 신선치즈가 빛의 자외선에 노출되었다. 지방은 빛에 아주 민감하며, 냉장장치의 아주 찬 온도에서도 산화한다.** 따라서 진열대에서 빛에 오래 노출된 신선치즈는 불쾌한 금속성의 맛을 얻는다. 종이가 치즈에 붙어있지 않거나, 산소를 통과시키는 것이면 산화가 촉진된다.

- 커드를 냉동시킨 후의 산화(염소치즈). 냉동시킨 커드로 만든 치즈에서 가장 흔한 결함은 산화문제가 원인이다. 냉동이 되므로 지방구가 깨지고, 지방이 더 빨리 공격받는다. 산화는 낮은 pH 수치, 식염과 유리 지방산의 존재 등으로 촉진된다.

! 치즈를 빛으로부터 보호한다. 빛과 산소를 통과시키지 않는 종이로 포장한다.

- 냉동 커드용의 밀크는 아주 좋은 박테리아적 상태인 것, 그리고 가능하면 차게 보관하지 않은 밀크(내냉성균이 없음)를 사용한다.
- 염지하지 않는 커드를 냉동·해동 후 신선한 커드와 섞는다. 급속히 냉동시키고, 냉장고에서 해동을 한다.

4.6 효모냄새/맛

효모는 특히 축축한 치즈에서 잘 증식한다.

? **치즈공방의 위생결함, 염지통의 효모오염, 치즈돌보기의 태만**

! 치즈공방, 몰드, 기구들의 전체 세척, 염지액 가열과 재생, 치즈돌보기 개선, 숙성실의 습도를 낮춘다.

4.7 퀴퀴한 곰팡이 냄새

치즈포장을 개봉했을 때 지하 광을 연상케 하는 곰팡이 **내**지 퀴퀴한 냄새가 난다. 특히 흰곰팡이치즈나 BL처리의 치즈가 이에 해당한다.

? **냄새가 이미 밀크, 렌넷, 스타터 내지 숙성 컬쳐에 배어 있다.**

- 치즈공방의 위생결함(특히 천이나 매트에서)
- 치즈공방이나 숙성실의 곰팡이 핀 나무
- 과습한 지하, 통풍이 안 좋은 지하에 너무 꽉 차 있다. 곰팡이가 너무 촘촘하고, 과도하게 잘 자란다(이종곰팡이 침입).
- 부적절한 포장지

! 곰팡이에 오염되지 않은 사료 공급과 착유기의 위생을 개선, 신선한 렌넷 사용,

스타터 내지 숙성 컬쳐를 원칙대로 만들고, 준비하고 규칙적으로 갱신한다.

- 치즈공방 세척 : 매트와 천을 세척한 후 살균통에 넣는다.
- 곰팡이 핀 나무로 된 문, 창문, 선반, 판자를 바꾼다.
- 지하 광의 환기를 잘 시키고, 습도를 낮춘다.
- 촘촘하지 않는 밀도를 형성하는 곰팡이를 사용하고, 곰팡이 투입량을 줄인다. 이종곰팡이를 제거한다.
- 숨쉬는 포장종이를 사용한다.

5. 미생물적인 결함

5.1 대장균(Coliform) / *E. coli*

? **더러운 손이나 복장에 의한 점질균 전염**

! 손을 씻고 옷을 바꾼다.

? **불충분하게 세척된 착유시설**

! 세척 점검(세척제, 세척온도), 착유시설의 세척하기 나쁜 부위 점검(커브, 물매)

? **세척하기 어려운 착유시설**

! 착유시설의 정기적인 점검, 세척하기 어려운 부위 점검(커브, 물매)

? **원유의 냉각결함**

! 밀크냉각 점검

? **밀크세척에서의 결함**

! 착유위생의 개선, 전 착유

? Coli-Mastitis

! 전 착유, 유방건강의 유지

? **세척하기 어려운 기구들**

! 세척하기 좋은 기구 선택, 중요한 생산 공정에 나무나 플라스틱 배제, 세척하기 좋은 바닥과 벽 선택, 세척하기 좋은 배수구 선택

? **위생통로의 부재로 끌어들인 미생물들**

! 위생통로 설치

? 표면의 결함 있는 세척

! 접촉테스트(adhesive film test)로 한 세척 결과의 점검

? 부서진 벽과 바닥코팅이 세척을 불가능하게 한다.

! 파손 부위를 즉시 보수, 튼실한 바닥 내지 벽 재료 선택

5.2 *Listeria monocytogenes*

? 더러운 복장, 특히 구두에 의해 치즈공방으로 끌고 들어온다.

! 손의 세척 및 복장을 바꾼다.

? 사일레지에 리스테리아균이 많아 리스테리아 함유한 사료를 통한 점질균 전염

! 착유 후에 사료급여, 사일레지 제조 개선(신속한 산성화), 착유위생의 개선(유방세척)

? 결함 있는 착유시설 위생으로 밀크에 들어간다.

! 접촉테스트를 통한 규칙적인 착유시설 세척의 점검

? 리스터리아 질병을 앓는 가축을 통해 밀크에 들어간다(특히 작은 반추위동물).

! 동물의 건강점검

? 오랜 냉장보관으로 밀크에서의 리스테리아균의 증식

! 신선한 밀크로만 가공

? 위생통로의 부재로 작업공간이나 숙성실로의 감염

! 위생통로 설치

? 점질균 전염

! 점질액 작업 후에 관련된 기구들을 세척하고 살균한다. 점질액 작업시 새 치즈에서 오래 된 치즈 순으로 한다.

5.3 *Salmonella*

? 아픈 종업원이 *Salmonella*을 퍼트린다.

! 연례적인 변 검사

? **병든 젖동물(아주 드물다)**

! 전염원(날개 달린 동물)을 젖소에서 멀리 한다. 샘플로 하는 원유검사

? **치즈판자의 오염**

! 밖에서 치즈판자들을 말릴 때 전염원(날개 달린 동물, 새)을 멀리 한다.

? **판매대에서 교차 감염**

! 유제품에서 전염원(날개 달린 동물, 달걀)을 멀리 한다.

5.4 *Staphylococcus aureus* (황색포도상구균)

? **오픈된 상처부위가 이 균의 저장소이다.**

! 상처를 덮는다.

? **곪는 점막이 이 균의 저장소이다.**

! 인두 편두가 심하게 아프면 마스크를 쓰고 작업

? **잠재적 유방염 감염동물의 유방에서 황색포도상구균이 직접 밀크로 들어간다.**

! 유방건강을 유지(체세포 검사, 분리 착유, 병든 소 치료, 치료 불가능한 소 도태)함으로써 질병으로부터 많은 개선:

- 착유장치를 정기적으로 점검
- 제대로 된 착유(특히 공기 유입이 없도록)
- 스트레스 요소를 줄임(사료급여, 사육, 착유)
- 유방건강을 아주 세심하게 관찰

〈그림출처〉

- 폴크, 프리드헬름, 슈튜트가르트: 표지사진
- 건축장인, 베르너, 슈튜트가르트: 5.5, 5.7, 5.8 ; 134/135쪽: 그림 2, 3, 7 ; 136/137쪽: 1, 2, 3, 4, 5, 6, 7, 8
- 별도표기 없으면 모든 사진은 저자로부터 나옴.
- 그림들은 저자가 제시한 것을 바탕으로 아르투르 피이스트리코브가 함.

〈책의 광고〉

- Finktec, www.finktec.com ; 거품소독, 치즈몰드 소독, 공간소독, 병소독
- VHM, www.milchhandwerk.info ; 정보교환, 자문, 중고물품시장
- KLT, www.kleinschmidt-lt.de ; 치즈벳트에서 실험실기구까지 모두
- Rolf Rockmann, rockmann@rockmann.de ; 미생물적인 위생관리
- Rink, www.rink-gmbh.de ; 치즈도구 일반, 버터마신, 세파레이터
- Kaesereibedarf Leidinger GmbH, www.kaesereibedarf-leidinger.de ; 치즈도구 일반
- Grob AG, info@grobing.ch ; 미니 치즈공방 설계, 기구설치 등
- BHG, office-altheim@bhg.co.at ; 포장, 보조재, 실험실기구, 세척과 위생, 밸브와 배관
- TAG Werk, margret.stephan@tagwerk.net ; 치즈공방과 착유기 세척제
- Bickelsbacher, www.bickelsbacher.com ; 암염
- bolz, www.bolz-geraetebau.de ; 스테인리스 및 알루미늄가공, 치즈벳트 등
- Bunte Kuh, www.kaesereibedarf.de ; 치즈에 관한 모든 것. 번역자의 단골 거래처, 미국인
- AvW-Consulting, info@avw-consulting.com ; 컬쳐, 포장재, 카제인 마크, 상표인쇄, 판매
- Effinger Klaus, www.effingerklaus.de ; 렌넷, 컬쳐, 몰드, 치즈포, 세파레이터, 버터몰드
- ASTA-eismann GmbH, www.asta-eismann.de ; 유가공에 대한 모든 장비, 도구 등
- Ulmer ; 도서, 치즈 혼자 만들기, 돼지고기 염지와 훈제(Poekeln und Raeuchern)

옮긴이가 보는 한국의 목장유가공

목장유가공은 관광목장과 함께 오랫동안 꿈꾸어 왔던 나의 목표였다. 1954년 설립한 영덕목장의 경영을 1994년 선친으로부터 물려받은 후 먼저 관광목장을 위한 기반시설(경지정리, 조경, 젖소의 복지를 최대 고려한 축사 및 착유실 건립 등)을 마련하는 데 온 힘을 기울였다. 어느 정도 준비가 되어 우선 외국의 목장에서는 유가공을 어떻게 하는가 알아보기 위해 2002년 가을, 독일을 방문하여 약 30여 군데 유가공목장을 조사하고 가능한 경우에는 실습도 해 보았다. 귀국하여 경기도청의 담당 공무원에게 인허가에 대해 문의하자 대뜸 "돈이 많지 않으면 아주 어렵다"고 말하여, 자세히 알아보니 우리나라의 법이 대규모 유업체에 초점을 맞추어 목장에서 하는 소규모 유가공은 전혀 법에 반영되어 있지 않았다. 특히 자체 검사시설을 갖추고 수의사를 고용하여 운영해야 한다는 법 조항은 소규모 유가공을 불가능하게 만드는 독소 조항이었다.

혼자 힘으로 법을 바꾸는 것은 도저히 불가능하여 농민 단체를 만드는 것이 급선무라 생각하여 여러 사전 작업을 거쳐 2003년 1월 축산연구소 정석근 박사의 도움으로 성환의 축산연구소에서 전국적인 규모의 한국농가유가공연구회의 창립총회를 가지게 되었다. 이 연구회의 취지는 (1) 목장에서의 소규모 유가공이 가능하게 법을 개정하고, (2) 살아 있는 치즈교육을 실현한다는 것이었다. 2003년 7월에 한국에서는 처음으로 한국유가공학회 주최로 목장유가공에 관한 국제세미나가 일본 안도 교수 및 가와구치 씨를 초청하여 열렸다. 이 자리에서 법 개정과 치즈교육에 대한 국가의 지원요청 등이 언급되었다. 특히 1대 연구회 회장 조옥향 씨의 정부 관계자들을 상대로 한 끈질긴 설득 노력 끝에 교육에 대한 지원은 2004년부터 가능하게 되었고, 위에서 언급한 독소 조항도 2006년에 개정되어 소규모 유가공이 가능하게 되었다. 또 그 해에는 처음으로 서울 AT센터 목장에서 만든 자연치즈 경연대회가 개최되었다.

"살아 있는 치즈교육"은 김치나 장을 잘 담구는 사람이 이론을 잘 알아서 잘 만드는 것이 아닌 것처럼 교과서적이 아닌, 본 고장에서 실제 만들어 팔아 본 사람에게서 살아 있는 제조기술을 전수받기 위해서였다. 생치즈 덩어리 만드는 것으로 끝나는 것이 아니라 그 후의 모든 과정을 함께 하고, 숙성된 제품을 평가하는 것까지 일관성 있는 교육이 되도록 하였다. 한국 목장유가공에는 정말 행운으로, 2002년 독일 방문 시 우연하게 정용삼 치즈장인을 한 치즈학교 교장으로부터 소개받게 되었다. 연구회는 2003년 가을부터 시작하여 매년 한 차례 장인과 함께 정말 제대로 된 치즈교육을 진행하고 있고, 이 분은 특히 자기가 알고 있는 것을 숨김없이 다 보여주고, 언제든지 만들다 생기는 모든 문제에 대해 명쾌한 해결책을 제시하고 있다. 그래서 가우다, 카망베르, 발효버터, 크박에 대해서만은 한국에서 외국 제품 못지않은 수준의 품질이 가능하게 된 것은 전적으로 정용삼 치즈장인 덕분이라 할 수 있다. 일본의 안도 교수도 한국 농민에게 많은 애정을 가지신 분으로 두 차례 지도를 해 주셨고, 프랑스 히포, 이탈리아 연수의 김진동 씨도 우리 연구회의 초청강사였다.

우리 한국농가유가공연구회가 자발적으로 결성된 순수 농민모임이고, 또 이룬 성과에 대해 나는 모임 결성을 주도한 사람으로 가슴 뿌듯한 자부심을 가지고 있다. 이 자리를 빌려 연구회 결성 초기의 온갖 난관을 같이 헤쳐 온 1대 회장 조옥향, 김홍윤, 김창천, 서옥영 회원과 그리고 교육장소를 제공한 수원 축산연구소 정석근 박사에게 고마움을 표시하고 싶다.

한국에서 자연 숙성치즈를 파는 것은 아주 어렵다. 우선 빵 문화가 아니어서 치즈 소비는 한정되어 있다. 특히 시중의 슬라이스치즈는 가공치즈인데도 소비자들이 여기에 익숙해져 첨가물이 없는 자연 숙성치즈를 대부분의 일반인들은 도리어 맛이 이상하다고 외면한다. 모짜렐라류는 다만 고체화한 우유덩이인데도 지방의 고소한 맛 때문에 사람들이 좋아한다. 와인 소비가 늘어났으므로 치즈 소비가 늘어날 것이라 주장하는 사람도 있으나, 외국산 치즈를 찾지 국산을 찾는 사람은 거의 없다. 외국에서 신선치즈는 들어오지 못하므로 이 치즈가 가능성이 있다고 주장하기도 하나, 특히 이 치즈는 주식용 빵과 관련이 있어 더더구나 어렵다. 빵을 주식으로 하는 유럽에서는 지역 주민을 상대로 직접 팔 수 있으나, 목장이 주요 소비처인 대도시와 멀리 떨어진 우리 현실에서는 잠재 고객을 목장으로 불러오지 않는 한 직접 판매는 어렵다.

또한 국경 장벽이 그리 높지 않아 가격 면에서 외국 치즈와 경쟁한다는 것도 불가능하다. 가격과 제품 다양성이 적나라하게 비교되어지는 Internet를 통한 직접 판매에서 국산 자연치즈가 성과를 거두었다는 소문은 아직 들어 본 적이 없다.

비교적 영업을 활발하게 하고 있는 임실의 두 유가공업체에서도 자연 숙성치즈에 본격적으로 손을 대지 못 하는 이유는 바로 여기에 있다. 다행히 고무적인 것은 치즈 체험도 병행하고 있는 한 곳에서는 선물용으로 상당한 양의 치즈를 체험자들이 직접 사 간다는 점이다. 만드는 과정을 보여주고 자연치즈는 가공치즈와 달라 인체에 해로운 물질들을 전혀 함유하고 있지 않다는 점을 구매자에게 확신시키는 작업이 꼭 필요함을 알 수 있다.

체험목장 어디서나 스트링 치즈 만들기를 하고 있다. 미리 만들어 놓은 것을 단지 열을 가해 늘이고 붙이는 이 행위는 엄밀히 말해 치즈 만들기가 아니고 요리에 가깝다. 이보다 실력이 되면 작은 그룹을 유치, 제대로 된 숙성치즈를 같이 만들고, 숙성되면 각자의 집으로 보내는 것이 목장이나 체험자에게 도움이 될 것 같다. 이에 대해서는 유가공 영업허가도 필요 없다. 이렇게 함으로써 자신의 치즈제조 기술을 연마할 수 있고, 품질에 자신이 붙으면 그 때 가서 본격적으로 치즈사업을 시작하는 것도 좋은 방법이라 여겨진다.

그리고 어느 목장이나 같은 치즈를 만들 것이 아니라 자신만의 독특한 제품을 만들어 전체 국산 치즈제품 폭을 넓힐 필요가 있다. 예로 가우다를 제대로 만들 수 있으면 가우탈러류를 한 번 시도해 보는 것도 좋을 것 같다. 숙성기간은 보다 짧고 치즈아이, 맛, 조직에서 에멘탈러와 별로 차이가 나지 않는다. 가우다에 자신이 붙으면 이 책의 다른 치즈제조도 쉬울 것 같다. 치즈역사를 보면 타 지역의 것을 모방하려다 새로운 치즈를 만들게 되는 경우가 꽤 있음을 알 수 있다.

요구르트나 음용우유는 투자비용이 많이 들고, 운전자본도 필요하여 일반 농가에서 하기에는 어렵다. 치즈제조는 가족 노동력으로 충분하지만, 위의 두 제품의 경우 외부 인력의 고용은 필수적이고, 사업체 경영에 경험이 부족한 일반 농가가 하기에는 벅차다. 그러나 이러한 장애들을 극복할 수 있으면 해 볼만하다.

국산 치즈경연대회도 3번이나 열렸지만, 실제 국산 치즈 판매에는 아무런 도움을 주지 못하고 있는 실정이다. 대중 언론매체를 통한 사전홍보, 소비자가 쉽게 접근할 수 있는 장소 선택, 공정한 심사도 문제이지만 가장 중요한 것은 치즈를 만들어 파는 사람들을 위주로 해야 제대로 된 품평회라 할 수 있는데, 아직도 낮은 우리 기술 수준에서 이것이 언제 달성될지 회의적이다.

치즈 교육장소도 실제 공방과 같이 만들어 시설에 대해 낙농인이 참고할 수 있도록 모범적일 필요가 있으며, 특히 위생에 관해서는 실제 공방에서와 같이 하여 몸에 배이도록 해야 한다. 심화교육을 위해서 외국 전문가를 초청하는 것이 단체로 해외연수 가는 것보다 훨씬 경제적임을 잊어서는 안 된다. 또한 위생적인 교육용 치즈공방과 제대로 갖춘 숙성실은 필수적이다.

체험용으로 사각으로 된 치즈벳트를 구입하는 농가들이 많다. 사각치즈벳트에 교반용 회전날개를 부착한 것은 세계 어디에도 없다. 사각벳트에는 좌우로 왕복하는 교반장치가 있어야 하는데, 회전날개를 부착하면 코너 있는 곳은 사각지대가 되어 커드의 유청배출이 고르게 이루어지지 않는다. 원형인 경우에서도조차 고른 유청 배출을 위해 와류 생성판을 부착시킨다. "치즈 만드는 데 있어 대충대충 하면 그저 그런 치즈밖에 못 만든다"는 안도 교수의 말은 정말 새겨들어야 한다. 농가의 수제 치즈는 높은 품질로 승부를 걸어야 한다. 또한 장비를 구입할 바엔 제대로 된 장비를 구입할 필요가 있다.

일본의 상황을 유추하여 한국에서는 많아야 20여 곳의 유가공목장이 존재할 뿐이다. 아직까지는 자체 목장우유로 치즈를 만들어 파는 곳은 유감스럽게도 우리 목장밖에 없는 것 같다. 그래서 유가공 영업허가를 이미 취득한 업체와 창업 준비가 거의 된 목장들을 모아 서로를 격려하고 가진 기술력을 한층 높일 수 있는 모임을 새로 만들었다(한국유가공목장협의회). 이 모임이 독일의 VHM과 같은 역할을 하여 국산 자연치즈에 대한 소비자들의 관심을 모을 수 있는 계기를 마련하는 것이 앞으로의 과제 중 하나다.

끝으로 한국목장유가공 발전에 조금이나마 도움이 되고자 했던 나의 뜻을 작은 아이 정호정이 이어받아 프랑스의 높은 치즈제조 문화를 한국에 소개함으로써 우리나라의 목장유가공의 수준을 한층 더 높여 주기를 기대해 본다. 치즈박물관 건립, 교육 및 관람용 치즈공방 건립, 새로운 차원의 관광목장 완성 등도 나와 가업의 계승자가 함께 마무리해야 할 사업이다.

부록으로 정용삼 치즈장인의 레시피와 독일에서 이동식 치즈공방을 운영하는 프리드리히 씨의 레시피, 그리고 실습한 독일의 슐로스 함본의 레시피, 김창천, 최광원 님의 스트링치즈 레시피, Bunte Kuh의 하드치즈 레시피, 손민우 님의 로마노치즈 레시피, 김상철 님의 테테 드 모앙(Tête de Moine) 치즈 레시피, 강정숙 님의 체다치즈 레시피를 모아 보았다. 이 분들은 모두 한치즈 한다고 할 수 있다.

특히 이동식 치즈공방은 법에서만 허용하면 우리나라에서도 꼭 있었으면 하는 바람이다. 독일에서 작은 목장에서는 보통 일주일에 한두 번 밖에 치즈를 만들지 않는데, 여유 노동시간이 없거나 외부 인력을 고용해서 하는 경우에는 이 이동식 치즈공방이 아주 좋은 대안이 되고 있다. 치즈벳트, 작업대, 프레스를 탑재한 차로 목장에 가서 우유로 치즈를 만들어 프레스 작업 상태에서 가지고 돌아가 숙성시켜 다음 방문시에 가져다 준다. 목장에서는 아무런 시설 없이도 자기 우유로 치즈를 만들 수 있고, 자기 상표로 팔 수 있게 된다. 더욱이 한솥에서 가우다, 에다머, 틸지터(이상 mesophil)와 베르크치즈(에멘탈러도 가능, thermophil)를 시장에서 경쟁할 수 있는 품질로 뽑아내는 프리드리히 씨의 제조방법은 경이롭다.

부록 : 추가적인 유제품 레시피

1. 도움말

배양스타터가 좋기는 하지만 자주 만들지도, 많이 만들지 않는 우리의 여건상 DVS-스타터가 유일한 대안이다. 원래는 한 봉을 다 넣어야 되는데 양이 많아 덜어 쓰게 된다. 이 경우 유산균의 배합비율이 달라진다. 봉지를 방망이로 두드려 모두 가루로 만들거나, 내가 하는 것처럼 여러 멸균 통에 나누어 담아 쓸 때 각 통의 것을 조금씩 꺼내 전체 양이 되도록 하는 방법도 있다. 유산균 컬쳐 투입량을 1%로 표시한 것은 배양스타터로, 우유 100 ℓ 에 1 ℓ 정도 넣는 것을 의미한다. DVS인 경우 2 g에 해당한다. 경험상 약간 더 넣는 것이 좋다.

Mesophil. 유산균의 경우 저녁에 멸균한 우유 한 컵 정도(아니면 시유도 좋고)에 필요량의 스타터를 계량하여 잘 섞어 방 온도 20℃에 두면 아침에 묵처럼 굳어 있다. 이를 배양스타터처럼 사용할 수 있다. 보통 DVS 경우는 배양스타터보다 유산균을 넣고 유지하는 시간을 15~20분 더 두어야 하는데, 이렇게 하면 시간을 그만큼 단축할 수 있다.

커드 절단시점과 몰드 채우는 시점은 치즈의 성패를 결정하는 핵심이다. 여기에서 잘못하면 그 후의 어떤 공정에서도 만회할 수 없다. 정해진 시간에 정해진 목표치를 이 두 과정에서 항상 달성할 수 있다면 그 때서야 한치즈한다고 자신해도 좋다. 커드 준비작업(자르기)은 최대 10분 안에, 그리고 커드 크기가 가능하면 고르게 행해져야 한다. 안도 교수님에 따르면 최소 70%만 입자크기가 같으면 된다고 한다.

처음 2분은 조심스럽게 하고, 2분 쉬고 다시 자르고, 쉬고 마지막 마무리 자르기를 한다. 원형 치즈벳트의 경우 밖에서 안으로 원을 그리듯이 자른다. 그리고 가로 세로로 하는데, 이때 치즈하프는 커드 안에서 90℃(자르는 방향 바꿀 때), 180℃(같은 방향) 회전하는 식으로 한다. 수평으로 자르는 것은 커드받기로 하면 된다. 치즈하프를 휘젓는 것으로 마무리하게 되는데, 치즈하프 사용은 연습이 많이 필요하다. 초보자는 보통 요구되는 커드 크기를 쉽게 얻지 못하는데, 이 경우 고른 입자커드를 위해 조금 잘게 써는 것이 경험상 좋았다.

커드입자는 자르는 순간 표면이 마르기 시작하는데, 절단시점이 다르고, 크기가 다르면 입자의 건조상태가 제각각이 되어 치즈의 조직과 맛에 나쁜 영향을 미친다.

온수를 첨가할 때도 낮은 온도에서, 교반도 처음에는 아주 천천히, 프레스 작업도 처음에는 낮은 압에서 시작함을 다시 강조하고 싶다. 공방온도, 작업대 온도, 몰드 온도가 낮으면 치즈 겉면이 식어 유청 배출이 잘 안 되어 실패의 원인이 됨을 잊어서는 안 된다.

염지시간은 외국 레시피 대로 하면 상당히 짜게 된다. 그래서 시간을 조정할 필요가 있다. 음식 맛은 정성에서 오는 것처럼 치즈케어를 정해진 룰에 따라 해야 치즈가 제 맛이 난다.

처음 목장에서 치즈를 만들 때 거창한 도구들이 필요 없다. 자기 우유에 자신이 있다면 무살균으로 해도 상관이 없다(어른들만 먹고, 아이들에게는 요리로). 큰 아이스박스, 히터, 스테인리스 통만 있으면 된다. pH 측정은 치즈제조에서 핵심사항이므로 반드시 성능이 좋은 것을 구입해야 한다. Istec(www.istec.co.kr)에서 표면에 접촉시켜 산도를 측정할 수 있는 센서부위를 별도로 판매하기 때문에 치즈에 구멍 낼 필요가 없어 편리하다.

파스타 휠라타 종류는 냉장고에서도 숙성이 되며, 기름진 표피로 인해 곰팡이도 피지 않고 잘 갈라지지도 않는다. 다른 치즈는 숙성실이 있어야 하지만, 카망베르의 경우 12~15℃ 정도의 온도가 유지되는 곳이면 철사판(방산시장에 가면 제빵용으로 구할 수 있음)을 아이스박스에 두는 방법으로 충분히 숙성이 가능하다. 절단치즈도 이런 방법(판자에)으로 치즈케어에만 신경 쓰면 가능하다. 계절상 봄, 가을은 숙성실이 없는 상태에서 치즈 만들기에 좋다.

2. 정용삼 치즈장인의 레시피

2.1 신선치즈(크박)

1. 살균		63℃/30분 또는 72℃/15초, 32℃로 식힌다.
2. 컬처 접종		Mesophil. 배양이면 우유의 1%, DVS 경우는 2 g/100 ℓ
3. 유지시간		25℃의 방에서 3시간 30분 둔다.
4. 렌넷	첨가량 렌넷 강도	2.2 mℓ/100 ℓ 1 : 15,000
5. 유지시간		12~16℃ 방에 18~24시간 둔다. 나중 산도 pH 5.5~5.6가 된다.

6. 유청배출		묵의 상태 : 위에 유청이 생기지 않고 통에서 분리되지 않음. 국자로 소독한 나일론 천에 얇게 떠서 가만히 놓는다. 한 번에 많이 하지 말고 시차를 두어 천천히 작업해야 한다.
7. 정치		숙성실에 18～24시간 둔다. 포장 전 산도 : pH 4.3～4.5
8. 포장		수분함량 73～75%의 신선치즈가 됨. 1주 정도 유통기한

* 크박 : 이 경우 숙성실에서 유청 배출시간은 48시간. 용기에 공기 없게 꼭 채워 랩으로 싸고 밀봉해서 냉장고에 두면 유통기한은 3주. 먹을 때 요구르트, 크림, 우유를 첨가할 수 있고, 다양한 향신료도 기호에 따라 먹거나 또는 팔기 바로 전에 넣는다. 위는 소규모로 만들 때 하는 방법이고, 100 ℓ 이상이 되면 앞의 Schulenburg 제조기를 이용하면 시간을 단축한다.

* Schulenburg 제조기로 할 때 : 상기 기구의 아래통에 우유(보통 저지방 우유)를 넣고 컬쳐 1%, 3시간 후 렌넷 1mℓ/100 ℓ 넣고 25℃ 방에 둔다. 6시간 후 가로×세로 7 cm 크기로 자르고 압착한다. 크박 산도는 pH 4.5이다.

2.2 커티지치즈(전통적, 렌넷 없이)

1. 크림분리		38～40℃에서
2. 살균	저지방우유 크림	73℃에서 15초/63℃에서 30분 95℃로 중탕하고 식힘, 냉장고에
3. 냉각		22～26℃
4. 스타터 접종		1.5% mesophil(St. Lactis, Cremoris)
5. 정치		14～18시간/공간온도 25℃
6. 절단	절단시 산도 커드 크기	pH 4.5～4.6 0.7～1.0 cm
7. 정치		유청이 보일 때까지
8. 가온	교반 40분	저어주면서 온도를 서서히 55～60℃로 올림
9. 교반		이 온도에서 10분 더 교반
10. 유청배출		유청 모두 제거
11. 세척	물 온도 세척 회수	5℃(얼음 넣어 미리 준비) 2～3회, 가급적 빨리 한다.
12. 건조	물기 제거	냉장고에서 둔다.
13. 크림과 양념 첨가		냉장고에서 보관한 앞의 크림 18%, 소금 1～2% 기타 양념을 넣고 잘 섞어 냉장고에서 4～6시간 보관(이 시간 동안 알갱이가 크림 흡수), 이 경우 3주까지 유통기한.

또 다른 커티지치즈 제조법은 가우다와 같이 절단까지는 같다(크림분리 안함).

5. 교반	20분	
6. 유청빼기	40%	
7. 온수 추가	30%	물 온도 80℃, 전체 온도를 53℃까지 만듦.
8. 교반	20분	
9. 유청배출	100%	
10. 세척, 건조		아이스워터로 냉각. 냉장고에 두어 물기 뺀다.
11. 크림과 양념 첨가		크림과 소금을 넣어 알갱이에 스며들게 한다.

2.3 카망베르, 웨타

카망베르		
1. 살균		우유를 63℃/30분, 38℃로 식힘
2. 컬쳐 접종	 유지온도 유지시간	컬쳐 1% mesophil, Penicillium candidum 38℃ 60분
3. 렌넷	첨가량 강도 유지온도 유지시간	25 mℓ/100 ℓ 1 : 15,000 38℃ 60분
4. 절단	커드크기 커드준비	1.5～2.5 cm 10분
5. 교반	교반시간	15분
6. 몰드 채우기	커드상태	알갱이를 손으로 눌렀을 때 흰 묵 같은 것이 안 나와야 하고, 절단 시작하고 30분 안에는 해야 한다.
7. 돌리기		채우고 즉시, 그 다음은 30분마다 최소한 5번
8. 염지		소금물에 염지 양면 각각 20분 정도(200 g)
9. 건조		찬 곳에서 철사판 위에서 건조
10. 곰팡이 스프레이		하루가 지난 후 아침, 저녁으로 돌려주며, 하루 전에 준비한 곰팡이액으로 스프레이, 4일 반복
11. 활착 확인		곰팡이가 제대로 붙었나 떼어 봄. 표면이 미끌거리면 성공, 피기 시작하면 철사판에 붙으니 중간에 한 번 떼어 주어야 한다.
12. 포장		9일째부터 피기 시작한 곰팡이가 잘 덮여 있으면 11일째에 냉동고에 5～10분 두어 숙성을 중단하고, 공기가 통하는 방습지에 싸서 냉장고에 보관한다. 유통기한 4주

훼타		
8. 염지		양면 각각 45분씩
9. 포장		물기를 뺀 후 진공포장하거나, 축축한 수건에 싸서 냉장고에 보관. 빵가루를 묻혀 기름에 튀겨도 좋음(치즈 코틀렛). 샐러드용은 조금 짜게 함. 깍둑썰기(1 cm 미만)를 하여 허브 넣은 올리브오일로 병에 꽉 차게 담아 밀봉.

* 위의 7번까지는 곰팡이균 접종 없는 것을 제외하고는 동일하다.

2.4 가우다

1. 살균	우유를	63℃/30분 살균, 34℃로 식힌다.
2. 컬쳐 접종	스타터 유지온도 유지시간	1%, mesophil. 32℃ 60분
3. 렌넷	첨가량 유지온도 유지시간	20 mℓ/100 ℓ 32℃ 45분
4. 자르기	묵 상태 커드크기 준비시간	칼로 찔러 칼날을 수평으로 하여 커드를 들어 올렸을 때 순두부 갈라지듯 양면으로 짝 갈라져야 함. 길이가 아닌 옆이 갈라지면 5～10분 더 기다려야 한다. 1 cm 10분
5. 교반	20～25분	처음에는 천천히 해야 치즈먼지 발생 방지
6. 유청배출	배출량	40%, 천천히 교반하면서
7. 온수첨가	첨가량 물 온도 목표온도	30% 50～60℃ 36℃, 온수를 첨가할 때도 벽면으로 천천히 붓는다.
8. 교반	25～35분	전보다 더 세게 한다.
9. 채우기 테스트		교반 후 20분부터 커드테스트를 한다. 커드를 한 주먹 살짝 쥐고 손바닥에서 토스트했을 때 사방으로 비산하면 OK.
10. 정치 내지 예비 압착		커드를 유청 안에서 20분 두어 서로 뭉치게 하거나 예비압착통으로 보냄
10. 채우기		몰드를 우선 따뜻하게 하고, 커드를 적당한 크기로 잘라 몰드에 채움. 가운데가 항상 높아야 한다.
11. 압착	공압 프레스	500～600 g, 1.2～1.8바(bar), 60분 2.5～3.5 kg, 2～3바(bar), 60분

	무게로 할 때	500~600 g, 치즈 무게의 5~6배, 12시간 2.5~3.5 kg, 치즈 무게의 8배, 18~24시간 압착이 끝나면 몰드에서 뚜껑을 제거하고 뒤집어 하룻밤을 작업대에 비닐을 씌어 두고 아침에 다시 뒤집어 20~30분 모양을 만든다.
12. 염지	염지액 (20%)	500~600 g, 4.5~5시간 1 kg, 8시간 2.5~3.5 kg, 18~24시간 중간에 뒤집어 주고, 윗면에 소금 뿌림
13. 건조, 표면처리, 숙성		이틀 정도 건조시킨 다음 소금물로 닦거나, **플라스틱 코팅**. 3주 후 파라핀 처리 5주 후면 먹을 수 있다.

2.5 발효버터

1. 크림분리	우유를 35~38℃로 데워 크림분리
2. 살균	크림을 95℃까지 중탕, 25℃로 식힘
3. 컬쳐 접종	3~5% 배양스타터 넣고
4. 정치	25℃ 방에 6~8시간 둔다. 이때 산도는 pH 4.6이다.
5. 냉각	크림온도 14℃ 만듦.
6. 버터머신으로 작업	15분 지나면 버터 알갱이 생기기 시작. 정지시키고 윗벽과 뚜껑의 크림 긁어 합치고, 다시 돌림. 알갱이가 뭉치기 전에 정지시키고 버터밀크 제거하고, 아이스워터를 버터밀크와 같은 양 넣음. 1~2초 돌리고 빼고, 다시 같은 양의 아이스워터 넣어 돌림. 냉장고에 두거나, 다시 아이스워터에 한 시간 정도 담가 두거나 하여 단단해지면 남은 물기 제거하기 위해 치댄다. 1~2% 소금이나 마늘 등 향신료 첨가한다.

2.6 배양스타터 만들기

① 증류수 1 ℓ 에 탈지분유 100 g 비율로 타서, 93℃/15초로 가열한 다음 실내온도 25℃로 식힘

② 구입한 배양용 원조컬쳐를 접종(봉지에 unit 표시가 있음)

③ 휘젓는데 밑에서 위로 젓고, 15분 후 다시 저어 컬쳐가 잘 풀어졌는지 본다.

④ 랩으로 밀봉한 후 뚜껑을 꽉 닫고, 방 온도 25℃에서 18~24시간 둔다.

⑤ 은은한 신맛이 나면 제대로 된 것임. 이때 산도는 pH 4.3～4.5이다.

⑥ 멸균된 1,000 cc 용기에 꽉 채운 다음 랩을 씌우고 냉장고에 보관한다. 이를 어미컬쳐(Mother culture)라 하고, 나머지는 접종컬쳐로 사용한다. 스타터는 한번 만들면 3일 이상 사용 안 하는 것이 좋다. 1일, 2일에는 보통 1%이면 되지만, 3일째에는 3% 쓰는 것이 좋다. 냉동할 수도 있으나 이 경우 실온에서 녹여 5% 정도 넣어 준다. 보관 중인 컬쳐가 사용 가능한지는 혀끝으로 맛을 보았을 때 탄산음료처럼 톡 쏘는 기분이 들고, 조금씩 씹어 삼킬 때 찝질한 맛이 나면(암모니아 또는 짚 씹는 맛이 있으면) OK. 한 번의 원조컬쳐에서 10번 정도까지 어미컬쳐를 만들 수 있으나 안전상 5번까지가 좋다. 즉 냉장보관의 어미컬쳐를 다시 배양하여 1,000 cc는 용기에 밀봉하여 냉장고에 보관하고, 나머지는 접종컬쳐로 사용하고, 떨어지면 다시 냉장고에서 꺼내 배양한다.

3. 프리드리히 씨의 이동식 치즈공방에서의 제조

프리드리히 씨는 에다머, 틸지터, 가우다, 베르크치즈를 사륜 구동차에 견인 트레일러를 달아 차로 한 시간 거리에 있는 목장을 방문하여 치즈를 만든다. 트레일러 안에 자기가 직접 설비들을 부착하여 비용도 많이 들지 않았다고 한다. 한 주에 하루 걸러 3번 정도 만들며, 그 사이사이에 치즈돌보기와 나무판 세척, 사무실일 등을 처리한다. 본인 말로 수입이 아주 좋다고 한다.

시간적인 제약상 무살균 우유로 또 DVS 방법을 쓰고 있다. 따로 레시피가 없어 한 목장에서의 작업순서를 시간대 별로 정리해 본다.

절단치즈 및 하드치즈		우유 800 ℓ, 지방 4.0%
10시 10분	우유에 스타터접종 유지온도	FL-DAN 50 U 한 봉 Lycofast 5 U 한 봉 30℃
10시 50분	액상 염화칼슘	20 mℓ/100 ℓ 물에 희석하여
10시 55분	Lysozym 넣음 렌넷 베타카로틴	10 mℓ/100 ℓ 19 mℓ/100 ℓ 3 mℓ/100 ℓ
11시 3분	우유온도	31℃
11시 9분	우유온도	32℃

11시 15분	우유산도	pH 6.60
12시 3분	커드 테스트	10분 더 두어야 한다고 함.
12시 12분	자르기	2분 자르는데, 치즈하프로 원 그리듯이 함. 밖에서 안쪽으로, 가로 세로로 모두 자름. 2분 정치, 스텐판(20×40 cm)으로 앞으로 당기듯이 교반 및 자름
12시 18분	정치	
12시 20분	교반	치즈하프로 원 그리듯이 마무리. 절단과 교반
12시 23분	절단작업 완료 교반시작	커드 크기는 여러 치즈를 만들므로 절충점 찾음. 가우다(원래는 체리 씨 정도) 보다는 작고, 베르크치즈(원래는 밀알 크기)보다는 크다. 교반 날개 부착하여
12시 42분	치즈벳트 온도 유청산도	33℃ pH 6.5(아주 좋다고 만족)
12시 43분	유청빼기	34 ℓ/100 ℓ(벳트에 잣대 넣어 정확히)
12시 50분	온수 추가 물 온도	12 ℓ/100 ℓ 40～60℃
12시 53분	치즈벳트 온도	36℃
12시 54분	교반시작	교반속도 약간씩 올림. 온도 또한 벳트 가열로 서서히 올림
12시 57분	치즈벳트 온도	37℃
13시	치즈벳트 온도	38℃
13시 10분	틸지터 뽑음	타공판 위로 커드-유청-혼합물 부어 밑의 몰드에 들어가게 함. 이 날은 가우다를 만들지 않았는데 만든다면 이 때 한다. 가우다 뽑는다면 유청 안에서, 몰드는 베르크치즈용
13시 13분	에다머 뽑음	카도바 몰드 1 kg짜리의 속 망을 벳트에 넣어 커드를 수북이 건져내고 두 개를 위아래로 포갬.

* 여러 가지 향신료 넣어 특별 에다머 만듦. 펌프로 커드-유청혼합물을 프레스통으로 펌핑. 카룸, 냉동건조의 가는 파, 파프리카 조각 등을 첨가. 유청 안에서 몰드에 채움. 다 채우면 2개를 포개고 1바(bar)에서 3～4분 프레스. 꺼내 돌려 0.3바(bar)에서 4～5시간 압착. 첨가 허브가 바뀔 때마다 프레스통 유청 뽑음.

13시 30분	치즈벳트 온도	39℃
13시 50분		아직도 에다머 스페셜 만듦
14시		에다머, 틸지터 한 번 더 돌려 줌
14시 5분	치즈벳트 온도 프레스통 세척	40℃

14시 9분	치즈벳트 온도	41℃
14시 17분	치즈벳트 온도	42℃
14시 20분	치즈벳트 온도	45℃(목표온도 47℃)
14시 25분	치즈벳트 온도	46℃
14시 28분	치즈벳트 온도	47℃
14시 32분	치즈벳트 온도 목표산도	48℃ pH 6.55(꼭 지킬 것)
14시 35분	채우기 시작	가우다 몰드에(베르크 치즈인데도)
프레스는	처음 20분은 다음 20분은 다음 20분은 그 다음 한 시간 후	1바(bar) 2바(bar) 3바(bar) 4바(bar)(이 상태에서 집으로 감) 그 때마다 돌려준다. 가우다 경우도 이렇게 한다고 함. 예비압착은 치즈 종류에 상관없이 전혀 하지 않음. 절단, 교반, 유청배출, 온수 추가, 교반 등의 전체 시간이 중요한 것이 아니라 채우기 할 때 산도가 pH 6.55되는 것이 중요하다고 함. 유청 빼고, 온수 추가하는 양도 정확히 지켜야 맛과 조직이 좋다고 강조.
염지	 염지액 온도 소금농도 염지액 산도	염지하기 전 산도는 pH 5.2~5.3가 꼭 되어야 한다고 강조. 15℃ 18% pH 4.9(이 수치에서 곰팡이나 효모가 사멸한다고 함)
표면처리	건조 BL처리	2일, 매일 돌려 줌 BL-소금액으로, 치즈케어는 old에서 young 치즈 순으로, 판자도 그대로 두고 치즈만 위아래 돌림. 2주까지는 매일 돌려주고 칠한다. 그 후에는 주에 3회 정도한다. 4~6주 후 냉장실(5℃) 옮김. 그리고 파라핀 처리하여 해당 목장에 갖다 준다.

* 이 날 카망베르도 400ℓ 우유로 같이 만들었는데 먼저 치즈벳트에서 50ℓ, 36℃ 가열, 이중벽의 보온 가능한 프레스통으로 펌핑. 스타터 넣고, 곰팡이 및 액상 염화칼슘 넣음.

* 약 20 분 후 나머지 우유(350ℓ) 치즈벳트에서 프레스통으로 펌핑. 치즈벳트의 우유온도를 올리기 위해 스팀과 잠수히터 동시에 사용. 이렇게 미리 예비 숙성시키면 시간을 30분 단축한다고 한다.

유지온도		36℃
9시 10분	컬처 접종	스타터 : mesophil.과 thermophil.을 1/2봉 약간 적게 한 봉이 500ℓ용, 조금 더 넣는 것이 항상 좋다고 함.

	Peni. candidum 염화칼슘	PC 22 0.5 mℓ/100 ℓ 20 mℓ/100 ℓ
9시 55분	렌넷 첨가	23.5 mℓ /100 ℓ , 강도 1 : 15,000
10시 40분	절단 정치	묵의 상태는 손가락으로 판단하고, 잘 갈라져야 한다. 2～3 cm 크기, 3분 동안 작업, 2분 쉬고, 스테인리스 판으로 앞으로 당기듯이 하면 수평으로 잘라진다.
10시 50분	교반	스테인리스 판으로 2분 정도 앞으로 당기듯이 하고 정치
10시 55분	교반	위의 동작 반복
11시 4분	유청배출	우유의 30%
11시 8분	교반	스테인리스 판으로 위의 동작 반복
11시 11분	유청배출	1분 정도
11시 20분	채우기 시작	자르기 시작 후 45～50분 정도에
11시 50분	채우기 완료	몰드를 작업대로 옮겨 비닐로 덮음. 산성화 촉진을 위해 60℃ 물 3～4 cm 높이로 넣어 작업대 보온
12시 27분	돌려주고	다시 비닐로 덮음. 집에 가기 전에 한 번 더 돌려주고 끝.

* 몰드에 넣고 3～4시간 후면 목표 pH 5.15에 도달. 염지는 45분 정도 3일 동안 매일 5% 소금물에 담가 뒤집어 놓음(잡 곰팡이가 피는 것을 방지하기 위한다고 하나, 실제 해보니 치즈가 너무 짬-역주) 곰팡이액 스프레이는 생략.

* 프리드리히식 모짜렐라는 다음과 같이 만든다. 카망베르 만들 때 남은 커드에다 소금을 조금 넣고 기다린다. pH 5.15에 도달하면 적당한 사각 몰드에 넣고 목장에 두고 간다. 유청이 충분히 빠지면 적당히 썰어 토마토와 같이 먹음. 목장주 말대로 나중에 흰 곰팡이가 피는 것은 당연하다.

4. 슐로스 함본(Schloss Hamborn)의 레시피

4.1 미로벨로

1. 우유처리	살균 지방함량	63℃/30분, 35℃로 식힘 자연 그대로
2. 컬쳐 접종	컬쳐 종류 컬쳐량 유지온도 유지시간	Probat 505(mesophil.) 1% 35℃ 60분
3. 응고	렌넷량 렌넷 강도 우유 산도	16 mℓ 1 : 17,500 pH 6.6

	응고시간	35분
4. 절단	커드 크기 커드 준비 정치	큰 콩알 치즈하프로 가로 세로 자르고, 5분 정치한 다음 다시 치즈하프로 자름.
5. 교반		5분마다 커드받기로 앞으로 당기듯이 덩어리가 생기면 치즈하프로 풀어 준다.
6. 유청배출	시간 배출량	자르기 시작 후 30분 10%
7. 가온	치즈벳트 가온	38℃ 될 때까지
8. 교반		커드받기로 5분마다, 뭉친 것은 치즈하프로 풀어 준다.
9. 유청빼기		커드가 보일 때까지 모두 제거
10. 향신료 첨가		소금 1.1%, 마늘 5 g/100 ℓ, 또는 파슬리 6 g/100 ℓ
11. 채우기	시점 산도 커드 상태 몰드 종류 치즈 무게 공간온도	자르기 시작 후 105분 pH 6.3 건조하고, 단단하고, 곡식알 같은 사각 몰드 220 g 20℃
12. 반전		채우고 즉시, 돌리기 전에 뜨거운 물 붓는다. 그 다음에는 30분 후, 1시간, 2시간 간격
13. 유청배출종료		채우고 16시간 후
14. 포장	 조직 맛	48시간 후 진공포장, 최대 유통기한 3주 씹었을 때 치아에 들러붙지 않음. 약간 신맛, pH 5.0

4.2 틸지터

1. 밀크처리	살균 지방함량	무살균 아침우유 지방분리, 저녁우유와 섞음. 3.3% 맞춤(최종제품은 45% 지방함량)
2. 컬쳐 접종	컬쳐 종류 접종량 유지온도 유지시간	Probat 505(mesophil.) 1% 32℃ 30분
3. 응고	렌넷 첨가량	16 mℓ

	렌넷 강도 유지온도 유지시간	1 : 17,500 32℃ 35분
4. 절단	커드 크기 커드 준비시간	1.5 cm 10분
5. 교반		20분
6. 유청배출	배출량	40%
7. 온수추가	온수온도 투입량 목표온도	50~60℃(52℃) 15% 36℃, 이때 뭉쳐져 있는 커드덩이는 공모양의 커드분쇄기로 풀어 준다.
8. 교반		25분
9. 유청빼기	시점 배출량	커드 자르고 75분 후에 커드가 보일 때까지 모두
10. 채우기	시점 산도 커드 상태 공간온도 몰드 크기	커드 자르고 90 분 후 pH 6.5 감촉이 좋은 뭉쳐 가지고 비볐을 때 알갱이가 풀어지고, 눌렀을 때 부서지지 않고 탄력성 있다. 커드 크기가 우리 가우다 같고, 가우다는 더 작음. 20℃ 5 kg 사각이나 원형 만일 호두맛 나는 복쇼른크레 같은 향신료 넣는다면 80 g/100 ℓ, 컬쳐 접종할 때 끓여 식혀 놓음. 커드에 섞어 몰드에 넣음.
11. 반전	채우고 바로	먼저 뜨거운 물 끼얹고, 식지 않게 비닐천 덮음. 그 다음에는 30분×4번, 1시간 후, 2시간 후
12. 몰드 빼기	 산도	채우고 6~7시간 후 pH 5.1~5.2
13. 염지	염지시간	24시간, 중간에 돌려준다. 위에는 소금 뿌리고.
14. 숙성	BL액처리 숙성기간	염지액에서 나오면 이틀 건조, 2주 동안 매일, 2주 후에는 2일마다 가우다와 동일(최소 6주)

4.3 카망베르 내지 브리

유유처리	살균 지방제거 안 함	

컬쳐 접종	온도 양, 종류 곰팡이	35～36℃ 총 1% 2/3 Pb(mesophil.) + 1/3 Yogurt(thermophil.) PC 22 + PC Neige 1 : 1, 1/3은 우유에
렌넷 첨가	컬쳐 접종 후 온도 렌넷 강도 양/100 ℓ 우유 pH	1시간 35℃ 1 : 17,500 14 mℓ 6.6～6.65
절단	렌넷 넣고 난 후 커드 크기	30분, 묵이 너무 단단하지 않게 최소 2 cm, 호두크기(walnut)
교반/수세		커드를 정치. 90분 후에 조직을 검사하고 온도를 측정. 필요하면 35℃로 가온
유청배출/담기	유청배출 절단 후 시간 유청의 pH 커드 상태 평균 치즈무게 공간온도	1/3 배출 120분(시간은 항상 자르기 시작 후부터 계산) pH 6.2～6.3 탄력적, 부드러우면서 잡히는 것이 있음. 200 g 최소 20℃
반전, 압착		즉시 돌림. 30분, 1시간, 1시간 등 모두 6번. 저녁에 바로 염지
배출 마무리	치즈 pH 수율	pH 4.9～5.0(보통 5시에 시작 16시에 작업 끝) 13～14%
염지	시간	1시간/200 g(우리에겐 너무 짜다) 브리의 경우 2 kg에 약 3 시간 정도가 좋음.
숙성	숙성실(16℃)	매일 돌려주고, 스프레이(곰팡이액으로) 곰팡이가 꽉 덮이면 9～10일에 특수종이나 랩(우리 경우)으로 포장하여 냉장고에 둔다. 브리는 숙성실에 더 오래 둔다(한 달 정도). 판매는 만들고 2～4주 후

4.4 뮨스탈러(BL처리)

우유처리	살균, 원유 그대로	
컬쳐 접종	온도 양과 종류	36℃ 총 1%, 2/3 Pb(Probat) + 1/3 Yogurt
렌넷 첨가	컬쳐 접종 후 온도 렌넷 강도	1시간 35℃ 1 : 17,500

	양/100 ℓ 우유 pH	14 mℓ 6.6~6.7
절단	렌넷 첨가 후 커드 크기	35분 작은 호두
교반		5~10분마다 교반판 내지 커드받기로 30분 후 36℃로 가온
유청배출		1/3 조금 더 되게 배출
담기	절단 후 유청의 pH 커드성질 평균 치즈무게 실내온도	60~80분 6.4 탄력적, 부드러우면서 잡히는 것이 있음. 700 g 20℃
프레스, 반전		채우고 즉시 30분, 1, 2시간
배출 마무리	 치즈 pH 수율	16 : 00 pH 5.2 이하 되어서는 안 된다. 11~12%
염지	시간	4시간
숙성	숙성실(16℃) 숙성기간	첫 2주에는 매일 BL액으로 솔질 최소 3주

4.5 Cream fraiche(크림 후레쉬), sauer creme

치즈벳트에 저녁우유를 넣고 하룻밤 차게 두면 위에 크림이 뜬다. 이를 공방용 커드받기로 잘 걷어내면 지방함량 35%의 크림을 얻을 수 있다. 일반 세파레이트로 사용하면 비슷한 지방함량의 크림을 얻는다. 크림을 살균하고 25℃로 식힌 다음 이 온도에서 mesophil. 2%를 넣어 10~12시간 배양한다. 크림후레쉬는 빵에 발라 먹거나 요리에 사용한다. Sauer creme 경우는 10~15% 유지방함유 우유를 사용하며, 제조방법은 위와 동일하다.

4.6 그밖에 슐로스 함본의 치즈공방에서 특이 사항

① 카망베르 만들 때는 mesophil.과 thermophil. 컬쳐(요구르트)를 각각 2/3과 1/3을, 브리 만들 때는 1/2씩 한다. Penicillium candidum도 1/3은 우유에, 2/3은 스프레이로, 전자의 경우 8일째 포장, 후자는 셀로판 종이에 싸서 5주 동안 숙

성실에 둔다. 만드는 공정은 카망베르 레시피와 거의 동일하다.

② 스타터 만드는 법(배양기에서):
- Probat: 25℃에서 18시간
- 요구르트: 42℃에 3시간
- 베르크치즈: 42℃에서 7시간 배양. 저지방 우유에 타는 컬쳐량은 정확할 필요 없다고 하며, 위의 시간은 굳은 상태가 될 때까지의 시간을 나타낸다. 그리고 완성되면 즉시 냉각시키는 것이 아주 중요하다고 함. 어미스타터, 접종스타터 배양은 정용삼씨와 동일하다.

③ 이 집에서는 요구르트를 배양통에 하지 않고, 90℃에 우유 가열 5분 정도 홀딩, 42℃로 식혀 요구르트 컬쳐 넣고, 20 ℓ 우유통에 담아 온도 42℃에 맞춘 방에 3시간 정도 둔다. 이 때의 산도는 pH 4.9 정도로 바로 식히는데, 최종 목표 산도는 pH 4.4～4.6이다. 요구르트 배양통에서 할 때보다 이렇게 하는 것이 품질이 아주 고르게 나온다고 한다. 요구르트 균주도 세 가지를 섞어서 하고 있다.

5. 가우탈러(예; Jarlsberg)의 제조 레시피

	무게 5～7 kg, 지방함량 45% 우유 지방함량	밀크 100 ℓ 당 투입량 2.9～3.0%
살균		72℃에서 10초
유지온도		31～32℃
컬쳐 접종	Mesophil.(Sc. lactis.) Thermo.(Sc. thermophilus, Lb. helveticus, Lb. latics) 프로피온균 색소(베타카로틴) 염화칼슘 예비숙성	0.2～0.8 kg 0.2～0.4 kg 0.1～0.3 mℓ 0～3 mℓ 10～20 g SH 6.4°～6.5°까지 25～35분

0분	응고	렌넷 첨가 유지온도 응결시간 응고시간	강도 1 : 10,000 첨가량 25～30 mℓ 31～32℃ 12～18분 25～30분

28분	자르기	커드 크기 커드 준비시간	6~8 mm 10분
38분	교반	교반시간 산도	20분 SH 4.2°, pH 6.4~6.5
58분	물 교환	유청빼기 온수 추가	치즈 밀크의 30~40% 물 온도 57~58℃, 뺀 유청과 같은 양
1시간 5분	교반	가온	30분 걸려 37~46℃로 천천히 올림
1시간 40분	교반	몰드에 넣을 정도로	25~35분
2시간 10분	정치	덩이가 유청 안에서 형성 유청빼고 약하게 누름	10분 산도 SH 3.6° 20분, 0.05~0.10바(bar)
2시간 40분	몰드 채우기	나누어서 몰드에 넣음	pH 5.50~5.55
3시간 10분	압착	압을 천천히 올리면서 압착시간 치즈산도	0.20~0.45바(bar) 0.5~4시간 pH 5.40~5.45
5시간	염지	염지액에서, 온도 소금함량 염지시간	10℃ 20~22% 2~4일
3일째	표면건조	방 온도 공간습도 유지시간	14~16℃ 상대습도 70~75% 10~24시간
4일째	예비숙성	공간온도 예비 숙성기간	6~8℃ 1주
1~2주	치즈아이 형성	공간온도 유지기간 목표 직경	18~20℃ 4주 10~25 mm (습도 유지와 균 침입을 방지하기 위해 이 때 진공포장하는 것이 어떨까 합니다-역주)
5~6주	세척과 건조	공간온도 공간습도 유지기간	14~16℃ 상대습도 70~75% 1~2일
6주	파라핀 처리 본 숙성	파라핀 온도 공간온도 숙성기간	140~155℃ 6~8℃ 3개월

* 이 레시피는 자동화된 공장에서 따온 것입니다. 목장에서 할 때는 시행착오를 거쳐 자기 공방에 맞는 작업순서의 소요시간을 구해야 합니다. 어떤 경우에도 각 단계의 목표 pH는 지켜야 되겠지요.

6. Pasta Filata

스트링치즈, 셀러드용 공모양의 모짜렐라, 카쵸까발로, 프로볼로네, 스카모르짜 등은 모두 파스타 휠라타에 속한다. 고온에서 늘리고 붙이고 하는 작업이 필요한데, 자장면 국수발처럼 길게 늘려 붙이고 하는 동작이 있는가 하면, 커드뭉치를 막대기로 들어올려 늘리고 다시 붙이는 작업을 반복하는 것 두 가지가 있다. 10번 반복하면 앞은 1024가닥이 되고, 후자는 1/1024 두께의 얇은 막이 뭉친 것이 된다. 보통 앞의 것으로 스트링치즈를 만든다. 후자의 것은 나머지 파스타 휠라타에 적용한다. 샐러드용은 수분이 많게, 다른 것은 적게 한다. 스트링치즈를 아주 많이 만드는 여주의 김창천, 경주의 최광원님의 레시피를 소개한다. 만든 스트링치즈를 진공포장하는 경우 냉동고에 살짝 넣은 다음 포장해야 붙지 않고 좋다.

6.1 Pasta Filata(고온균 사용) 〈최광원 제공, 경주〉

1. 살균 · 냉각	63℃/30분 또는 72℃/15초 살균 후 31～32℃ 냉각
2. 벳트 내 세팅	31℃±1℃로 냉각한 원유를 치즈벳트에 넣기
3. 0분	스타트 접종 31℃±1℃ : TCC 3/4(thermophil.), 2 g/100 ℓ 30～40분 정도 분간 배양(교반)
4. 40분	렌넷 첨가 31±1℃ : 산도 변화(상승)가 보이면(산도/TA가 0.02 증가, 0.15～0.17%로), 렌넷 20 mℓ/100 ℓ 첨가. 염화칼슘은 10g/100 ℓ 녹여 넣음. 30분간 정치함.
5. 70분	커드 절단 31±1℃ : 커드 나이프로 절단. 커드 크기는 1～2 cm 정도(빨간 완두콩 크기) 3～4분 정치-커드의 표면 형성(유청의 pH 6.3～6.4 정도)
6. 80분	제1차 가온(15분) : 31±1℃에서 가온하여 34℃까지 올린다. 5분에 1℃ 정도 올리는 속도로 실시
7. 95분	제1차 유청제거 : 전체 양의 ⅓을 제거한다(33 ℓ/100 ℓ)
8. 100분	제2차 가온(30분) : 1차와 같은 방법으로 34℃로부터 38～40℃까지 가온. 이때 교반 속도를 높여 준다.
9. 130분	제2차 유청배제 : 남은 양에서 나머지를 제거 (33 ℓ/100 ℓ)하되 커드 표면에서 0.5 mm 정도 남게 한다.
10. 135분	정치 및 발효 : 교반을 정지하고 그대로 2～3시간 동안 산성화되도록 정치시킨다(42℃ 유지). 이때 산성화 온도를 42℃로 유지하는 것이 매우 중요하다.
11. 255분	스트레칭 : pH 5.2～5.3 확인. 커드 케익에서 적당히 떼어 얇게 편 다음 뜨거운 물(70～95℃, 상황에 따라)을 붓고 속이 60℃ 정도 될 때까지 기다렸다 빨리 스트레칭. 둘이 하면 더 좋음.

6.2 Pasta Filata(중온균 사용) 〈김창천 제공, 여주〉

공 정	작업시간	pH	작업 조건	비 고
원유		6.6~6.7	탈지유로 조정하여 3.0%	
살균			75℃ 15초	78℃ 이상은 되지 않도록 한다.
냉각			35℃	
스타터			중온성균	
접종	0		DVS 0.003%	3 g/100 ℓ
정치			60분, 34℃	
렌넷 첨가	60분	6.5	20배 냉수에 용해 0.02%	20 mℓ/100 ℓ
정치			45분	
절단	105분		1.5×1.5 cm, 5분 정도	
정치	110분		10분	
교반	120분	6.2	10분	
정치	130분		50분	
유청제거	180분	5.8	20%	
가온			35℃	
커드 멧팅	240분		절단하여 2~3회 멧팅	
정치				
pH 조정	300분	5.3	20~30분	
커드 물로 씻기	330분	5.2	5℃ 냉수로 세척(다음날 쓰기 위해 냉장고에 보관)	바로 할 때는 이 과정 생략
커드 분쇄	350분	5.15	열탕 85℃, 소금 10% 첨가	물 넣고 정치
스트레칭			커드온도 60℃	가능한 빨리
냉각			5℃ 이하 냉수	
포장			작은 봉지에 넣기	소금농도 0.5%

* 커드멧팅 : 커드케익을 2 내지 4등분하여 포개어 쌓는다.
커드분쇄 : 두께 1 cm 정도로 커드케익을 칼로 썬다.

7. Bunte Kuh의 하드치즈 레시피

7.1 에멘탈러(45% 지방)

우유	살균/무살균	150 ℓ
지방함량		2.85~2.95%(저녁우유에서 크림층 떠냄)
FD	DVS-첨가: - Flora Danica Normal(mesophil, 아로마 형성) - STM-5(Streptococcus thermophilus) - LHB-02(Lb. helvetics) - PS-1(Propion bacteria)	 5 units = 1/10봉지 2 units = 1/25봉지 1 unit = 1/50봉지 1 unit = 1/5봉지
0분	컬쳐 배양 배양온도	 31℃
45분	렌넷 첨가 이 때의 산도 유지온도	렌넷 강도 1 : 15,000 첨가량 30 mℓ pH 6.6 31℃
75분	커드테스트 및 절단	커드 크기는 밀알 정도
85분	교반 이 때의 산도	 SH 4.0~4.2
95분	유청제거 온수첨가 온수온도 목표온도 태우는 시간	60 ℓ 25 ℓ 55~60℃ 45℃ 25분
130분	최종 교반	15분
145분	 프레스 시간 프레스 압력 염지 전 산도 염지시간 숙성	몰드에 채우기(치즈포나 예비압착하여) 렌넷 넣고 몰드에 들어갈 때까지 100분 소요 8시간 1.5~6.0바(bar) pH 5.2~5.3 15 kg 1.5일 8~10℃ 21일 21℃ 21일 8℃ 18일

7.2 베르크치즈

우유		100 ℓ
지방함량		2.85～2.90%
	DVS컬쳐 : - Flora Danica normal - ST-M5 - 프로피온 박테리아	 50 units = 1/5봉지 50 units = 1/10봉지 있으면 조금
0분	컬쳐 접종 접종온도	 31℃
45분	렌넷 첨가	렌넷 강도 1 : 15,000 렌넷량 18 mℓ 유지온도 31℃
75분	커드테스트 및 자르기	밀알크기의 커드알갱이
85분	교반	10분
95분	이 때의 산도 유청배출 온수 추가 온수온도 목표온도 태우는 시간	3.8～4.0°SH 30 ℓ 10 ℓ 55～60℃ 45℃ 20분
135분	최종 교반	
145분	 프레스 시간 프레스 압력 염지 전 산도 염지시간 숙성 숙성실 온도 공간습도 BL로 표면처리	몰드에 넣기(치즈포나 예비압착) 렌넷 첨가에서 몰드에 넣기까지 100분 소요 8시간 1.5～5.0바(bar) pH 5.2～5.3 48시간 8주 10～12℃ 상대습도 85～90%

* 위의 하드치즈 만들 때 주의사항 : 스타터와 렌넷을 필요 이상 많이 넣지 않는다. 밀크의 지방이 3.7%까지는 문제 없다. 높으면 지방제거. 묵이 가우다 경우보다 연한 상태에서 자른다. 사일레지를 먹이는 경우 리소자임을 꼭 사용한다. 몰드에 채울 때 공기가 들어가지 않게 조심한다. 염지를 제대로 하면(치즈위에 소금 뿌림) 껍질 바로 밑에 구멍이 생기는 것이 방지되고, 구멍형성이 가운데로 분포하게 된다. 숙성을 8주보다는 더 많이 해야 할 것 같음.

8. 로마노치즈 〈손민우 제공, 함양〉

- 원유량: 100 kg, 9 kg의 치즈 만듦
- 스타터: 고온균(*L. bulgaricus*와 *S. thermophilus*) 각각 0.75 g 사용(총 1.5 g 첨가)
- 렌넷: 크리스찬 한센 제품으로 19 mℓ 첨가

제조공정

		원유 살균(62℃, 30분간), 냉각 32℃
0분	스타터 접종	접종량: 원유량의 1.5% 배양(30분간)
30분	렌넷 첨가	원유량 100 kg당 19 mℓ 첨가 유지온도 32℃ 유지하면서 40분간
70분	커드 절단	팥알 크기만 하게 절단함. 5분간 정치
80분	가온 및 교반	32℃ → 46℃로 50분에 걸쳐 가온
130분	최종 교반	46℃ 유지하면서 pH가 6.1~6.2될 때까지
150분	유청배출	커드의 윗면이 보일 듯 할 때까지 배출
155분	정치	유청 내에서 30분간 실시
185분	유청제거	벳트 내의 나머지 유청제거
190분	몰드 채우기	커드케익 절단 후 치즈포 이용, 몰드에 담기. 몰딩 후 압착 없이 30분간 방치. 30분 후 반전하면서 두 개의 몰드를 하나로 포갠다. 30분 방치 후 두 번째 반전하면서 치즈 성형작업(모양잡기). 1시간 방치 후 세 번째 반전(이때 작업한 치즈를 모두 층층이 쌓는다). 실제 이탈리아에서는 4개 정도 포개서 한다고 함. 몰드가 셋이면 위에 양동이에 치즈 무게의 물을 넣어 얹어 둔다. 이 상태로 overnight, 아침에 치즈포를 제거하고 뒤집어 모양잡음(주름제거, 면이 고르지 않으면 곰팡이 서식처).
	염지	20% 소금물에 염지(치즈 무게 1 kg당 8시간 동안 염지. 무게 많을수록 시간 줄이고, 이때 침수되지 않는 부분은 소금을 얇게 발라 준다).
	건조	실내온도 10℃ 방에서 치즈 표면의 물기 있는 그대로 이틀간
	숙성	실내온도 13~15℃, 습도 90%
	치즈돌보기	처음 일주일 간은 매일 5% 소금물에 치즈 표면을 닦아 주며 반전시킨다.

* 그 이유는 치즈 표면이 지나치게 건조하게 되면 치즈가 갈라지고, 그 안으로 곰팡이의 침투가 생길 수 있기 때문이다. 2주째는 이틀에 한 번씩 위의 공정을 실시한다. 3주째 이후는 일주일에 2~3회 반전하면서 실시한다. 6개월이 지나야 먹을 수 있는 정도가 된다.

9. 체다치즈(cheddar cheese) 〈강정숙 제공, 진안〉

원유 100 ℓ

스타터(*Lc. lactis* ssp. *lactis, Lc. lactis* ssp. *cremoris*)

원유의 1% 첨가 R-703 또는 CHN-11(중온균)

베타케로틴 색소 2~3 mℓ

렌넷 19 mℓ+물 10배 희석(렌넷 강도 1 : 15,000)

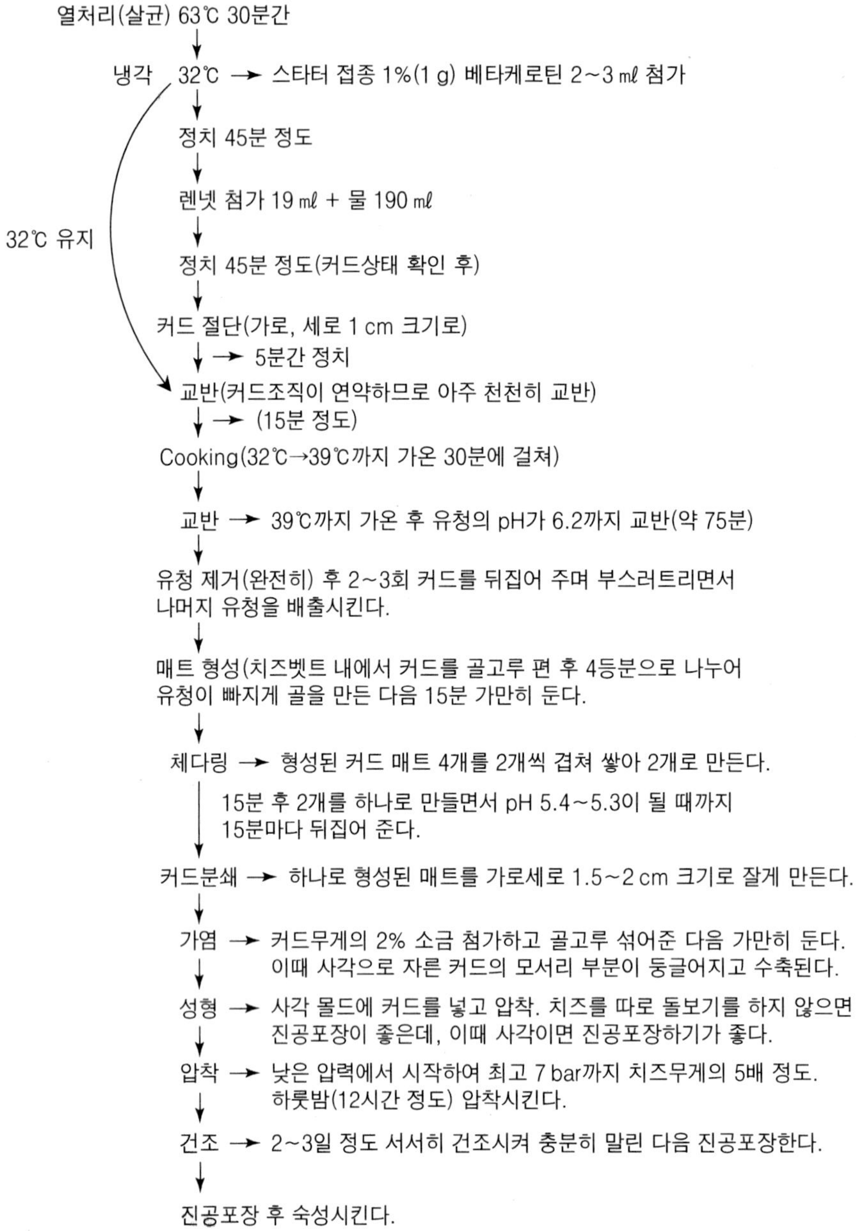

열처리(살균) 63℃ 30분간
↓
냉각 32℃ → 스타터 접종 1%(1 g) 베타케로틴 2~3 mℓ 첨가
↓
정치 45분 정도
↓
렌넷 첨가 19 mℓ + 물 190 mℓ
↓
정치 45분 정도(커드상태 확인 후)
↓
커드 절단(가로, 세로 1 cm 크기로)
↓ → 5분간 정치
교반(커드조직이 연약하므로 아주 천천히 교반)
↓ → (15분 정도)
Cooking(32℃→39℃까지 가온 30분에 걸쳐)
↓
교반 → 39℃까지 가온 후 유청의 pH가 6.2까지 교반(약 75분)
↓
유청 제거(완전히) 후 2~3회 커드를 뒤집어 주며 부스러트리면서 나머지 유청을 배출시킨다.
↓
매트 형성(치즈벳트 내에서 커드를 골고루 편 후 4등분으로 나누어 유청이 빠지게 골을 만든 다음 15분 가만히 둔다.
↓
체다링 → 형성된 커드 매트 4개를 2개씩 겹쳐 쌓아 2개로 만든다.
15분 후 2개를 하나로 만들면서 pH 5.4~5.3이 될 때까지 15분마다 뒤집어 준다.
↓
커드분쇄 → 하나로 형성된 매트를 가로세로 1.5~2 cm 크기로 잘게 만든다.
↓
가염 → 커드무게의 2% 소금 첨가하고 골고루 섞어준 다음 가만히 둔다. 이때 사각으로 자른 커드의 모서리 부분이 둥글어지고 수축된다.
↓
성형 → 사각 몰드에 커드를 넣고 압착. 치즈를 따로 돌보기를 하지 않으면 진공포장이 좋은데, 이때 사각이면 진공포장하기가 좋다.
↓
압착 → 낮은 압력에서 시작하여 최고 7 bar까지 치즈무게의 5배 정도. 하룻밤(12시간 정도) 압착시킨다.
↓
건조 → 2~3일 정도 서서히 건조시켜 충분히 말린 다음 진공포장한다.
↓
진공포장 후 숙성시킨다.

(냉각부터 교반까지: 32℃ 유지)

10. 테데 드 모앙(Tête de Moine) 치즈 〈김상철 제공, 임실〉

1. 원유: 신선한 원유를 여과하여 정확히 계량하고 살균조에 넣는다.
2. 살균: 63℃ 30분간 살균
3. 냉각: 32℃ 냉각
4. 스타터(thermophil) 접종(pH 6.6): Danisco LH 배양액 원유의 0.7% Visby jogurt V10배양액 원유의 0.7%(고온균)
5. 렌넷 첨가(pH 6.6): 스타터 접종 30분 후 CHR HANSEN Rennet(Naturen 290)(렌넷 강도 1 : 15,000) 15 mℓ/100 L 원유 분말 사용시 1.5 g/100 kg: 미지근한 물에 녹여서 첨가
6. 커드 절단(pH 6.5): 렌넷 첨가 후 30분 후 커드상태 확인 후 절단 3 mm 녹두 크기로 절단하고 4～5분간 정치
7. 가온: 32℃로부터 2.5분에 1℃ 상승시키면서 교반(46℃까지 가온)
8. 교반: 10분간 교반
9. 커드 점성 검사: 손으로 커드를 한 줌 쥐었다가 놨을 때 끝부분을 잡고 흔들어도 떨어지지 않고 찰랑거리게 보이면 그때 커드를 건져내고 유청 제거
10. 커드 건지기, 예비압착: 나일론 천으로 커드를 건져내서 커드 보관통(유청배출이 가능한 플라스틱통)에 넣고 3배 정도 되는 무게로 10분간 예비압착 한다.
11. 몰딩, 본 압착: 커드 보관통의 커드(1,300 g)를 까망베르치즈 형태의 몰드에 넣고 3시간 동안 2～3배 무게로 압착(2～3회 뒤집는다). 이 후 본 압착을 5～6배 압력으로 12시간 압착한다(치즈몰드: 직경 13 cm, 높이 25 cm의 스테인리스나 아크릴로 만든 원통형).
12. 염지(pH 5.3): 20% 염지액에 10시간 침지
13. 숙성: 2일간 건조 후 1주간 매일 포화소금물로 닦아주고 뒤집는다. 2주부터는 4～5일에 1회 닦고 뒤집어 주면서 4개월간 숙성한다(온도 12～16%, 상대습도 90%).

찾아보기

ㅎ

목장유가공

2009년 2월 20일 초판 인쇄
2009년 2월 25일 초판 발행

저 자 : Marc Albrecht-Seidel / Luc Mertz
역 자 : 정 상 진
펴낸이 : 천 승 배
펴낸곳 : 도서출판 유한문화사

주소 : (157-801) 서울시 강서구 가양동 146-63
전화 : 2668-2055~6
팩스 : 2668-2565
http://www.yuhansa.com
E-mail : yuhansa@paran.com
등록 : 제 5-31호. 1979. 3. 6.

값 22,000 원

ISBN : 978-89-7722-561-9 93570